Lecture Notes in Mathematics Vol. 750
ISBN 978-3-540-09558-3

Jens Carsten Jantzen

Moduln mit einem höchsten Gewicht

Errata

Seite 10, Zeile 4: $\#B_\lambda \leq 3$ ($\leq$, nicht $<$)

Seite 40, Zeile 9: Streiche "Gel′-" am Schluß.

Seite 67, Zeile 3 von unten: $\mathbb{Z}\,\mathrm{ch}\,M(w' \cdot \lambda)$ (λ, nicht α)

Seite 77, letzte Zeile: $\mu \uparrow \lambda$ ($\uparrow$, nicht $|$)

Seite 94, Zeile 1 im Lemma: nach $\mathbb{Q}$ ($\mathbb{Q}$, nicht Q)

Seite 99, Zeile 6 von unten: $\mathrm{Dim}\, M = \#R_+ - 1$ ($\#$ fehlt)

Seite 120, Formel 5: $Q(A/\underline{p})$ ($/$, nicht $($)

Seite 144, Zeile 1 im Beweis: den Untermodul N aller ("aller" fehlt)

Seite 148, Zeile 4: $\nu_T(\langle \lambda + \rho + T\rho, \alpha^\vee \rangle - r)$ (Das erste ρ fehlt.)

Seite 149, erste Zeile unter 3): Am Schluß fehlt ein Komma.

Seite 149, Zeile 4 von unten: Satz 2.23b

Seite 171, Zeile 9: $t + r \mapsto -(i - r + 1)$

Seite 187, Deodhar 2: *Indag. Math.* **40** (1978), 423–435

Seite 188, Enright 1/2: On the fundamental series of a real semisimple Lie algebra: their irreducibility, resolutions and multiplicity formulae, *Ann. of Math.* (2) **110** (1979), 1–82

Seite 188, Haboush: Central differential operators on split semi-simple groups over fields of positive characteristic, pp. 35–85 in: M.-P. Malliavin (ed.), *Séminaire d'Algèbre Paul Dubreil et Marie-Paule Malliavin*, Proc. Paris 1979 (Lecture Notes in Math. **795**), Berlin etc. 1980 (Springer)

Seite 188, Jacobson: New York

Seite 189, Joseph 3: *J. London Math. Soc.* (2) **20** (1979), 193–204

Seite 189, Kac 2: pp. 299–304, Helsinki 1980 (Acad. Sci. Fennica)

Seite 189, Kac - Kazhdan: *Advances in Math.* **34** (1979), 97–108

Seite 190, Vogan 2: *Duke Math. J.* **46** (1979), 61–108

Lecture Notes in Mathematics

Edited by A. Dold and B. Eckmann

Series: Mathematisches Institut der Universität Bonn
Adviser: F. Hirzebruch

750

Jens Carsten Jantzen

Moduln mit einem höchsten Gewicht

Springer-Verlag
Berlin Heidelberg New York 1979

Autor

Jens Carsten Jantzen
Mathematisches Institut
Universität Bonn
Wegelerstr. 10
D-5300 Bonn

AMS Subject Classifications (1980): 17B10, 20G05, 22E47

ISBN 3-540-09558-6 Springer-Verlag Berlin Heidelberg New York
ISBN 0-387-09558-6 Springer-Verlag New York Heidelberg Berlin

CIP-Kurztitelaufnahme der Deutschen Bibliothek
Jantzen, Jens Carsten:
Moduln mit einem höchsten Gewicht / Jens Carsten Jantzen. – Berlin, Heidelberg, New York: Springer, 1979.
(Lecture notes in mathematics; 750)
ISBN 3-540-09558-6 (Berlin, Heidelberg, New York)
ISBN 0-387-09558-6 (New York, Heidelberg, Berlin)

Printing and binding: Beltz Offsetdruck, Hemsbach/Bergstr.
2141/3140-543210

INHALTSVERZEICHNIS

Einleitung

In dieser Arbeit sollen gewisse Darstellungen komplexer halbeinfacher Lie-Algebren $\underline{g}$ untersucht werden. Wir interessieren uns für solche $\underline{g}$-Moduln die über $\underline{g}$ von einer Gerade erzeugt werden, die unter einer Borel-Unteralgebra $\underline{b}$ invariant ist. Wählen wir eine Cartan-Unteralgebra $\underline{h} \subset \underline{b}$ und setzen $\underline{n} = [\underline{b},\underline{b}]$, so können wir genauer sagen: Wir betrachten $\underline{g}$-Moduln M, erzeugt von einem Element v, das von $\underline{n}$ annulliert wird und auf dem $\underline{h}$ durch eine Linearform $\lambda \in \underline{h}^*$ operiert. In diesem Fall heißt M ein Modul zum höchsten Gewicht λ und v ein erzeugendes primitives Element von M.

Die Bezeichnung "höchstes Gewicht" hat ihren Ursprung in der folgenden Tatsache: Als Vektorraum ist M die direkte Summe seiner Gewichtsräume

$$M^\mu = \{m \in M \mid Hm = \mu(H)m \quad \text{für alle} \quad H \in \underline{h}\}$$

mit $\mu \in \underline{h}^*$; die μ mit $M^\mu \neq 0$ heißen die Gewichte von M. Nun kann man auf $\underline{h}^*$ in sehr natürlicher Weise eine Ordnungsrelation einführen, die von der Wahl von $\underline{b}$ abhängt. Für einen Modul M zum höchsten Gewicht λ ist dann λ das größte Element unter den Gewichten von M.

Die ersten Moduln dieser Gestalt, die man fand, waren die einfachen, endlich dimensionalen $\underline{g}$-Moduln. Nach E. Cartan gibt es zu jeder solchen Darstellung ein höchstes Gewicht λ, und sie ist durch λ eindeutig, bis auf Äquivalenz bestimmt; die auftretenden λ sind gerade die "dominanten Gewichte". Später traten für $\underline{g} = \underline{sl}(2,\mathbb{C})$ unendlich dimensionale Moduln zu höchsten Gewichten bei der Klassifikation der einfachen, unitären Darstellungen von $SL(2,\mathbb{R})$ durch Bargmann auf.

Allgemein betrachtete man (siehe [Harish-Chandra 1], [Séminaire Lie]) solche Moduln, um zum Beispiel einen einheitlichen Beweis für die Existenz der einfachen, endlich dimensionalen Darstellungen zu finden. Dazu bildet man zunächst für jedes $\lambda \in \underline{h}^*$ einen "universellen" Modul $M(\lambda)$ zum höchsten Gewicht λ

(von Dixmier später Verma-Modul genannt): Man nimmt die einhüllende Algebra $U(\underline{g})$ von $\underline{g}$ und teilt durch das Linksideal, das offensichtlich ein erzeugendes primitives Element in einem Modul zum höchsten Gewicht λ annullieren muß:

$$M(\lambda) = U(\underline{g})/(U(\underline{g})\underline{n} + \sum_{H \in \underline{h}} U(\underline{g})\ (H - \lambda(H)1)) .$$

Jedes $M(\lambda)$ hat dann genau einen einfachen Restklassenmodul $L(\lambda)$, den (bis auf Isomorphie eindeutig bestimmten) einfachen Modul zum höchsten Gewicht λ. Es ist nun nicht schwer zu zeigen, daß $L(\lambda)$ für dominantes λ endlich dimensional ist; so erhält man die gewünschte Existenzaussage.

Nach dem geraume Zeit später Verma sowie Bernštein, Gel'fand und Gel'fand genauere Einsichten in die Modulstruktur der $M(\lambda)$ gewonnen hatten, - wir gehen darauf noch ein - konnte man weitere Anwendungen der $M(\lambda)$ geben. So fanden Bernštein, Gel'fand & Gel'fand selbst einen einfachen Beweis der Weylschen Charakterformel (in der Kostantschen Form [1],) und sie konstruierten eine Auflösung der endlich dimensionalen $L(\lambda)$ durch geeignete $M(\mu)$, mit deren Hilfe sie einen anderen Beweis des Satzes von Bott über die $H^i(\underline{n}, L(\lambda))$ angeben konnten ([2]).

Weitere Anwendungen sind algebraische Konstruktionen von Darstellungen halbeinfacher Lie-Gruppen in der diskreten Serie ([Enright-Varadarajan], [Wallach 2]) und von Verallgemeinerungen dieser Serie ([Enright-Wallach], [Enright]), sind ein algebraischer Beweis der Bijektivität des Harish-Chandra-Homomorphismus bei reellen halbeinfachen Lie-Algebren ([Lepowsky 6]) und die Klassifikation der primitiven Ideale in $U(\underline{g})$ ([Duflo]). Auch bei der Untersuchung gewisser Differentialoperatoren ([Kostant 3], [Kashiwara-Vergne 1]) erwiesen sich die $M(\lambda)$ nützlich. Mit Hilfe von Verallgemeinerungen dieser Moduln ließen sich Kac-Moody-Algebren ([Kac], [Garland-Lepowksy]) und modulare Darstellungen halbeinfacher algebraischer Gruppen ([Jantzen 2,4]) erfolgreich untersuchen.

Kommen wir nun zu dem, was über die $M(\lambda)$ bewiesen wurde. Wir haben oben bemerkt, daß $L(\lambda)$ der einzige einfache Restklassenmodul von $M(\lambda)$ ist. Benutzt man Harish-Chandras Beschreibung der zentralen Charaktere von $U(\underline{g})$, so folgt einfach, daß $M(\lambda)$ eine endliche Jordan-Hölder-Reihe besitzt, deren einfache Faktoren zu gewissen $L(w(\lambda+\rho)-\rho)$ mit $w \in W$ isomorph sind. Dabei sei W die Weylgruppe von $\underline{g}$ relativ $\underline{h}$ und $\rho = \frac{1}{2} \sum_{\alpha \in R_+} \alpha$ die halbe Summe der positiven Wurzeln $\alpha \in R_+$, das heißt, der Gewichte von $\underline{h}$ in $\underline{n}$. Zur Vereinfachung schreiben wir künftig $w \cdot \mu = w(\mu+\rho)-\rho$.

Nun wird ein $L(\mu)$ sicher in einer Jordan-Hölder-Reihe von $M(\lambda)$ vorkommen, wenn es einen nicht trivialen Homomorphismus $M(\mu) \to M(\lambda)$ gibt. Verma zeigt nun, daß jeder solche Homomorphismus injektiv ist und daß $\mathrm{Hom}_{\underline{g}}(M(\mu), M(\lambda))$ höchstens eindimensional ist. Es gibt also höchstens einen Untermodul von $M(\lambda)$, auf den wir $M(\mu)$ isomorph abbilden können; gibt es einen so identifizieren wir ihn mit $M(\mu)$ und schreiben $M(\mu) \subset M(\lambda)$.

Bezeichnen wir für eine Wurzel $\alpha \in R_+$ die zugehörige Spiegelung mit $s_\alpha \in W$ und die duale Wurzel mit $\alpha^\vee$; es gilt also

$$s_\alpha(\nu) = \nu - \langle \nu, \alpha^\vee \rangle \alpha \qquad \text{für alle } \nu \in \underline{h}^*.$$

Verma konnte weiter zeigen: Für $\lambda \in \underline{h}^*$ und $\alpha \in R_+$ mit $\langle \lambda+\rho, \alpha^\vee \rangle \in \mathbb{N}$ gilt $\mathrm{Hom}_{\underline{g}}(M(s_\alpha \cdot \lambda), M(\lambda)) \neq 0$. Führen wir nun eine Ordnungsrelation $\uparrow$ auf $\underline{h}^*$ ein und setzen dazu $\mu \uparrow \lambda$ genau dann, wenn es Wurzeln $\alpha_1, \ldots, \alpha_r \in R_+$ mit $\mu = s_{\alpha_r} \cdots s_{\alpha_2} s_{\alpha_1} \cdot \lambda$ und $\langle s_{\alpha_{i-1}} \cdots s_{\alpha_1}(\lambda+\rho), \alpha_i^\vee \rangle \in \mathbb{N}$ für $1 \leq i \leq r$ gibt. Wegen der Injektivität der Homomorphismen $M(s_\alpha \cdot \lambda) \to M(\lambda)$ mit $\langle \lambda+\rho, \alpha^\vee \rangle \in \mathbb{N}$ sagt das Theorem von Verma nun:

(1) Aus $\mu \uparrow \lambda$ folgt $M(\mu) \subset M(\lambda)$.

Bernštein, Gel'fand & Gel'fand konnten nun die Umkehrung von (1) zeigen; sie bewiesen sogar das folgende, stärkere Resultat

(2) Ist $L(\mu)$ ein einfacher Kompositionsfaktor von $M(\lambda)$, so gilt $\mu \uparrow \lambda$.

Gleichzeitig geben Bernštein, Gel'fand & Gel'fand aber auch ein Beispiel dafür an, daß (entgegen der Hoffnung Vermas) ein Untermodul M eines $M(\lambda)$ nicht von den in M enthaltenen $M(\mu)$ erzeugt wird. Äquivalent dazu ist die Aussage: Die Vielfachheit $[M(\lambda) : L(\mu)]$, mit der $L(\mu)$ in einer Jordan-Hölder-Reihe von $M(\lambda)$ als einfacher Faktor auftritt, kann echt größer als 1 sein. Es stellt sich also nun die Frage: Wie groß sind die Multiplizitäten? Es ist dies das Problem, mit dem sich die vorliegende Arbeit beschäftigt.

Um die Vielfachheiten $[M(\lambda) : L(\mu)]$ zu untersuchen, erweist es sich als nützlich, anstelle des Wurzelsystems R und der Weylgruppe W die Teilmenge

$$R_\lambda = \{ \alpha \in R \mid \langle \lambda + \rho, \alpha^\vee \rangle \in \mathbb{Z} \}$$

und die Untergruppe W_λ zu betrachten, die von den s_α mit $\alpha \in R_\lambda$ erzeugt wird. Nun ist R_λ ein Wurzelsystem mit Weylgruppe W_λ, und R_λ hat genau eine Basis B_λ, die in R_+ enthalten ist. Wir setzen

$$R_+(\lambda) = \{\alpha \in R_+ \mid \langle \lambda + \rho, \alpha^\vee \rangle \in \mathbb{N} \setminus 0\}$$

und nennen λ genau dann antidominant, wenn $R_+(\lambda) = \emptyset$ ist. Aus (1) und (2) folgt

(3) $M(\lambda)$ <u>einfach</u> $\Longleftrightarrow$ λ antidominant

Der erste Grund dafür, zu R_λ und W_λ überzugehen, liegt nun darin: Ist $L(\mu)$ ein Kompositionsfaktor von $M(\lambda)$, so gilt nicht nur $\mu \in W.\lambda$ sondern genauer $\mu \in W_\lambda .\lambda$. Dies folgt natürlich aus (2), doch zeigen wir in (1.7), daß dies auch unabhängig von (2) fast trivial ist, und erhalten daraus einen einfachen Beweis der Richtung " $\Leftarrow$ " in (3). (Wir geben übrigens später (2.20, 5.3) zwei hierauf aufbauende Beweise von (2), die (wie wir glauben) einfacher als der ursprüngliche von Bernštein, Gel'fand und Gel'fand sind.)

Jedes Gewicht λ ist unter W_λ zu genau einem antidominanten Gewicht konjugiert; deshalb könnte man unser Problem auch so formulieren: Man berechne die

$[M(w.\lambda) : L(w'.\lambda)]$ mit λ antidominant und $w, w' \in W_\lambda$. Der zweite Grund dafür, R_λ zu betrachten, ist nun die Beobachtung, daß für antidominantes λ diese Vielfachheiten nur von w und w' abzuhängen scheinen, solange man R_λ und

$$B_\lambda^o = \{\alpha \in B_\lambda \mid \langle\lambda + \rho, \alpha^\vee\rangle = 0\}$$

festhält. Beweisen können wir in diese Richtung die beiden folgenden Sätze (4.11, 2.15):

(4) <u>Für</u> $\lambda, \mu \in \underline{h}^*$ <u>mit</u> $R_\lambda = R_\mu$ <u>und</u> $\langle\lambda+\rho, \alpha^\vee\rangle = \langle\mu+\rho, \alpha^\vee\rangle$ <u>für alle</u> $\alpha \in R_\lambda$ <u>gilt</u>

$$[M(w.\lambda) : L(w'.\lambda)] = [M(w.\mu):L(w'.\mu)] \quad \underline{\text{für alle}} \quad w,w' \in W_\lambda.$$

und

(5) <u>Für antidominante</u> $\lambda, \mu \in \underline{h}^*$ <u>mit</u> $B_\lambda^o = B_\mu^o$ <u>und</u> $R_{\lambda-\mu} = R$ <u>gilt</u>:

$$[M(w.\lambda) : L(w'.\lambda)] = [M(w.\mu) : L(w'.\mu)] \quad \underline{\text{für alle}} \quad w,w' \in W_\lambda.$$

(Man beachte: In (5) folgt $R_\lambda = R_\mu$ aus $R_{\lambda-\mu} = R$.) Beschränken wir uns auf antidominante Gewichte und halten R_λ sowie B_λ^o fest, so können wir (vergröbernd) sagen: Multiplizitäten sind invariant unter Verschiebungen orthogonal zu R_λ und unter solchen um ganzzahlige Gewichte, das heißt, um ν mit $R_\nu = R$. Kombiniert man (4) und (5), so sieht man leicht: Kennt man für endlich viele, geeignet gewählte λ alle $[M(w.\lambda) : L(w'.\lambda)]$, so kennt man alle Multiplizitäten (für festes $\underline{g}$) überhaupt. Man kann zum Beispiel zeigen (4.14):

(6) <u>Es möge</u> $\underline{g}$ <u>keine einfachen Faktoren vom</u> Typ F_4 <u>oder</u> E_n (<u>mit</u> $n \in \{6,7,8\}$) <u>enthalten</u>. <u>Für antidominante Gewichte</u> $\lambda, \mu \in \underline{h}^*$ <u>mit</u> $R_\lambda = R_\mu$ <u>und</u> $B_\lambda^o = B_\mu^o$ <u>gilt dann</u>:

$$[M(w.\lambda) : L(w'.\lambda)] = [M(w.\mu) : L(w'.\mu)] \quad \text{für alle} \quad w, w' \in W_\lambda .$$

Man kann durch Verschärfungen von (4) und (5) die Zahl der zu berechnenden Multiplizitäten weiter vermindern. Einmal kann man sich auf reguläre Gewichte beschränken, auf λ also mit $\langle \lambda + \rho, \alpha^\vee \rangle \neq 0$ für alle $\alpha \in R$, wie der folgende Satz zeigt (2.14):

(7) Seien $\lambda, \mu \in \underline{h}^*$ antidominant mit $R_{\lambda-\mu} = R$ und λ regulär. Für alle $w, w' \in W_\lambda$ mit $w' B_\mu^0 \subset R_+$ gilt dann

$$[M(w.\lambda) : L(w'.\lambda)] = [M(w.\mu) : L(w'.\mu)] .$$

(Man überlegt sich leicht, daß es zu jedem μ ein λ wie im (7) gibt (2.12) und daß $W_\mu.\mu = \{w'.\mu \mid w' \in W_\mu, w' B_\mu^0 \subset R_+\}$ ist.) Zum anderen braucht man nur Gewichte λ mit $\# B_\lambda = \# B$ zu betrachten; denn (4) ist ein Spezialfall von

(8) Seien $\lambda, \mu \in \underline{h}^*$ antidominant und regulär. Es gebe $w_1 \in W$ mit $B_\lambda \subset w_1 B_\mu$ und $\langle \lambda + \rho, \alpha^\vee \rangle = \langle w_1(\mu + \rho), \alpha^\vee \rangle$ für alle $\alpha \in B_\lambda$. Dann gilt

$$[M(w.\lambda) : L(w'.\lambda)] = [M(w\,w_1.\mu) : L(w'w_1.\mu)] \quad \text{für alle} \quad w,w' \in W_\lambda .$$

Dazu überlegt man sich noch, daß man zu jedem λ ein μ und ein w_1 wie in (8) mit $\# B_\mu = \# B$ finden kann (4.5).

Haben wir bisher die Multiplizitäten für verschiedene λ verglichen, so wenden wir uns nun einem festen λ zu. Man zeigt da zunächst (2.16, 5.19).

(9) Sei $\lambda \in \underline{h}^*$ antidominant und regulär. Für alle $\alpha \in B_\lambda$ und $w,w' \in W_\lambda$ gilt

a) $[M(w.\lambda) : L(w'.\lambda)] = [M(w\,s_\alpha.\lambda) : L(w'.\lambda)]$ für $w'\alpha \in R_+$,

b) $[M(w.\lambda) : L(w'.\lambda)] = [M(s_\alpha w.\lambda) : L(w'.\lambda)]$ für $w'^{-1}\alpha \in R_+$.

Dadurch wird die Zahl der wirklich zu berechnenden Multiplizitäten weiter herabgesetzt, allerdings kennen wir bisher nur eine explizit:

$$[M(w.\lambda) : L(w.\lambda)] = 1 \qquad \text{für alle} \quad w \in W.$$

Daraus kann man mit Hilfe von (9) schon von einer Reihe von Vielfachheiten zeigen, daß sie gleich 1 sind (siehe z.B. 2.23.b). Es läßt sich jedoch das oben erwähnte Beispiel von Bernštein, Gel'fand und Gel'fand so verallgemeinern (4.4 und 3.17/5.22).

(10) Sei $\lambda \in \underline{h}^*$ mit $R_+(\lambda) = R_+ \cap R_\lambda$. Es gibt genau dann ein $w \in W_\lambda$ mit $[M(\lambda) : L(w.\lambda)] \geq 2$, wenn das Wurzelsystem R_λ eine Komponente vom Rang mindestens 3 besitzt.

(Der schwierig zu beweisende Teil ist hier, daß für $\# B_\lambda = 2$ alle Multiplizitäten gleich 1 sind.) Man kann nun genau sagen, wann eine Vielfachheit gleich 1 ist; dazu brauchen wir eine weitere Notation: Sei $\lambda \in \underline{h}^*$ antidominant und regulär. (Auf diesen Fall können wir uns nach (7) ja beschränken.) Für alle $w, w' \in W_\lambda$ setzen wir dann

$$r_\lambda(w,w') = \#\{ \alpha \in R_+ \cap R_\lambda \mid w'.\lambda \uparrow s_\alpha w.\lambda \uparrow w.\lambda \}.$$

(Diese Zahl hängt im Wirklichkeit nur von W_λ und B_λ ab und nicht mehr von λ selbst.) Nun gilt:

(11) Sei $\lambda \in \underline{h}^*$ antidominant und regulär. Für $w, w' \in W_\lambda$ mit $w'.\lambda \uparrow w.\lambda$ sind äquivalent

(i) $[M(w.\lambda) : L(w'.\lambda)] = 1$

(ii) Für alle $w_1 \in W_\lambda$ mit $w'.\lambda \uparrow w_1.\lambda \uparrow w.\lambda$ gilt
$r_\lambda(w_1, w') = \# R_+(w_1.\lambda) - \# R_+(w'.\lambda)$.

Schildern wir nun den Aufbau dieser Arbeit; dabei erwähnen wir gleichzeitig die wichtigsten Methoden die zu den Beweisen der oben zitierten Sätze führen. Im ersten Kapitel stellen wir die Grundlagen der Theorie dar; von den üblichen Darstellungen (etwa in Dixmiers Buch)unterscheiden wir uns hier ([Jantzen 2] folgend) durch die Betonung der Gruppe W_λ (vgl. 1.8, 1.17). In Kapitel 2 betrachten wir Tensorprodukte endlich und unendlich dimensionaler Darstellungen; dies ist eine Methode, die schon Bernštein, Gel'fand und Gel'fand zum Beweis von (2) benutzten und die in [Jantzen 2] weiter ausgebaut wurde. Vor allem (5), aber auch (7) können als

Corollare zu Ergebnissen in [Jantzen 2] angesehen werden.

In Kapitel 3 betrachten wir affine Varietäten und deren Dimensionen, die sich den Moduln $L(\lambda)$ zu ordnen lassen. Diese Dimensionen kann man dank eines Satzes von Joseph in vielen Fällen ausrechnen, etwa immer für $\# B_\lambda \leq 2$. Andererseits sind die Dimensionen häufig durch die Multiplizitäten bestimmt (vgl. 3.15). Dies läßt sich beim Beweis eines Teils von (10) erfolgreich ausnutzen; andere Anwendungen dieserMethode werden bei den Beispielen in 5.24 skizziert.

Ist Y eine affine Varietät in $\underline{h}^*$ und $\nu \in \mathbb{N}R_+$, dann zeigen wir in Kapitel 4: Es gibt eine Zariski-offene, nicht leere Teilmenge von Y, auf der die Funktion $\lambda \mapsto \dim L(\lambda)^{\lambda-\nu}$ konstant ist. Aus dieser Tatsache und den Ergebnissen von Kapitel 2 leiten wir dann (4) und (8) ab. Die hier benutzten Methoden lassen sich auch auf das Studium primitiver Ideale in $U(\underline{g})$ anwenden, dies geschieht in den Abschnitten 4.16 bis 4.21.

Wir haben uns in dieser Einleitung darauf beschränkt, komplexe Lie-Algebren zu betrachten. Doch alles, was wir hier sagten, trifft auch in dem Fall zu, daß $\underline{g}$ eine zerfallende halbeinfache Lie-Algebra über einem beliebigen Körper der Charakteristik 0 und $\underline{h}$ eine zerfällende Cartan-Unteralgebra von $\underline{g}$ ist. Nehmen wir insbesondere den Quotientenkörper $\mathbb{C}(T)$ des Polynomrings $\mathbb{C}[T]$ über $\mathbb{C}$ in einer Veränderlichen. Zu einem $\lambda' \in \underline{h}^* \otimes \mathbb{C}(T)$ gibt es also einen universellen $\underline{g} \otimes \mathbb{C}(T)$ - Modul $M(\lambda')_{\mathbb{C}(T)}$ zum höchsten Gewicht λ' und einen einfachen Restklassenmodul $L(\lambda')_{\mathbb{C}(T)}$. Es möge nun $\lambda' \in \underline{h}^* \otimes \mathbb{C}[T]$ sein; dann wählen wir ein primitives Erzeugendes v von $L(\lambda')_{\mathbb{C}(T)}$ und setzen

$$L(\lambda')_{\mathbb{C}[T]} = U(\underline{g} \otimes \mathbb{C}[T])\, v.$$

Für alle $\mu \in \underline{h}^* \otimes \mathbb{C}[T]$ ist dann

$$L(\lambda')^{\mu}_{\mathbb{C}[T]} = L(\lambda')^{\mu}_{\mathbb{C}(T)} \cap L(\lambda')_{\mathbb{C}[T]}$$

ein freier $\mathbb{C}[T]$ -Modul, dessen Rang gleich der Dimension von $L(\lambda')^{\mu}_{\mathbb{C}(T)}$ über

$\mathbb{C}(T)$ ist; insbesondere ist $L(\lambda')^{\lambda'}_{\mathbb{C}[T]}$ ein freier $\mathbb{C}[T]$-Modul mit Basis $\{v\}$. Nun ist $L(\lambda')_{\mathbb{C}[T]}$ die direkte Summe der $L(\lambda')^{\mu}_{\mathbb{C}[T]}$; wir definieren eine Kette von Untermoduln $L(\lambda')_{\mathbb{C}[T]}(n)$ mit $n \in \mathbb{N}$ in $L(\lambda')_{\mathbb{C}[T]}$ durch

$$L(\lambda')_{\mathbb{C}[T]}(n) = \{m \in L(\lambda')_{\mathbb{C}[T]} \mid um \in \mathbb{C}[T]\, T^n v + \coprod_{\mu \neq \lambda'} L(\lambda')^{\mu}_{\mathbb{C}[T]}$$

$$\text{für alle } u \in U(\underline{g} \otimes \mathbb{C}[T])\,\}.$$

Jetzt reduzieren wir alles modulo T, setzen

$$M = L(\lambda')_{\mathbb{C}[T]} \,/\, T\, L(\lambda')_{\mathbb{C}[T]}$$

und bezeichnen das Bild von $L(\lambda')_{\mathbb{C}[T]}(n)$ in M mit M_n. Nun ist M ein $\underline{g}$-Modul zum höchsten Gewicht λ, wobei λ das Gewicht aus $\underline{h}^*$ mit $\lambda \otimes 1 - \lambda' \in \underline{h}^* \otimes T\mathbb{C}[T]$ ist.

Die M_n sind Untermoduln von M, insbesondere ist M/M_1 zu $L(\lambda)$ isomorph, wie man leicht sieht. Der Wert dieser Konstruktion, mit der sich Kapitel 5 beschäftigt, liegt nun darin: In einfachen Fällen kann man für alle μ die Summe der Multiplizitäten $[M_n : L(\mu)]$ mit $n > 0$ durch eine Linearkombination von gewissen $[M(\mu') : L(\mu)]$ mit $\mu' \uparrow \lambda$ und $\mu' \neq \lambda$ ausdrücken und man erhält so durch Induktion bessere Information über $[M(\lambda) : L(\mu)]$.

Erläutern wir dies an zwei Beispielen: Wir gehen von $\lambda \in \underline{h}^*$ aus und setzen zunächst $\lambda' = \lambda + T\rho$. Dann ist $L(\lambda')_{\mathbb{C}(T)} = M(\lambda')_{\mathbb{C}(T)}$ und $M = M(\lambda)$. In diesem Fall erhält man

$$\sum_{n>0} [M_n : L(\mu)] = \sum_{\alpha \in R_+(\lambda)} [M(s_\alpha . \lambda) : L(\mu)] \;;$$

damit kann man unter anderem (2) beweisen. Im zweiten Fall wählen wir ein $\alpha \in R_+(\lambda)$ und suchen uns ein $\rho' \in \underline{h}^*$ mit $\langle \rho', \alpha^\vee \rangle = 0$ sowie $\langle \rho', \beta^\vee \rangle \neq 0$ für alle $\beta \in R_+ \setminus \alpha$. Setzt man nun $\lambda' = \lambda + T\rho'$, so folgt $L(\lambda')_{\mathbb{C}(T)} = M(\lambda')_{\mathbb{C}(T)} / M(s_\alpha . \lambda')_{\mathbb{C}(T)}$ und $M = M(\lambda)/M(s_\alpha . \lambda)$. Jetzt kann man zeigen (5.16): Ist $\# R_+(s_\alpha . \lambda) = \# R_+(\lambda) - 1$ so gilt

$$\sum_{n>0} [M_n : L(\mu)] = \sum_{\beta \in R_+(\lambda)\setminus\alpha} [M(s_\beta.\lambda) : L(\mu)] - \sum_{\beta \in R_+(s_\alpha.\lambda)} [M(s_\beta s_\alpha.\lambda) : L(\mu)]$$

Nun ist (11) eine einfache Folgerung aus dieser Formel.

Die in dieser Arbeit benutzten Methoden lassen sich zumindest in den Fällen $\# B_\lambda < 3$ oder R_λ von Typ A_4 zur Berechnung aller Multiplizitäten anwenden; in 5.24 skizzieren wir die Ergebnisse und die im Einzelfall nötigen Methoden, verzichten jedoch darauf etwa im Fall Typ $(R_\lambda) = A_4$ die 120×120 - Matrix der $[M(w.\lambda) : L(w'.\lambda)]$ explizit aufzuschreiben.

In einem Anhang zeigen wir, daß die hier untersuchten Multiplizitäten auch bei den modularen Darstellungen halbeinfacher algebraischer Gruppen auftreten, und geben so wenigstens eine Teilerklärung dafür, daß sich beide Probleme in [Jantzen 2] parallel behandeln ließen.

Wo hier bekannte Resultate bewiesen wurden, finden sich Hinweise auf die Literatur im letzten Abschnitt eines Kapitels.

Ein großer Teil dieser Arbeit entstand während eines durch die NSF mitfinanzierten Aufenthalts am Institute for Advanced Study in Princeton, N.J., U.S.A. Für viele stimulierende Gespräche dort möchte ich V. V. Deodhar herzlich danken. Daneben bin ich für Anregungen und Hinweise besonders W. Borho und B. Weisfeiler dankbar.

Von dieser Arbeit gab es seit Ende 1977 einen SFB-preprint.
Inzwischen wurden Errata korrigiert, auf die mich freundlicherweise W. Borho, J. Humphreys und H. Kraft hinwiesen, es wurden 5.12 - 5.14 umgeschrieben und 3.19 - 3.22 sowie 5.18 hinzugefügt.

Den Mühen der Schreibarbeiten haben sich Frau M. Spanier und Frau M. Barrón voller Sorgfalt unterzogen. Auch ihnen und dem SFB Theoretische Mathematik, der einen großen Teil der Kosten trug, gilt mein Dank.

J.C.J.

Kapitel 1: Moduln mit einem höchsten Gewicht

1.1

Sei k ein Körper der Charakteristik Null. Ist V ein Vektorraum über k, so bezeichnen wir seine Dimension mit $\dim V$ und seinen Dualraum mit V^*. Wenn nichts anderes gesagt wird, sind Tensorprodukte über k zu bilden.

Ist $\underline{m}$ eine Lie-Algebra über k, so wird die (universelle) einhüllende (assoziative) Algebra von $\underline{m}$ mit $U(\underline{m})$ und das Zentrum von $U(\underline{m})$ mit $Z(\underline{m})$ bezeichnet. Ein Homomorphismus (oder Antihomomorphismus) zwischen zwei Lie-Algebren induziert eine entsprechende Abbildung zwischen den einhüllenden Algebren; sind keine Verwechselungen zu befürchten, verwenden wir für beide Abbildungen dieselbe Notation. Ist $\underline{n}$ eine Unteralgebra von $\underline{m}$, so denken wir uns $U(\underline{n})$ in $U(\underline{m})$ eingebettet.

Sind eine Lie-Algebra $\underline{m}$, eine Unteralgebra $\underline{n}$ von $\underline{m}$, eine Linearform $\lambda \in \underline{n}^*$ und ein $\underline{m}$-Modul M gegeben, so nennen wir

$$M^\lambda = \{m \in M \mid Xm = \lambda(X)m \quad \text{für alle } X \in \underline{n}\}$$

den Gewichtsraum von M zum Gewicht λ. Wenn $M^\lambda \neq 0$ ist, so heißt λ ein Gewicht von M; dazu muß $\lambda([\underline{n},\underline{n}]) = 0$ sein. Die Summe der M^λ $(\lambda \in \underline{n}^*)$ ist direkt; für einen $\underline{m}$-Untermodul $N \subset \sum_\lambda M^\lambda$ gilt $N = \sum_\lambda N^\lambda$.

Betrachten wir $\underline{m}$ oder $U(\underline{m})$ als $\underline{m}$-Modul und reden von Gewichtsräumen (für $\underline{n}$), so meinen wir die adjungierte Darstellung, wenn wir nichts anderes sagen. Für $\lambda, \mu \in \underline{n}^*$ und M wie oben gilt nun

$$U(\underline{m})^\lambda M^\mu \subset M^{\lambda+\mu}$$

1.2

Es sei $\underline{g}$ eine zerfallende halbeinfache Lie-Algebra über k mit einer zerfällenden Cartan-Unteralgebra $\underline{h}$. Wir bezeichnen das Wurzelsystem von $\underline{h}$ in $\underline{g}$ mit R und wählen eine Basis B von R. Für die Menge der relativ B positiven (bzw. negativen) Wurzeln in R benutzen wir die Notation R_+ (bzw. R_-).

Gewichtsräume in $\underline{g}$-Moduln sind im folgenden stets Gewichtsräume relativ $\underline{h}$;

insbesondere ist $\underline{g}^0 = \underline{h}$, und die $\underline{g}^\alpha (\alpha \in R)$ sind die Wurzelräume in $\underline{g}$. Wir setzen

$$\underline{n} = \coprod_{\alpha \in R_+} \underline{g}^\alpha \qquad \text{und} \qquad \underline{n}^- = \coprod_{\alpha \in R_-} \underline{g}^\alpha$$

sowie

$$\underline{b} = \underline{n} \oplus \underline{h} \qquad \text{und} \qquad \underline{b}^- = \underline{n}^- \oplus \underline{h}\,.$$

Für alle $\alpha \in R$ wählen wir ein Element $X_\alpha \neq 0$ in $\underline{g}^\alpha$ und setzen $H_\alpha = [X_\alpha, X_{-\alpha}]$. Wir wollen dies so tun, daß die $X_\alpha (\alpha \in R)$, $H_\beta (\beta \in B)$ eine Chevalley-Basis von $\underline{g}$ bilden, das heißt, daß $\alpha(H_\alpha) = 2$ für alle $\alpha \in R$ ist und daß es einen Antiautomorphismus σ von $\underline{g}$ mit $\sigma X_\alpha = X_{-\alpha}$ für alle $\alpha \in R$ und $\sigma H = H$ für alle $H \in \underline{h}$ gibt. Für alle $\alpha, \beta \in R$ mit $\alpha + \beta \in R$ ist dann $[X_\alpha, X_\beta] = \pm(n+1) X_{\alpha+\beta}$, wobei n die größte ganze Zahl mit $\beta - n\alpha \in R$ ist.

Ist T eine Teilmenge von R_+, so bezeichnen wir mit $\underline{\underline{P}}_T$ die Menge der T-tupel $\pi = (\pi(\alpha))_{\alpha \in T}$ mit $\pi(\alpha) \in \mathbb{N}$ und nennen die Elemente von $\underline{\underline{P}}_T$ (Kostantsche) Partitionen in T. Für jede solche Partition $\pi = (\pi(\alpha))_{\alpha \in T}$ sei $S(\pi) = \sum_{\alpha \in T} \pi(\alpha)\,\alpha$; wir setzen nun $\underline{\underline{P}}_T(\nu) = \{\pi \in \underline{\underline{P}}_T \mid S(\pi) = \nu\}$. Zu T gehört die (Kostantsche) Partitionsfunktion $P_T : \underline{h}^* \to \mathbb{N}$ mit

$$P_T(\nu) = \# \underline{\underline{P}}_T(\nu)$$

In dem Fall $T = R_+$ lassen wir den Index T fort.

Wir wählen nun eine (totale) Anordnung von T, die angibt, in welcher Reihenfolge Produkte über T ausgeführt werden sollen, und setzen für jedes $\pi = (\pi(\alpha))_{\alpha \in T}$:

$$X_{-\pi} = \prod_{\alpha \in T} \frac{X_{-\alpha}^{\pi(\alpha)}}{\pi(\alpha)!} \qquad \text{und} \qquad X_\pi = \prod_{\alpha \in T} \frac{X_\alpha^{\pi(\alpha)}}{\pi(\alpha)!}$$

Dabei sei für das zweite Produkt die Anordnung gewählt, die der beim ersten entgegengesetzt ist, so daß $X_\pi = \sigma X_{-\pi}$ gilt.

Die $X_{-\pi}$ (bzw. die X_π) mit $\pi \in \underline{\underline{P}}$ bilden eine Basis von $U(\underline{n}^-)$ (bzw. $U(\underline{n})$); nehmen wir für ein $\nu \in \mathbb{Z}R$ nur die $\pi \in \underline{\underline{P}}(\nu)$, so erhalten wir eine Basis von

$U(\underline{n}^-)^{-\nu}$ (bzw. $U(\underline{n})^\nu$).

1.3

Für jede Wurzel α bezeichnen wir die duale Wurzel mit $\alpha^\vee$; es gilt also $\langle \lambda, \alpha^\vee \rangle = \lambda(H_\alpha)$ für alle $\lambda \in \underline{h}^*$, und die Spiegelung s_α relativ α ist durch

$$s_\alpha \lambda = \lambda - \langle \lambda, \alpha^\vee \rangle \alpha \qquad \text{für } \lambda \in \underline{h}^*$$

gegeben. Ist T eine Teilmenge von R, so erzeugen die s_α, mit $\alpha \in T$ eine Untergruppe W_T der Weylgruppe $W = W_R$ von R.

Nun sind die Fundamentalgewichte ω_α $(\alpha \in B)$ durch

$$\langle \omega_\alpha, \beta^\vee \rangle = \delta_{\alpha\beta} \qquad \text{für alle } \alpha, \beta \in B$$

(δ das Kronecker-Delta) gegeben; wir setzen

$$P(R) = \sum_{\alpha \in B} \mathbb{Z}\, \omega_\alpha \qquad \text{und} \quad Q(R) = \mathbb{Z}R = \mathbb{Z}B$$

sowie

$$\rho = \sum_{\beta \in B} \omega_\beta = \frac{1}{2} \sum_{\alpha \in R_+} \alpha .$$

Auf $\underline{h}^*$ führen wir eine Ordnungsrelation $\leq$ ein: Für $\lambda, \mu \in \underline{h}^*$ gelte $\lambda \leq \mu$ genau dann, wenn $\mu - \lambda$ von der Form $\sum_{\alpha \in B} m_\alpha \alpha$ mit $m_\alpha \in \mathbb{N}$ ist.

Für alle $\lambda \in \underline{h}^*$ definieren wir

$$R_\lambda = \{\alpha \in R \mid \langle \lambda, \alpha^\vee \rangle \in \mathbb{Z}\}$$

und

$$W_\lambda = \{w \in W \mid w\lambda - \lambda \in Q(R)\}.$$

Dann gilt

$$P(R) = \{\lambda \in \underline{h}^* \mid R_\lambda = R\}$$

und

$$R_\lambda = \{\alpha \in R \mid s_\alpha \in W_\lambda\} \qquad \text{für alle } \lambda \in \underline{h}^*.$$

Um die zweite Behauptung zu sehen, muß man $k\alpha \cap Q(R) = \mathbb{Z}\alpha$ für alle $\alpha \in R$ zeigen; weil jede Wurzel unter W zu einem Element von B konjugiert ist, kann man sich auf $\alpha \in B$ beschränken, wo die Aussage klar ist.

Satz: Für alle $\lambda \in \underline{h}^*$ ist R_λ ein Wurzelsystem in $\mathbb{Z}R_\lambda \otimes_{\mathbb{Z}} \mathbb{R}$ mit Weylgruppe W_λ.

Beweis: Wir benutzen hier Wurzelsystem in der abstrakten Bedeutung der Definition 1 von [Bourbaki], Ch. VI, § 1. Als duale Wurzel zu einem $\alpha \in R_\lambda$ betrachten wir die Einschränkung von $\alpha^\vee$; um dann die Axiome der Definition nachzuprüfen, müssen wir nur $s_\alpha R_\lambda = R_\lambda$ für alle $\alpha \in R_\lambda$ zeigen. Für alle $\beta \in R_\lambda$ gilt aber

$$\langle \lambda, s_\alpha\beta^\vee\rangle = \langle s_\alpha\lambda, \beta^\vee\rangle = \langle\lambda,\beta^\vee\rangle - \langle\lambda,\alpha^\vee\rangle\langle\alpha,\beta^\vee\rangle \in \mathbb{Z},$$

mithin $s_\alpha R_\lambda = R_\lambda$. Also ist R_λ ein Wurzelsystem, und wir müssen nur noch beweisen, daß seine Weylgruppe W_{R_λ} gleich W_λ ist, das heißt, daß W_λ von den in W_λ enthaltenen Spiegelungen erzeugt wird.

Nehmen wir zuerst $k \subset \mathbb{R}$ an. Wir betrachten die affine Weylgruppe W_a, die von den Spiegelungen

$$s_{\alpha,n} : \mu \mapsto s_\alpha\mu + n\alpha \qquad \text{für alle } \mu \in \underline{h}^*$$

mit $\alpha \in R$ und $n \in \mathbb{Z}$ erzeugt wird. Nach [Bourbaki], Ch. V. § 3, Prop. 1 wird der Stabilisator von λ in der Spiegelungsgruppe W_a von den $s_{\alpha,n}$ mit $s_{\alpha,n}\lambda = \lambda$ erzeugt, das heißt, von den $s_{\alpha,\langle\lambda,\alpha^\vee\rangle}$ mit $\langle\lambda,\alpha^\vee\rangle \in \mathbb{Z}$, mit $\alpha \in R_\lambda$ also.

Nun ist die Gruppe der Translationen um Elemente von $Q(R)$ ein Normalteiler in W_a, und W_a selbst ist das semi-direkte Produkt dieses Normalteilers mit W. Projizieren wir W_a gemäß dieser Zerlegung auf W, so wird der Stabilisator von λ in W_a genau auf W_λ abgebildet. Dabei geht das Erzeugendensystem

$\{s_\alpha, \langle\lambda, \alpha^\vee\rangle | \alpha \in R_\lambda\}$ in ein Erzeugendensystem $\{s_\alpha | \alpha \in R_\lambda\}$ über, und es gilt $W_\lambda = W_{R_\lambda}$, wie behauptet.

Im allgemeinen Fall können wir $\{1\}$ zu einer Basis $(e_i)_{i \in I}$ von k als Vektorraum über $\mathbb{Q}$ erweitern. Dann ist $\underline{h}^*$ als Q-Vektorraum die direkte Summe der $e_i \mathbb{Q}R$, und diese Teilräume sind unter W invariant. Schreiben wir nun $\lambda = \sum_{i \in I} \lambda_i e_i$ mit $\lambda_i \in \mathbb{Q}R$, so sind nur endlich viele der λ_i von Null verschieden. Nach Umbenennung von I können wir daher annehmen, daß $\lambda = \sum_{i=0}^{n} \lambda_i e_i$ (mit $e_o = 1$) ist. Nun gilt

$$W_\lambda = W_{\lambda_o} \cap \bigcap_{i=1}^{n} \mathrm{Stab}_W(\lambda_i).$$

Wir setzen jetzt (für $1 \leqslant i \leqslant \lambda$)

$$R_i = \{\alpha \in R \mid \langle\lambda_j, \alpha^\vee\rangle = 0 \text{ für } 1 \leqslant j \leqslant i\}$$

und

$$W_i = \bigcap_{j=1}^{i} \mathrm{Stab}_W(\lambda_j).$$

Wie oben sieht man, daß R_i ein Wurzelsystem (in $\mathbb{Z}R_i \otimes_{\mathbb{Z}} \mathbb{R}$) ist. Durch Induktion über i zeigt man, daß W_i die Weylgruppe von R_i ist; wegen $R_i = \{\alpha \in R | s_\alpha \in W_i\} = \{\alpha \in R_{i-1} | \langle\lambda_i, \alpha^\vee\rangle = 0\}$ muß man zeigen, daß W_i von Spiegelungen erzeugt wird; dies folgt aus $W_i = \mathrm{Stab}_{W_{i-1}}(\lambda_i)$ und [Bourbaki], Ch. V, § 3, Prop. 1. (Man setzt hier $R_o = R$ und $W_o = W$).

Nun gilt

$$W_\lambda = \{w \in W_n | w\lambda_o - \lambda_o \in Q(R)\};$$

da offensichtlich $w\lambda_o - \lambda_o \in kR_n$ für alle $w \in W_n$ ist, folgt

(1) $$W_\lambda = \{w \in W_n | w\lambda_o - \lambda_o \in \mathbb{Z}R_n\},$$

sobald wir

(2) $$kR_n \cap Q(R) = \mathbb{Z}R_n$$

gezeigt haben. Auf (1) können wir dann unsere Überlegungen für den Fall $k \subset \mathbb{R}$ anwenden und erhalten so die Behauptung, daß W_λ von Spiegelungen erzeugt wird. Um (2) zu sehen, bemerken wir, daß aus der Definition von R_n unmittelbar

$$kR_n \cap R = R_n$$

folgt. Nach [Bourbaki], Ch. VI, § 1, Prop. 24 kann man nun eine Basis B_1 von R und eine Teilmenge $B_1' \subset B_1$ finden, so daß B_1' eine Basis von R_n ist. Dann ist $Q(R)$ (bzw. $\mathbb{Z}R_n$) die freie abelsche Gruppe erzeugt von B_1 (bzw. B_1') und (2) ist nun klar.

Bemerkung: Mit ähnlichen Argumenten kann man zeigen, daß der Stabilisator von λ in W von den Spiegelungen s_α mit $\alpha \in R$ und $\langle \lambda, \alpha^\vee \rangle = 0$ erzeugt wird. (In dem Beweis oben verliert λ_o einfach seine Sonderstellung und wir brauchen (2) nicht zu beweisen.)

Es ist klar, daß $R_\lambda \cap R_+$ (für jedes $\lambda \in \underline{h}^*$) ein System positiver Wurzeln in R_λ ist. Die zugehörige Basis von R_λ werde mit B_λ bezeichnet; es gilt dann $W_\lambda = W_{B_\lambda}$.

1.4

Definition: Seien M ein $\underline{g}$-Modul und $\lambda \in \underline{h}^*$.

a) Ein Element $v \in M$ heißt primitives Element zum Gewicht λ, wenn $\underline{n}v = 0$ und und $v \in M^\lambda \setminus 0$ ist.

b) M heißt Modul zum höchsten Gewicht λ, wenn es ein primitives Element $v \in M$ zum Gewicht λ mit $M = U(\underline{g})v$ gibt.

Weil $\underline{h}$ kommutativ ist und $[\underline{b},\underline{b}] = \underline{n}$ gilt, können wir k für jedes $\lambda \in \underline{h}^*$ mit einer $\underline{b}$-Modulstruktur versehen, so daß ein $H \in \underline{h}$ (bzw. $X \in \underline{n}$) als Multiplikation mit $\lambda(H)$ (bzw. mit 0) operiert. Wir bezeichnen diesen $\underline{b}$-Modul mit k_λ und betrachten den davon induzierten $\underline{g}$-Modul

$$M(\lambda) = U(\underline{g}) \otimes_{U(\underline{b})} k_\lambda ,$$

den (von Dixmier so genannten) Verma-Modul zum höchsten Gewicht λ. (Achtung: In [Dixmier] und an anderen Orten wird dieser Modul mit $M(\lambda + \rho)$ bezeichnet; ein ähnlicher Unterschied tritt unten bei $L(\lambda)$ auf). Wir setzen $v_\lambda = 1 \otimes 1$; dies ist ein primitives Element zum Gewicht λ und erzeugt $M(\lambda)$. Die $X_{-\pi}v_\lambda$ mit $\pi \in \underline{\underline{P}}$ (bzw. mit $\pi \in \underline{\underline{P}}(\nu)$) bilden eine Basis von $M(\lambda)$ (bzw. von $M(\lambda)^{\lambda-\nu}$ für ein $\nu \in Q(R)$).

Ist M ein Modul zu einem höchsten Gewicht $\lambda \in \underline{h}^*$, und ist $v \in M$ ein primitives Element zum Gewicht λ, so ist $M^\lambda = kv$ als $\underline{b}$-Modul zu k_λ isomorph. Wegen der universellen Eigenschaft induzierter Darstellungen gibt es genau einen (offensichtlich surjektiven) Homomorphismus von $\underline{g}$-Moduln $M(\lambda) \to M$, der v_λ auf v abbildet. Nun ist M die direkte Summe seiner Gewichtsräume M^μ, alle diese Gewichtsräume sind endlich dimensional, aus $M^\mu \neq 0$ folgt $\mu \leq \lambda$ und es gilt $\dim M^\lambda = 1$. Jeder $\underline{g}$-Endomorphismus von M führt alle Gewichtsräume - also insbesondere M^λ - in sich über; wegen $\dim M^\lambda = 1$, operiert er auf M^λ als Multiplikation mit einem Skalar; weil M von M^λ erzeugt wird, folgt nun

$$\mathrm{End}_{\underline{g}} M = k.$$

Alle echten Untermoduln von M sind in $\coprod_{\mu<\lambda} M^\mu$ enthalten, mithin auch ihre Summe. Es gibt also einen größten echten Untermodul von M; der Restklassenmodul danach ist ein einfacher Modul zum höchsten Gewicht λ. Im Fall von $M(\lambda)$ bezeichnen wir diesen einfachen Modul mit $L(\lambda)$; im allgemeinen ist er zu $L(\lambda)$ isomorph, weil wir, wie oben bemerkt, einen surjektiven $\underline{g}$-Homomorphismus von $M(\lambda)$ auf den Modul haben. Wir bezeichnen das Bild von v_λ unter der kanonischen Abbildung $M(\lambda) \to L(\lambda)$ mit $\bar{v}_\lambda$.

1.5.

Sei M ein Modul zu einem höchsten Gewicht $\lambda \in \underline{h}^*$, versehen mit einem erzeugenden primitiven Element $v \in M^\lambda$. Das Zentrum $Z(\underline{g})$ von $U(\underline{g})$ operiert auf

$M(\lambda)$ als Algebra von $\underline{g}$-Endomorphismen. Nun haben wir aber oben gesehen, daß $\mathrm{End}_{\underline{g}}\ M = k$ ist. Daraus folgt: Es gibt einen Homomorphismus

$$\chi_\lambda \ : \ Z(\underline{g}) \longrightarrow k$$

von k-Algebren mit

$$\chi_\lambda(z)m = z \,.\, m \qquad \text{für alle } z \in Z(\underline{g}) \text{ und } m \in M.$$

Wir setzen nun $M^- = \coprod_{\mu<\lambda} M^\mu$ und definieren eine Abbildung

$$\tilde{\chi}_\lambda \ : \ U(\underline{g}) \longrightarrow k$$

durch

$$uv - \chi_\lambda(u)v \in M^- \qquad \text{für alle } u \in U(\underline{g}).$$

Offensichtlich gilt

$$\chi_\lambda = \tilde{\chi}_{\lambda\,|Z(\underline{g})} \,.$$

Wenn wir $U(\underline{g})$ als direkte Summe

(1) $$U(\underline{g}) = U(\underline{h}) \oplus (\underline{n}^- U(\underline{g}) + U(\underline{g})\,\underline{n})$$

zerlegen und die Projektion auf den ersten Summanden mit χ bezeichnen, so erhalten wir

$$uv \equiv \chi(u)v = \lambda(\chi(u))v \qquad (\mathrm{mod}\ M^-) \quad \text{für alle } u \in U(\underline{g}),$$

mithin $\tilde{\chi}_\lambda = \lambda \circ \chi$. (Insbesondere sehen wir, daß $\tilde{\chi}_\lambda$ und χ_λ nur von λ selbst, nicht von M abhängen.) Nun gilt der

<u>Satz:</u> (Harish-Chandra)

a) $\chi_{|Z(\underline{g})} : Z(\underline{g}) \to U(\underline{h})$ <u>ist ein injektiver Homomorphismus von</u> k-<u>Algebren.</u>

b) <u>Für</u> $\lambda, \mu \in \underline{h}^*$ <u>gilt</u>

$$\chi_\lambda = \chi_\mu \Leftrightarrow \underline{\text{Es gibt ein}}\ w \in W\ \underline{\text{mit}}\ \lambda = w(\mu+\rho)-\rho\,.$$

(Wir haben hier nur den Teil des Satzes zitiert, den wir anwenden wollen; für genauere Resultate und einen Beweis verweisen wir auf [Dixmier 2], 7.4.)

Der Antiautomorphismus σ (vgl. 1.2) von $\underline{g}$ vertauscht $\underline{n}$ und $\underline{n}^-$ und operiert trivial auf $U(\underline{h})$. Aus der Definition von χ folgt nun mit Hilfe der Zerlegung in (1)

(2) $$\chi(u) = \chi(\sigma u) \qquad \text{für alle } u \in U(\underline{g}).$$

Weil $\chi|_{Z(\underline{g})}$ nach Teil a) des Satzes injektiv ist, muß

(3) $$z = \sigma z \qquad \text{für alle } z \in Z(\underline{g})$$

gelten.

Teil b) des Satzes veranlaßt uns, folgende Notation einzuführen: Für $w \in W$ und $\mu \in \underline{h}^*$ setzen wir

$$w \,.\, \mu = w(\mu + \rho) - \rho.$$

Es ist also $W.\,\mu = \{\lambda \in \underline{h}^* \mid \chi_\lambda = \chi_\mu\}$. Wenn wir von Orbiten oder Stabilisatoren in W reden, so meinen wir stets diese um ρ verschobene Operation. Wegen $\rho \in P(R)$ gilt

$$R_\lambda = \{\alpha \in R \mid \langle \lambda + \rho, \alpha^\vee \rangle \in \mathbb{Z}\}$$

und $$W_\lambda = \{w \in W \mid w.\lambda - \lambda \in Q(R)\}.$$

1.6

Seien M, λ, v wie in 1.5. Für ein $u \in U(\underline{g})$ gehört uv genau dann zum größten echten Untermodul von M, wenn $U(\underline{g})\, uv$ ein echter Untermodul ist. Dies ist offensichtlich zu $U(\underline{g})\, uv \subset \coprod_{\mu<\lambda} M^\mu$ oder auch zu $\tilde{\chi}_\lambda\,(U(\underline{g})\, u) = 0$ äquivalent. Wir definieren nun eine Bilinearform $(\ ,\ )_\lambda$ auf $U(\underline{g})$ durch

$$(u_1, u_2)_\lambda = \tilde{\chi}_\lambda\,(\sigma(u_1)\, u_2) \qquad \text{für } u_1, u_2 \in U(\underline{g}).$$

Aus 1.5 (2) folgt nun

$$(u_2, u_1)_\lambda = \widetilde{X}_\lambda(\sigma(u_2)\, u_1) = \widetilde{X}_\lambda(\sigma(\sigma(u_2)\, u_1)) = \widetilde{X}_\lambda(\sigma(u_1)\, u_2) = (u_1, u_2)_\lambda .$$

(Es ist nach der Beschreibung von σ klar, daß $\sigma^2 = 1$ gilt.) Also ist $(\, , \,)_\lambda$ eine symmetrische Bilinearform. Wie wir oben sahen, gehört uv für ein $u \in U(\underline{g})$ genau dann zum größten echten Untermodul von M, wenn $\widetilde{X}_\lambda(U(\underline{g})u) = 0$ ist; dies ist offenbar dasselbe, wie zu sagen, daß $(U(\underline{g}), u)_\lambda = 0$ ist, das heißt, daß u zum Radikal von $(\, , \,)_\lambda$ gehört. Nun ist dies insbesondere erfüllt, wenn $uv = 0$ ist; daher läßt sich auf M selbst eine symmetrische Bilinearform durch

$$(u_1 v, u_2 v) = (u_1, u_2)_\lambda = \widetilde{X}_\lambda(\sigma(u_1)\, u_2)$$

definieren. Für $u, u_1, u_2 \in U(\underline{g})$ gilt dann

$$(uu_1 v, u_2 v) = \widetilde{X}_\lambda(\sigma(uu_1)\, u_2) = \widetilde{X}_\lambda(\sigma(u_1)\, \sigma(u)\, u_2) = (u_1 v, \sigma(u) u_2 v).$$

Daher ist $(\, , \,)$ kontravariant im Sinn der folgenden

<u>Definition</u>: Sei M ein $\underline{g}$-Modul. Eine symmetrische Bilinearform $(\, , \,)$ auf M heißt <u>kontravariant</u>, wenn für alle $m, m' \in M$ und $u \in U(\underline{g})$ gilt:

$$(um, m') = (m, \sigma(u)\, m').$$

<u>Satz</u> a) <u>Für eine kontravariante Form auf einem $\underline{g}$-Modul sind Gewichtsräume zu verschiedenen Gewichten orthogonal.</u>

b) <u>Auf einem Modul M zu einem höchsten Gewicht gibt es eine kontravariante Form ungleich Null. Sie ist bis auf einen Skalar eindeutig bestimmt und ihr Radikal ist der größte echte Untermodul von M.</u>

<u>Beweis</u> a) Seien $\mu, \nu \in \underline{h}^*$ mit $\mu \neq \nu$ und $m \in M^\mu$, $m' \in M^\nu$ in einem $\underline{g}$-Modul M mit einer kontravarianten Form. Wir wählen ein $H \in U(\underline{g})$ mit $\mu(H) \neq \nu(H)$. Aus $\sigma H = H$ folgt nun

$$\mu(H)(m, m') = (Hm, m') = (m, Hm') = \nu(H)(m, m'),$$

also $(m, m') = 0$.

b) Das höchste Gewicht von M heiße λ. Daß es auf M eine kontravariante Form gibt, deren Radikal der größte echte Untermodul von M ist, haben wir schon gezeigt. Um die Eindeutigkeit nachzuprüfen, nehmen wir eine beliebige kontravariante Form $(\, , \,)$ auf M. Mit $v \in M^\lambda$ wie oben gilt nun

$$(u_1 v, u_2 v) = (v, \sigma(u_1) u_2 v) = (v, \tilde{\chi}_\lambda(\sigma(u_1) u_2) v) = \tilde{\chi}_\lambda(\sigma(u_1) u_2)(v,v),$$

wobei wir für den zweiten Schritt Teil a) des Satzes benutzen. Also ist $(\, , \,)$ durch den Skalar (v, v) eindeutig festgelegt.

1.7

Satz: Sei M ein Modul zu einem höchsten Gewicht $\lambda \in \underline{h}^*$. Dann besitzt M eine endliche Jordan-Hölder-Reihe, deren einfache Faktoren zu gewissen $L(w.\lambda)$ mit $w \in W_\lambda$ und $w.\lambda \leq \lambda$ isomorph sind.

Beweis: Seien $M_1 \subset M_2$ zwei verschiedene Untermoduln von M. Beide Moduln, also auch M_2/M_1, sind direkte Summe ihrer Gewichtsräume; alle möglichen Gewichte sind kleiner oder gleich λ, daher gibt es ein maximales Element μ in der Menge der Gewichte von M_2/M_1. Für

$$v' \in (M_2/M_1)^\mu \text{ ist } \underline{n} v' \subset \sum_{\alpha \in R_+} (M_2/M_1)^{\mu+\alpha} = 0;$$

daher ist v' ein primitives Element zum Gewicht μ. Nun operiert $Z(\underline{g})$ auf $U(\underline{g})v'$, einem Modul zum höchsten Gewicht μ, skalar durch χ_μ, andererseits operiert es auf M, also auch auf M_2 und M_2/M_1 durch χ_λ. Es muß daher $\chi_\lambda = \chi_\mu$ sein, mithin ein $w \in W$ mit $\mu = w.\lambda$ geben; außerdem gilt $\mu \leq \lambda$. Daraus folgt $\mu - \lambda \in Q(R)$ und dann $w \in W_\lambda$. Dies zeigt nun einerseits: ist M_2/M_1 einfach, so ist M_2/M_1 zu $L(w.\lambda)$ isomorph. Andererseits ist in jedem Fall

$$\sum_{w \in W_\lambda} \dim M_1^{w.\lambda} < \sum_{w \in W_\lambda} \dim M_2^{w.\lambda} .$$

Setzen wir nun $d(N) = \sum_{w \in W_\lambda} \dim N^{w.\lambda}$ für jeden Untermodul N von M, so haben wir eine durch 0 und $d(M)$ beschränkte Funktion mit $d(M_1) < d(M_2)$ für $M_1 \subsetneqq M_2$ konstruiert. Dann kann es keine unendlichen aufsteigenden oder absteigenden Ketten von Untermoduln geben, das heißt, M ist noethersch und artinsch und hat daher eine endliche Jordan-Hölder-Reihe. Daß deren einfache Faktoren die behauptete Form haben, sahen wir schon.

1.8.

Definition: Ein $\lambda \in \underline{h}^*$ heißt genau dann antidominant, wenn $\langle\lambda + \rho, \alpha^\vee\rangle \notin \mathbb{N} \setminus 0$ für alle $\alpha \in R+$ gilt.

Die Bedingung in der Definition ist offensichtlich dazu äquivalent, daß gilt:

$$\langle \lambda + \rho, \alpha^\vee \rangle \leq 0 \qquad \text{für alle } \alpha \in B_\lambda$$

oder auch zu

$$\lambda \leq s_\alpha . \lambda \qquad \text{für alle } \alpha \in B_\lambda .$$

Mit demselben Argument wie in [Bourbaki], Ch. VI, § 1, Prop. 18 folgt, daß diese Bedingung zu

(1) $$\lambda \leq w.\lambda \qquad \text{für alle } w \in W_\lambda$$

gleichwertig ist.

Ebenso überträgt sich die Aussage, daß es für alle $\mu \in \underline{h}^*$ genau ein $\lambda \in W_\mu.\mu$ mit $\langle\lambda + \rho, \alpha^\vee\rangle \leq 0$ für alle $\alpha \in B_\mu = B_\lambda$, also genau ein antidominantes Gewicht in $W_\mu.\mu$ gibt.

Satz: Ist $\lambda \in \underline{h}^*$ antidominant, so ist $M(\lambda)$ einfach.

Beweis: Nach 1.7 hat $M(\lambda)$ eine endliche Jordan-Hölder-Reihe, deren einfache Faktoren gewisse $L(w.\lambda)$ mit $w \in W_\lambda$ und $w.\lambda \leq \lambda$ sind. Angesichts von (1) müssen alle diese Faktoren zu $L(\lambda)$ isomorph sein. Wegen $\dim M(\lambda)^\lambda = 1$ tritt $L(\lambda)$ aber ganz allgemein (für alle $\lambda \in \underline{h}^*$) nur einmal in einer Jordan-Hölder-Reihe von $M(\lambda)$ auf. Also muß hier $M(\lambda) = L(\lambda)$ sein.

1.9

Von Satz 1.8 gilt die Umkehrung. Dies ist eine einfache Folgerung aus Teil c) in dem

Theorem (Verma) Seien $\lambda, \mu \in \underline{h}^*$.

a) Jeder $\underline{g}$-Modul-Homomorphismus ungleich Null $M(\mu) \to M(\lambda)$ ist injektiv.

b) Es gilt $\dim \operatorname{Hom}_{\underline{g}} (M(\mu), M(\lambda)) \leq 1$.

c) Für alle $\alpha \in R_+$ mit $\langle \lambda + \rho, \alpha^\vee \rangle \in \mathbb{N} \setminus 0$ ist $\operatorname{Hom}_{\underline{g}} (M(s_\alpha . \lambda), M(\lambda)) \neq 0$.

Für einen Beweis verweisen wir auf [Dixmier 2], 7.6.6 und 7.6.13.

1.10

Wir betrachten $\underline{g}$-Moduln M mit den folgenden Eigenschaften:

(1) $M = \coprod_{\lambda \in \underline{h}^*} M^\lambda$

(2) Für alle $m \in M$ gilt: $\dim U(\underline{n})\, m < \infty$.

(3) M ist über $U(\underline{g})$ endlich erzeugt.

Die Kategorie der $\underline{g}$-Moduln, die (1) bis (3) erfüllen, werde mit $\underline{\underline{O}}$ bezeichnet. (Morphismen sind die $\underline{g}$-Modul-Homomorphismen). Mit einem Modul gehören auch seine Unter- und Restklassenmoduln zu $\underline{\underline{O}}$. Endliche direkte Summen von Objekten aus $\underline{\underline{O}}$ liegen wieder in $\underline{\underline{O}}$.

Sei M ein $\underline{g}$-Modul in $\underline{\underline{O}}$. Wir behaupten:

(4) Es gibt eine Kette von Untermoduln

$$M = M_0 \supset M_1 \supset \dots \supset M_r = 0,$$

<u>so daß</u> M_{i-1}/M_i <u>für</u> $1 \leqslant i \leqslant r$ <u>ein Modul zu einem höchsten Gewicht ist.</u>

Wir wählen ein Erzeugendensystem $m_1, \dots, m_s$ von M. Wegen (1) können wir annehmen, daß jedes m_i in einem Gewichtsraum M^{λ_i} ($\lambda_i \in \underline{h}^*$) liegt. Haben wir (4) für alle $\sum_{j=1}^{i} U(\underline{g})m_j / \sum_{j=1}^{i-1} U(\underline{g})\, m_j$ $(1 \leqslant j \leqslant s)$ gezeigt, so erhalten wir eine Kette der gewünschten Art, indem wir Urbilder in M von Ketten in diesen Restklassenmoduln wählen. Daher wollen wir uns auf den Fall beschränken, daß M von einem Element $m \in M^\lambda$ für ein $\lambda \in \underline{h}^*$ erzeugt wird. Wegen (2) gibt es $u_1, \dots, u_r \in U(\underline{n})$ mit

$$U(\underline{n})m = \sum_{i=1}^{r} k u_i m.$$

Wir können für die u_i Gewichtsvektoren zu einem Gewicht $\nu_i \in \mathbb{N}B$ wählen und sie so anordnen, daß $i < j$ aus $\nu_i < \nu_j$ folgt. Aus dieser Bedingung an die Anordnung folgt

$$\underline{n}\, u_i m \subset \sum_{j>i} k u_j\, m\,;$$

setzen wir nun $M_i = \sum_{j>i} U(\underline{g})\, u_j m$ für $0 \leqslant i \leqslant r$, so gilt $\underline{n}\, u_i m \in M_i$, und M_{i-1}/M_i wird von einem primitivem Element (nämlich $u_i m + M_i$) zum Gewicht $\lambda + \nu_i$ erzeugt, wenn es nicht gleich Null ist. Daher erfüllt die Kette der M_i die Bedingung (4), wenn wir Wiederholungen fortlassen.

Aus Satz 1.7 folgt, daß (4) zu (4') äquivalent ist, mit

(4') M <u>hat eine endliche Jordan-Hölder-Reihe, deren einfache Faktoren zu gewissen</u> $L(\mu)$ <u>mit</u> $\mu \in \underline{h}^*$ <u>isomorph sind.</u>

Ist M ein $\underline{g}$-Modul, der (1) und (4) (oder (4')) erfüllt, so gehört M zu $\underline{\underline{O}}$, denn M ist sicher endlich erzeugt und alle Teilräume der Form $\coprod_{\lambda \geqslant \mu} M^\lambda$ für ein $\mu \in \underline{h}^*$ sind endlich dimensional, also auch alle $U(\underline{n})m$ mit $m \in M$.

1.11

Zur Kategorie $\underline{\underline{O}}$ gehört eine Grothendieck-Gruppe. Wir erinnern an ihre Definition: Jedem Modul M in $\underline{\underline{O}}$ werde die Klasse $[M]$ zu ihm isomorpher Moduln zugeordnet. Dann betrachten wir die freie abelsche Gruppe, die von den verschiedenen $[M]$ erzeugt wird, und bilden die Faktorgruppe nach der Untergruppe, die von den $[M] - [M'] - [M'']$ für alle exakten Sequenzen $0 \to M' \to M \to M'' \to 0$ in $\underline{\underline{O}}$ erzeugt wird. Wir bezeichnen das Bild von $[M]$ in der Grothendieck-Gruppe auch mit $[M]$. Aus 1.10 (4') folgt, daß die Grothendieck-Gruppe die freie abelsche Gruppe in den $[L(\lambda)]$ mit $\lambda \in \underline{h}^*$ als Erzeugenden ist. Für jeden Modul M haben wir eine Darstellung

$$(1) \quad [M] = \sum_{\lambda} [M : L(\lambda)]\,[L(\lambda)],$$

wobei $[M : L(\lambda)]$ die Vielfachheit von $L(\lambda)$ als einfacher Faktor in einer Jordan-Hölder-Reihe von M ist.

Wir wollen eine andere Beschreibung der Grothendieck-Gruppe geben. Dazu betrachten wir die Menge $\mathbb{Z}[[\underline{h}^*]]$ der $\underline{h}^*$-tupel $(a_\lambda)_{\lambda \in \underline{h}^*}$ mit $a_\lambda \in \mathbb{Z}$ für alle $\lambda \in \underline{h}^*$. Ist $(a^i = (a^i_\lambda)_{\lambda \in \underline{h}^*})_{i \in I}$ eine Familie von solchen $\underline{h}^*$-tupeln, bei der für alle $\lambda \in \underline{h}^*$ die Menge $\{i \in I \mid a^i_\lambda \neq 0\}$ endlich ist, so definieren wir $\sum_{i \in I} a^i$ als das $\underline{h}^*$-tupel $(a_\lambda)_{\lambda \in \underline{h}^*}$ mit $a_\lambda = \sum_{i \in I} a^i_\lambda$. Insbesondere wird $\mathbb{Z}[[\underline{h}^*]]$ so zu einer kommutativen Gruppe. Für alle $\lambda \in \underline{h}^*$ bezeichnen wir das $\underline{h}^*$-tupel $(b_\mu)_{\mu \in \underline{h}^*}$ mit $b_\lambda = 1$ und $b_\mu = 0$ für $\mu \neq \lambda$ mit $e(\lambda)$. Ein beliebiges $a = (a_\lambda)_{\lambda \in \underline{h}^*} \in \mathbb{Z}[[\underline{h}^*]]$ läßt sich dann als

$$a = \sum_{\lambda \in \underline{h}^*} a_\lambda e(\lambda)$$

schreiben. Für zwei Elemente $a = (a_\lambda)_{\lambda \in \underline{h}^*}$ und $b = (b_\lambda)_{\lambda \in \underline{h}^*}$, bei denen für alle $\mu \in \underline{h}^*$ die Menge $\{\lambda \in \underline{h}^* \mid a_\lambda b_{\mu-\lambda} \neq 0\}$ endlich ist, definieren wir ab als das $\underline{h}^*$-tupel $(c_\lambda)_{\lambda \in \underline{h}^*}$ mit $c_\lambda = \sum_{\mu \in \underline{h}^*} a_\mu b_{\lambda-\mu}$. Für alle $\lambda, \mu \in \underline{h}^*$ gilt $e(\lambda)\,e(\mu) = e(\lambda + \mu)$; wo die Multiplikation erklärt ist, gilt das

Distributivgesetz.

Ist M ein $\underline{g}$-Modul, so nennen wir M <u>zulässig</u>, wenn $M = \coprod_{\lambda \in \underline{h}^*} M^\lambda$ und $\dim M^\lambda < \infty$ für alle $\lambda \in \underline{h}^*$ gilt. Sind diese Bedingungen erfüllt, so nennen wir

$$\text{ch } M = \sum_{\lambda \in \underline{h}^*} \dim M^\lambda \, e(\lambda)$$

den <u>Charakter</u> von M. Für eine exakte Sequenz

$$0 \to M' \to M \to M'' \to 0$$

von zulässigen $\underline{g}$-Moduln gilt

(2) $\quad \text{ch } M = \text{ch } M' + \text{ch } M''.$

Ist M ein zulässiger und E ein endlich dimensionaler $\underline{g}$-Modul, so ist auch $M \otimes E$ zulässig, und es gilt

(3) $\quad \text{ch } M \otimes E = \text{ch } M . \text{ch } E.$

Dies können wir nun insbesondere auf Moduln in $\underline{\underline{O}}$ anwenden, die nach 1.10 alle zulässig sind. Wir bezeichnen die von den $\text{ch } L(\lambda)$ mit $\lambda \in \underline{h}^*$ erzeugte Untergruppe von $\mathbb{Z}[[\underline{h}^*]]$ mit $\underline{\underline{C}}(\underline{\underline{O}})$.

<u>Satz: Es gibt einen Isomorphismus der Grothendieck-Gruppe von $\underline{\underline{O}}$ auf $\underline{\underline{C}}(\underline{\underline{O}})$, der die Klasse $[M]$ eines Moduls M auf $\text{ch } M$ abbildet.</u>

<u>Beweis:</u> Nach Definition der Grothendieck-Gruppe folgt aus (2) die Existenz eines Homomorphismus, der $[M]$ auf $\text{ch } M$ für alle M in $\underline{\underline{O}}$ abbildet.

Wir müssen also nur zeigen, daß die $\text{ch } L(\lambda)$ die abelsche Gruppe $\underline{\underline{C}}(\underline{\underline{O}})$ frei erzeugen. Das ist aber klar wegen der Gestalt von $\text{ch } L(\lambda)$. Schreiben wir nämlich $\text{ch } L(\lambda) = (a_\mu)_{\mu \in \underline{h}^*}$ so gilt $a_\lambda = 1$ und $a_\mu \neq 0$ tritt nur für $\mu \leq \lambda$ auf.

<u>Corollar:</u> <u>Ist</u> T <u>ein exakter Funktor von</u> $\underline{\underline{O}}$ <u>in sich, so gibt es einen Homomonomorphismus</u> $\underline{\underline{C}}(T)$ <u>der Gruppe</u> $\underline{\underline{C}}(\underline{\underline{O}})$ <u>in sich mit</u>

$$\underline{\underline{C}}(T)\ \mathrm{ch}\ M = \mathrm{ch}\ TM$$

<u>für alle</u> M <u>in</u> $\underline{\underline{O}}$.

<u>Beweis:</u> Aus der Definition der Grothendieck-Gruppe folgt, daß es einen Homomorphismus dieser Gruppe in sich mit $[M] \mapsto [TM]$ für alle M in $\underline{\underline{O}}$ gibt. Aus dem Satz erhalten wir nun die Behauptung.

1.12

Für jedes Element $a \in \underline{\underline{C}}(\underline{\underline{O}})$ gibt es eindeutig bestimmte ganze Zahlen $[a : L(\lambda)]$ $(\lambda \in \underline{h}^*)$, fast alle gleich Null, mit

(1) $$a = \sum_{\lambda \in \underline{h}^*} [a : L(\lambda)]\ \mathrm{ch}\ L(\lambda).$$

Offenbar gilt

(2) $$[\mathrm{ch}\ M : L(\lambda)] = [M : L(\lambda)]$$

für alle Moduln M in $\underline{\underline{O}}$. Nun zeigt Satz 1.7 für alle $\lambda, \mu \in \underline{h}^*$:

(3) Aus $[M(\mu) : L(\lambda)] \neq 0$ folgt $\mu \in W_\lambda . \lambda$ und $\lambda \leqslant \mu$.

Da außerdem $[M(\lambda) : L(\lambda)] = 1$ ist, sehen wir, daß auch die ch $M(\mu)$ mit $\mu \in \underline{h}^*$ eine Basis von $\underline{\underline{C}}(\underline{\underline{O}})$ bilden. Es gibt also für alle $a \in \underline{\underline{C}}(\underline{\underline{O}})$ ganze Zahlen $(a : M(\lambda))$ $(\lambda \in \underline{h}^*)$, fast alle gleich Null, mit

(4) $$a = \sum_{\lambda \in \underline{h}^*} (a : M(\lambda))\ \mathrm{ch}\ M(\lambda).$$

Für alle Moduln M in $\underline{\underline{O}}$ setzen wir

(5) $$(M : M(\mu)) = (\mathrm{ch}\ M : M(\mu)).$$

Die Koeffizienten $[a : L(\lambda)]$ und $(a : M(\lambda))$ für $a \in \underline{\underline{C}}(\underline{\underline{O}})$ sind durch die Gleichungen

$$(6) \qquad [a : L(\lambda)] = \sum_{\mu \geq \lambda} (a : M(\mu)) [M(\mu) : L(\lambda)]$$

und

$$(6') \qquad (a : M(\lambda)) = \sum_{\mu \geq \lambda} [a : L(\mu)] (L(\mu) : M(\lambda))$$

mit einander verbunden. Mit Hilfe von (3) und Induktion über $\leq$ sieht man

(7) Aus $(L(\mu) : M(\lambda)) \neq 0$ folgt $\lambda \in W_\mu . \mu$ und $\lambda \leq \mu$ für alle $\lambda, \mu \in \underline{h}^*$.

1.13

Sei M ein zulässiger $\underline{g}$-Modul. Für alle $\lambda \in \underline{h}^*$ setzen wir $M_{(\lambda)} = \{m \in M \mid$ für alle $z \in Z(\underline{g})$ gibt es ein $n \in \mathbb{N} \setminus 0$ mit $(z - \chi_\lambda(z))^n m = 0\}$. Offensichtlich ist jedes $M_{(\lambda)}$ ein $\underline{g}$-Untermodul von M. Weil die Gewichtsräume M^μ endlich dimensional sind, ist jedes M^μ direkte Summe der verschiedenen $M^\mu_{(\lambda)} = M^\mu \cap M_{(\lambda)}$ und deshalb auch M die der verschiedenen $M_{(\lambda)}$. Nach 1.5 b) gilt für $\lambda, \lambda' \in \underline{h}^*$ mit $M_{(\lambda)}, M_{(\lambda')} \neq 0$:

$$M_{(\lambda)} = M_{(\lambda')} \iff \lambda \in W . \lambda' .$$

Wegen $U(\underline{g}) = \coprod_{\nu \in Q(R)} U(\underline{g})^\nu$ und $U(\underline{g})^\nu M^\lambda \subset M^{\lambda+\nu}$ ist $M_{(\lambda,\mu)} = \coprod_{\nu \in Q(R)} M^{\mu+\nu}_{(\lambda)}$ für alle $\lambda, \mu \in \underline{h}^*$ ein $\underline{g}$-Untermodul von M. Offensichtlich ist M die direkte Summe der verschiedenen $M_{(\lambda,\mu)}$; für $\lambda, \lambda', \mu, \mu' \in \underline{h}^*$ mit $M_{(\lambda,\mu)}, M_{(\lambda',\mu')} \neq 0$ gilt:

$$M_{(\lambda,\mu)} = M_{(\lambda',\mu')} \iff \lambda' \in W . \lambda \quad \text{und} \quad \mu - \mu' \in Q(R).$$

Betrachten wir nun insbesondere den Fall, daß M zur Kategorie $\underline{\underline{O}}$ gehört. Dies trifft dann auch auf die Untermoduln $M_{(\lambda,\mu)}$ zu; nach 1.10 (4') hat $M_{(\lambda,\mu)}$ eine endliche Jordan-Hölder-Reihe, deren einfache Faktoren gewisse $L(\nu)$ sind. Nehmen wir ein primitives Element m aus einem solchen Faktor. Nach Definition von $M_{(\lambda,\mu)}$ gibt es für alle $z \in Z(\underline{g})$ ein $n \in \mathbb{N}$ mit

$$(z - \chi_\lambda(z))^n m = 0 ;$$

außerdem muß $\nu \in \mu + Q(R)$ gelten. Andererseits war der zentrale Charakter von $L(\nu)$ gerade gleich χ_ν, es gilt daher

$$(z - \chi_\nu(z))m = 0$$

für alle $z \in Z(\underline{g})$. Der Vergleich zeigt $\chi_\nu = \chi_\lambda$, also $\nu \in W.\lambda$. Wir sehen also: Jedes $M_{(\lambda,\mu)}$ hat eine endliche Kompositionsreihe, deren einfache Faktoren gewisse $L(\nu)$ mit $\nu \in W.\lambda \cap (\mu + Q(R))$ sind. Ist $M_{(\lambda,\mu)} \neq 0$ und ist $L(\nu)$ ein Kompositionsfaktor von $M_{(\lambda,\mu)}$, so gilt $M_{(\lambda,\mu)} = M_{(\nu,\nu)}$. Wir haben damit einen Teil des folgenden Satzes gezeigt.

Satz: Sei M ein $\underline{g}$-Modul in $\underline{\mathcal{O}}$. Für alle $\lambda \in \underline{h}^*$ setzen wir

$$M_\lambda = \coprod_{\nu \in Q(R)} M_\lambda^{\lambda+\nu}$$

mit $M_\lambda^{\lambda+\nu} = \{m \in M^{\lambda+\nu} \mid$ für alle $z \in Z(\underline{g})$ gibt es $n \in \mathbb{N}$ mit $(z - \chi_\lambda(z))^n m = 0\}$. Dann gilt

a) Für $\lambda, \mu \in \underline{h}^*$ mit $M_\lambda, M_\mu \neq 0$ haben wir die Äquivalenz:

$$M_\lambda = M_\mu \quad \Leftrightarrow \quad \lambda \in W_\mu.\mu \quad .$$

b) M ist die direkte Summe der M_λ mit $\lambda \in \underline{h}^*$ antidominant.

c) Jedes M_λ $(\lambda \in \underline{h}^*)$ hat eine endliche Jordan-Hölder-Reihe, deren einfache Faktoren zu gewissen $L(\nu)$ mit $\nu \in W_\lambda.\lambda$ isomorph sind.

d) Für alle $\lambda, \mu \in \underline{h}^*$ gilt

$$[M_\lambda : L(\mu)] = \begin{cases} [M : L(\mu)] & \text{für } \mu \in W_\lambda.\lambda , \\ 0 & \text{sonst.} \end{cases}$$

und
$$(M_\lambda : M(\mu)) = \begin{cases} (M : L(\mu)) & \text{für } \mu \in W_\lambda.\lambda , \\ 0 & \text{sonst.} \end{cases}$$

e) Für eine kontravariante Form auf M sind verschiedene M_λ zu einander orthogonal.

Beweis a) Offensichtlich ist M_λ das, was wir vor der Formulierung des Satzes $M_{(\lambda,\lambda)}$ nannten. Wie wir oben bemerkten, ist $M_{(\lambda,\lambda)} = M_{(\mu,\mu)}$ zu $\lambda \in W.\mu \cap (\mu + Q(R)) = W_\mu.\mu$ äquivalent,

b) Wir sahen oben, daß M die direkte Summe der verschiedenen $M_{(\lambda,\lambda)} = M_\lambda$ mit $\lambda \in \underline{h}^*$ ist. In jedem $W_\lambda.\lambda$ liegt (siehe 1.8) genau ein antidominantes Gewicht; daher folgt b) aus a).

c) Auch dies wurde schon vor der Formulierung des Satzes bewiesen.

d) Sind M', M'' zwei $\underline{g}$-Moduln in $\underline{\underline{O}}$ und ist $\phi : M' \to M''$ ein Homomorphismus von $\underline{g}$-Moduln, so gilt $\phi(M'_\lambda) \subset M''_\lambda$ für alle $\lambda \in \underline{h}^*$. Ist $0 \to M' \to \widetilde{M} \to M'' \to 0$ eine exakte Sequenz von $\underline{g}$-Moduln in $\underline{\underline{O}}$, so ist auch $0 \to M'_\lambda \to \widetilde{M}_\lambda \to M''_\lambda \to 0$ für alle $\lambda \in \underline{h}^*$ exakt. Die Zuordnung $M \mapsto M_\lambda$ ist also ein exakter Funktor von $\underline{\underline{O}}$ in sich. Aus dem Corollar in 1.11 folgt nun

$$\operatorname{ch} M_\lambda = \sum_\mu [M : L(\mu)] \operatorname{ch} L(\mu)_\lambda = \sum_\mu (M : M(\mu)) \operatorname{ch} M(\mu)_\lambda .$$

Offensichtlich gilt $L(\mu)_\lambda = L(\mu)$ und $M(\mu)_\lambda = M(\mu)$ für $\mu \in W_\lambda.\lambda$ und $L(\mu)_\lambda = 0 = M(\mu)_\lambda$ sonst. Dies zeigt

$$\operatorname{ch} M_\lambda = \sum_{\mu \in W_\lambda.\lambda} [M : L(\mu)] \operatorname{ch} L(\mu) = \sum_{\mu \in W_\lambda.\lambda} (M : M(\mu)) \operatorname{ch} M(\mu).$$

Aus der Definition der $[M_\lambda : L(\mu)]$ und $(M_\lambda : M(\mu))$ folgt nun die Behauptung.

e) Seien $\lambda, \mu \in \underline{h}^*$ mit $(M_\lambda, M_\mu) \neq 0$ für eine kontravariante Form $(\ ,\ )$ auf M. Nun sind M_λ und M_μ direkte Summen ihrer Gewichtsräume; nach Satz 1.6 a) können wir deshalb ein $\nu \in \underline{h}^*$ mit $(M_\lambda^\nu, M_\mu^\nu) \neq 0$ finden. Die Definition von M_λ und M_μ zeigt $\nu \in \lambda + Q(R)$, $\mu + Q(R)$; insbesondere muß $\lambda - \mu \in Q(R)$ sein. Weil M_λ^ν endlich dimensional ist, gibt es für alle $z \in Z(\underline{g})$ ein $n \in \mathbb{N}$ mit $(z - \chi_\lambda(z))^n M_\lambda^\nu = 0$. Dann folgt

(1) $\quad 0 = ((z - \chi_\lambda(z))^n M_\lambda^\nu, M_\mu^\nu) = (M_\lambda^\nu, (z - \chi_\lambda(z))^n M_\mu^\nu)$

aus der Kontravarianz von $(\ ,\ )$ und aus $\sigma z = z$ für alle $z \in Z(\underline{g})$ (siehe 1.5(3)).

Wäre nun $\chi_\lambda(z) \neq \chi_\mu(z)$, so operierte $z - \chi_\lambda(z)$ bijektiv auf M_μ^ν, das ja von einer Potenz von $z - \chi_\mu(z)$ annulliert wird. Es wäre also $(z - \chi_\lambda(z))^n M_\mu^\nu = M_\mu^\nu$ und aus (1) folgte $(M_\lambda^\nu, M_\mu^\nu) = 0$ im Widerspruch zu unserer Voraussetzung. Daher muß $\chi_\lambda(z) = \chi_\mu(z)$ für alle $z \in Z(\underline{g})$ sein, mithin $\chi_\lambda = \chi_\mu$ und $\lambda \in W.\mu$. Zusammen mit dem oben gezeigten $\lambda - \mu \in Q(R)$ beweist dies $\lambda \in W_\mu.\mu$, also $M_\lambda = M_\mu$ nach a).

1.14

Für eine Teilmenge $S \subset B$ setzen wir $R_S = \mathbb{Z}S \cap R$ und

$$\underline{n}_S = \coprod_{\alpha \in R_+ \cap R_S} \underline{g}^\alpha, \qquad \underline{n}_S^- = \coprod_{\alpha \in R_- \cap R_S} \underline{g}^\alpha$$

$$\underline{n}^S = \coprod_{\alpha \in R_+ \setminus R_S} \underline{g}^\alpha, \qquad \underline{n}^{-S} = \coprod_{\alpha \in R_- \setminus R_S} \underline{g}^\alpha,$$

$$\underline{h}_S = \coprod_{\alpha \in S} kH_\alpha, \qquad \underline{a}_S = \{H \in \underline{h} \mid \alpha(H) = 0 \text{ für alle } \alpha \in S\}.$$

Diese sechs Teilräume von $\underline{g}$ sind Unteralgebren, ihre Summe ist direkt und gleich $\underline{g}$. Ferner ist

$$\underline{g}_S = \underline{n}_S^- \oplus \underline{h}_S \oplus \underline{n}_S$$

eine halbeinfache Lie-Algebra mit zerfällender Cartan-Unteralgebra $\underline{h}_S$, Wurzelsystem R_S sowie Weylgruppe W_S (1.3), und

$$\underline{p}_S = \underline{g}_S \oplus \underline{a}_S \oplus \underline{n}^S$$

ist eine parabolische Unteralgebra von $\underline{g}$ mit Nilradikal $\underline{n}^S$, auflösbarem Radikal $\underline{a}_S \oplus \underline{n}^S$ und Levi-Faktor $\underline{g}_S$.

Es gilt $\underline{h} = \underline{h}_S \oplus \underline{a}_S$; wir fassen dann $\underline{h}^*$ als direkte Summe $\underline{h}^* = \underline{h}_S^* \oplus \underline{a}_S^*$ mit $\underline{h}_S^*(\underline{a}_S) = 0 = \underline{a}_S^*(\underline{h}_S)$ auf. Nach dieser Identifizierung ist $\underline{h}_S^* = \sum_{\alpha \in S} k\alpha$ und $\underline{a}_S^* = \sum_{\alpha \in B \setminus S} k\omega_\alpha$. Für alle $\lambda = \lambda_1 + \lambda_2 \in \underline{h}^*$ mit $\lambda_1 \in \underline{h}_S^*$ und $\lambda_2 \in \underline{a}_S^*$ setzen wir $\lambda_S = \lambda_1$. Offensichtlich ist λ_S das eindeutig bestimmte Element in $\underline{h}_S^*$ mit $\langle \lambda_S, \alpha^\vee \rangle = \langle \lambda, \alpha^\vee \rangle$ für alle $\alpha \in S$.

Insbesondere sehen wir $\langle \rho_S, \alpha^\vee \rangle = 1$ für alle $\alpha \in S$; daraus folgt $\rho_S = \frac{1}{2} \sum_{\alpha \in R_+ \cap R_S} \alpha$.

Für alle $\lambda \in \underline{h}^*$ und $\alpha \in S$ gilt nun

$$\lambda - s_\alpha \lambda = \langle \lambda, \alpha^\vee \rangle \alpha = \lambda_S - s_\alpha \lambda_S$$

und daher auch $s_\alpha(\lambda_S) = (s_\alpha \lambda)_S$. Weil W_S von den s_α mit $\alpha \in S$ erzeugt wird, folgt (durch Induktion)

(1) $$\lambda - w\lambda = \lambda_S - w(\lambda_S) \text{ und } (w\lambda)_S = w(\lambda_S) \quad \text{für alle } w \in W_S.$$

Wenden wir dies insbesondere auf $\lambda = \rho$ an, so erhalten wir

(2) $$w.\mu = w(\mu + \rho) - \rho = w(\mu + \rho_S) - \rho_S \quad \text{für alle } w \in W_S \text{ und } \mu \in \underline{h}^*.$$

Außerdem gilt offensichtlich

(3) $$w\,\nu = \nu \quad \text{für alle } \nu \in \underline{a}_S^* \text{ und } w \in W_S.$$

1.15

Sei S weiter eine Teilmenge von B. Wir können auf $\underline{g}_S$ (mit $\underline{h}_S$ und S) die Theorie der ersten Abschnitte anwenden. Insbesondere gibt es für alle $\mu \in \underline{h}_S^*$ einen Verma-Modul $M^S(\mu)$ und einen einfachen Modul $L^S(\mu)$ über $\underline{g}_S$ zum höchsten Gewicht μ. Sie sind Objekte in einer Kategorie $\underline{\underline{O}}^S$, die analog zur Kategorie $\underline{\underline{O}}$ in 1.10 definiert wird.

Sei M ein $\underline{g}_S$-Modul und $\nu \in \underline{a}_S^*$. Wegen $[\underline{a}_S, \underline{g}_S] = 0$ und $[\underline{p}_S, \underline{n}^S] \subset \underline{n}^S$ können wir M zu einem $\underline{p}_S$-Modul ${}^\nu M$ erweitern, indem wir ein $H \in \underline{a}_S$ (bzw. $X \in \underline{n}^S$) auf M skalar als Multiplikation mit $\nu(H)$ (bzw. mit Null) operieren lassen. Durch Induktion erhalten wir dann einen $\underline{g}$-Modul

$$I_S^\nu M = U(\underline{g}) \otimes_{U(\underline{p}_S)} {}^\nu M$$

Offensichtlich ist $M \mapsto I_S^\nu M$ ein exakter Funktor von der Kategorie der $\underline{g}_S$-Moduln in die der $\underline{g}$-Moduln.

Als $U(\underline{p}_S)$-Rechtsmodul unter der Multiplikation von rechts ist $U(\underline{g})$ frei; eine Basis bilden die $X_{-\pi}$ mit $\pi \in \underline{\underline{P}}_{R_+ \setminus R_S}$. (Zu den Notationen: siehe 1.2.). Ist eine Basis $(e_i)_{i \in I}$ von M gegeben, so bilden die $X_{-\pi} \otimes e_i$ mit $i \in I$ und $\pi \in \underline{\underline{P}}_{R_+ \setminus R_S}$ eine Basis von $I_S^{\nu} M$; wenn e_i ein Element zum Gewicht μ_i für $\underline{h}_S$ ist, so ist $X_{-\pi} \otimes e_i$ eines (für $\underline{h}$) zum Gewicht $\mu_i + \nu - S(\pi)$. Ist M ein zulässiger $\underline{g}_S$-Modul (das heißt, ist M direkte Summe endlich dimensionaler Gewichtsräume für $\underline{h}_S$), so ist auch $I_S^{\nu} M$ zulässig.

Für jede Teilmenge $T \subset R_+$ setzen wir

$$\underline{P}_T = \sum_{\nu \in \mathbb{N}B} \underline{\underline{P}}_T(\nu)\, e(-\nu) \in \mathbb{Z}[[\underline{h}^*]] \; ;$$

für zwei disjunkte Teilmengen T, T' von R_+ sieht man leicht:

(1) $$\underline{P}_T\, \underline{P}_{T'} = \underline{P}_{T \cup T'}$$

Für $T = R_+$ lassen wir wieder den Index T weg. Mit diesen Notationen gilt für jeden zulässigen $\underline{g}_S$-Modul M:

(2) $$\mathrm{ch}\, I_S^{\nu} M = \underline{P}_{R_+ \setminus R_S}\, e(\nu)\, \mathrm{ch}\, M.$$

Ist v ein primitives Element zu einem Gewicht $\mu \in \underline{h}_S^*$ in einem $\underline{g}_S$-Modul M, so ist $1 \otimes v \in I_S^{\nu} M$ ein primitives Element zum Gewicht $\mu + \nu$. Daher führt der Funktor I_S^{ν} Moduln zu einem höchsten Gewicht $\mu \in \underline{h}_S^*$ in Moduln zum höchsten Gewicht $\mu + \nu$ über. Aus 1.10 folgt, daß I_S^{ν} ein exakter Funktor von der Kategorie $\underline{\underline{O}}^S$ in die Kategorie $\underline{\underline{O}}$ ist.

Ein $\underline{g}_S$-Modul M läßt sich als $1 \otimes M$ in $I_S^{\nu} M$ für ein beliebiges $\nu \in \underline{a}_S^*$ einbetten. Ist M zulässig, so identifizieren wir M dabei mit

$$\coprod_{\mu \in \nu + \underline{h}_S^*} (I_S^{\nu} M)^{\mu}$$

1.16

Wir können diese Definitionen insbesondere auf $S = \emptyset$ anwenden; dann ist

$\underline{g}_\emptyset = 0 = \underline{h}_\emptyset^*$ und $\underline{h}^* = \underline{a}_\emptyset^*$ sowie $\underline{p}_\emptyset = \underline{b}$. Gehen wir von der trivialen eindimensionalen Darstellung von $\underline{g}_\emptyset$ aus, so erhalten wir

$$I_\emptyset^\lambda k = M(\lambda) \qquad \text{für alle } \lambda \in \underline{h}^*.$$

Aus 1.15 (2) folgt nun

$$\text{(1)} \qquad \text{ch } M(\lambda) = \underline{P}\, e(\lambda).$$

Kehren wir nun zu einer beliebigen Teilmenge $S \subset B$ zurück. Für jeden $\underline{g}_S$-Modul M in $\underline{\underline{O}}^S$ haben wir eine Darstellung

$$\text{ch } M = \sum_{\lambda \in \underline{h}_S^*} (M : M^S(\lambda)) \text{ ch } M^S(\lambda).$$

Wenden wir (1) auf $\underline{g}_S$ an, so sehen wir

$$\text{ch } M^S(\lambda) = \underline{P}_{R_+ \cap R_S}\, e(\lambda).$$

Mit Hilfe von 1.15 (2) und (1) und mit (1) oben, können wir nun

$$\text{(2)} \qquad \text{ch } I_S^\nu M = \sum_{\lambda \in \underline{h}_S^*} (M : M^S(\lambda)) \text{ ch } M(\lambda + \nu)$$

zeigen; insbesondere gilt

$$\text{ch } I_S^\nu M^S(\lambda) = \text{ch } M(\lambda + \nu) \qquad \text{für alle } \lambda \in \underline{h}^*.$$

Nun haben wir schon in 1.15 festgestellt, daß $I_S^\nu M^S(\lambda)$ ein Modul zum höchsten Gewicht $\lambda + \nu$ ist; es gibt daher einen surjektiven Homomorphismus $M(\lambda + \nu) \longrightarrow I_S^\nu M^S(\lambda)$, der wegen der Gleichheit der Charaktere ein Isomorphismus

$$\text{(3)} \qquad M(\lambda + \nu) \xrightarrow{\sim} I_S^\nu M^S(\lambda) \qquad \text{für alle } \lambda \in \underline{h}_S^*$$

ist. (Dies ist natürlich nur ein Spezialfall einer allgemeineren Aussage über Transitivität beim Induzieren.)

1.17

Für alle $\lambda \in \underline{h}^*$ und $S \subset B$ setzen wir

$$M_S(\lambda) = I_S^{\lambda - \lambda_S} L^S(\lambda_S).$$

Dies ist ein Modul zum höchsten Gewicht λ, und wir können wie oben allgemein festgestellt, $L^S(\lambda_S)$ als $\underline{g}_S$-Untermodul in $M_S(\lambda)$ einbetten und dabei mit $\coprod_{\nu \in \mathbb{N}S} M_S(\lambda)^{\lambda-\nu}$ identifizieren.

__Satz__: __Seien__ $\lambda \in \underline{h}^*$ __und__ $S \subset B$. __Es gelte__ $\langle \lambda + \rho, \alpha^\vee \rangle \notin \mathbb{N} \setminus 0$ __für alle__ $\alpha \in R_+ \setminus R_S$. __Dann ist__ $M_S(\lambda)$ __einfach__.

__Beweis__: Es gibt ein $w \in W_\lambda \cap W_S$ mit $\langle w(\lambda + \rho), \alpha^\vee \rangle \leq 0$ für alle $\alpha \in R_S \cap R_\lambda \cap R_+$. Wegen $w(R_+ \setminus R_S) = R_+ \setminus R_S$ gilt auch $\langle w(\lambda + \rho), \alpha^\vee \rangle \notin \mathbb{N} \setminus 0$ für alle $\alpha \in R_+ \setminus R_S$. Daher ist $\lambda' = w.\lambda$ antidominant.

Nun müssen (1.7) die Kompositionsfaktoren von $M_S(\lambda)$ von der Form $L(\mu)$ mit $\mu \leq \lambda$ und $\mu \in W_\lambda.\lambda$ sein. Dann gehört μ auch zu $W_{\lambda'}.\lambda'$; aus der Antidominanz von λ' folgt aber (wie in 1.8) $\lambda' \leq \mu$. Zusammen mit $\mu \leq \lambda$ und $\lambda - \lambda' \in \mathbb{N}S$ zeigt dies $\mu \in \lambda - \mathbb{N}S$.

Nehmen wir an, ein solches μ mit $\mu \neq \lambda$ käme wirklich vor. Es gäbe dann ein $m \in M_S(\lambda)^\mu$ ungleich Null mit $U(\underline{g})m \neq M_S(\lambda)$, also $M_S(\lambda)^\lambda \not\subset U(\underline{g})m$. Nun wäre

$$U(\underline{g}_S)m \subset U(\underline{g})m \cap \coprod_{\nu \in \mathbb{Z}S} M_S(\lambda)^{\mu+\nu}$$

$$= U(\underline{g})m \cap \coprod_{\nu \in \mathbb{Z}S} M_S(\lambda)^{\lambda-\nu} \subsetneqq \coprod_{\nu \in \mathbb{Z}S} M_S(\lambda)^{\lambda-\nu}.$$

Wir hatten aber gerade diesen Teilraum als $\underline{g}_S$-Modul mit dem einfachen $\underline{g}_S$-Modul $L^S(\lambda_S)$ identifizieren können und daher gilt $U(\underline{g}_S)m = \coprod_{\nu \in \mathbb{Z}S} M_S(\lambda)^{\lambda-\nu}$. Wir erhalten also einen Widerspruch. Mithin ist $L(\lambda)$ der einzige Kompositionsfaktor von $M_S(\lambda)$ und kann nur einmal in einer Jordan-Hölder-Reihe vorkommen; daher ist $M_S(\lambda)$ einfach.

Bemerkungen:

1) Dieser Satz verallgemeinert Satz 1.8.

2) Seien $\lambda \in \underline{h}^*$ und $S \subset B$ mit $R_\lambda \subset R_S$. Für alle $w \in W_\lambda \subset W_S$ erfüllt dann $w.\lambda = w(\lambda + \rho) - \rho = w(\lambda + \rho_S) - \rho_S$ (vgl. 1.14 (2)) die Voraussetzungen des Satzes, es gilt also

(1) $$L(w.\lambda) \simeq I_S^{\lambda-\lambda_S} L^S(w.\lambda_S) \qquad \text{für alle } w \in W_\lambda.$$

Setzen wir

$$\underline{\underline{X}}_\lambda = \{\operatorname{Ann}_{U(\underline{g})} L(w.\lambda) \mid w \in W_\lambda\}$$

und

$$\underline{\underline{X}}^S_{\lambda_S} = \{\operatorname{Ann}_{U(\underline{g}_S)} L^S(w.\lambda_S) \mid w \in W_{S,\lambda_S} = W_\lambda\},$$

so wird durch das Induzieren eine (Inklusionen erhaltende) Abbildung $\underline{\underline{X}}^S_{\lambda_S} \longrightarrow \underline{\underline{X}}_\lambda$ definiert (vgl. [Borho-Jantzen], 3.8), die wegen (1) surjektiv ist. Es stellt sich die Frage, ob die Abbildung ein Isomorphismus geordneter Mengen ist.

1.18

Satz: Seien $\lambda, \mu \in \underline{h}^*$. Für alle Teilmengen $S \subset B$ mit $\lambda - \mu \in \underline{h}^*_S$ gilt

$$(L(\lambda) : M(\mu)) = (L^S(\lambda_S) : M^S(\mu_S))$$

und $$[M(\lambda) : L(\mu)] = [M^S(\lambda_S) : L^S(\mu_S)].$$

Beweis: Betrachten wir wieder den induzierten Modul $M_S(\lambda)$; dies ist ein Modul zum höchsten Gewicht λ. Es gibt also ein erzeugendes primitives Element $v \in M_S(\lambda)^\lambda$ und einen surjektiven Homomorphismus $M_S(\lambda) \to L(\lambda)$. Wir konnten $U(\underline{g}_S)v = \coprod_{\nu \in \mathbb{N}S} M_S(\lambda)^{\lambda-\nu}$ als $\underline{g}_S$-Modul mit $L^S(\lambda_S)$ identifizieren. Daher ist (wie auch beim Beweis von 1.17 bemerkt) die Einschränkung der Abbildung $M_S(\lambda) \to L(\lambda)$ auf $U(\underline{g}_S)v$ eine Bijektion auf $\coprod_{\nu \in \mathbb{N}S} L(\lambda)^{\lambda-\nu}$. Daraus folgt

(1) $\dim L^S(\lambda_S)^{\lambda_S-\nu} = \dim L(\lambda)^{\lambda-\nu}$ für alle $\nu \in \mathbb{N}S$.

Deshalb gilt

(2) $$\dim L(\lambda)^{\lambda-\nu} = \sum_{0\leq\nu'\leq\nu} (L(\lambda) : M(\lambda-\nu')) \dim M(\lambda-\nu')^{\lambda-\nu}$$
$$= \sum_{0\leq\nu'\leq\nu} (L^S(\lambda_S) : M^S(\lambda_S-\nu')) \dim M^S(\lambda_S-\nu')^{\lambda_S-\nu}$$

für alle $\nu \in \mathbb{N}S$. Nun können wir auch $M^S(\lambda_S - \nu')$ für $\nu' \in \mathbb{N}S$ als $\underline{g}_S$-Modul mit

$$\coprod_{\nu''\in\mathbb{N}B} (I_S^{\lambda-\lambda_S} M(\lambda_S - \nu'))^{\lambda-(\nu''+\nu')}$$

$$= \coprod_{\nu''\in\mathbb{N}B} M(\lambda-\nu')^{\lambda-(\nu'+\nu'')}$$

(vgl. 1.16 (3)) identifizieren; setzen wir $\dim M(\lambda-\nu')^{\lambda-\nu} = \dim M^S(\lambda_S-\nu')^{\lambda_S-\nu}$ in (2) ein, benutzen Induktion über ν und beachten $\dim M(\lambda-\nu)^{\lambda-\nu} = 1 \neq 0$, so folgt

$$(L(\lambda) : M(\lambda-\nu)) = (L^S(\lambda_S) : M^S(\lambda_S-\nu))$$

für alle $\nu \in \mathbb{N}B$. Damit ist auch der erste Teil der Behauptung bewiesen, denn für $\lambda - \mu = \lambda_S - \mu_S \notin \mathbb{N}B$ sind alle Terme sowieso gleich Null. Den zweiten Teil zeigt man genauso; man benutzt dabei (1).

Bemerkung: Dieser Satz wurde unabhängig auch von V.V. Deodhar bewiesen.

1.19

Seien $\lambda \in \underline{h}^*$ und $S \subset B$. Als $\underline{g}_S$-Modul ist $M_S(\lambda)$ zum Tensorprodukt von $U(\underline{n}^{-S})$ und $L^S(\lambda_S)$ isomorph, wobei wir auf $U(\underline{n}^{-S})$ die adjungierte Darstellung betrachten. Unter dieser Operation ist $U(\underline{n}^{-S})$ ein lokal endlicher $\underline{g}_S$-Modul.

Ist nun $L^S(\lambda_S)$ endlich dimensional, so ist auch das Tensorprodukt $M_S(\lambda)$ lokal endlich. (Dies gilt auch, wenn wir $\underline{g}_S \oplus \underline{a}_S$ statt $\underline{g}_S$ betrachten; dann sind die Multiplizitäten der einfachen $\underline{g}_S \oplus \underline{a}_S$-Moduln endlich; man findet sie in [Jantzen 4], S. 55.)

__Satz:__ __Seien__ $\lambda \in \underline{h}^*$ __und__ $\alpha \in B$ __mit__ $\langle \lambda+\rho,\alpha^\vee\rangle \notin \mathbb{N} \setminus 0$. __Für alle__ $\mu \in \underline{h}^*$ __mit__ $\langle \mu+\rho,\alpha^\vee\rangle \in \mathbb{N} \setminus 0$ __gilt dann__

$$[M(\mu) : L(\lambda)] = [M(s_\alpha.\mu) : L(\lambda)]$$

__und__

$$(L(\mu) : M(\lambda)) = -(L(\mu) : M(s_\alpha.\lambda)).$$

__Beweis:__ Wir setzen $S = \{\alpha\}$; wegen $\langle \mu+\rho,\alpha^\vee\rangle \in \mathbb{N} \setminus 0$ gilt

$$\text{ch } L^S(\mu_S) = \text{ch } M^S(\mu_S) - \text{ch } M^S((s_\alpha.\mu)_S).$$

(Dies ist ein trivialer Spezialfall der Weylschen Charakterformel.) Daraus folgt (1.16 (2))

(1) $$\text{ch } M_S(\mu) = \text{ch } M(\mu) - \text{ch } M(s_\alpha.\mu),$$

also $$[M(\mu) : L(\lambda)] - [M(s_\alpha.\mu) : L(\lambda)] = [M_S(\mu) : L(\lambda)].$$

Für die erste Behauptung müssen wir also zeigen, daß die Multiplizität rechts gleich Null ist. Wie wir oben feststellten, operiert $\underline{g}_S$ auf $M_S(\mu)$, also auch auf jedem einfachen Faktor, lokal endlich. Andererseits erzeugt in $L(\lambda)$ das primitive Element $\bar{v}_\lambda$ (1.4) einen unendlich dimensionalen $\underline{g}_S$-Modul (mit Basis $(X^n_{-\alpha}\bar{v}_\lambda)_{n\in\mathbb{N}}$). Also operiert $\underline{g}_S$ auf $L(\lambda)$ nicht lokal endlich und es gilt $[M_S(\mu) : L(\lambda)] = 0$. Aus dem bisher Gezeigten folgt

(2) $$(M_S(\mu) : M(\lambda)) = \sum_{\lambda \leq \mu' \leq \mu} [M_S(\mu) : L(\mu')]\ (L(\mu') : M(\lambda))$$

mit $\langle \mu'+\rho,\alpha^\vee\rangle \in \mathbb{N} \setminus 0$ für $[M_S(\mu) : L(\mu')] \neq 0$. Für die zweite Behauptung des Satzes benutzen wir Induktion über μ und können für alle μ' mit $\lambda \leq \mu' \leq \mu$ und $[M_S(\mu) : L(\mu')] \neq 0$ annehmen, daß

$$(L(\mu') : M(\lambda)) = -(L(\mu') : M(s_\alpha.\lambda))$$

gilt. Betrachten wir die (2) entsprechende Gleichung für $s_\alpha.\lambda$ statt λ und addieren, so folgt nun

$$(M_S(\mu) : M(\lambda)) + (M_S(\mu) : M(s_\alpha.\lambda)) = (L(\mu) : M(\lambda)) + (L(\mu) : M(s_\alpha.\lambda)).$$

Wegen (1) ist die linke Seite gleich Null, also auch die rechte Seite, und dies ergibt die zweite Behauptung des Satzes.

Bemerkung: Den ersten Teil des Satzes hat auch V.V. Deodhar bewiesen.

1.20

Wir betrachten nun den Fall, daß B die disjunkte Vereinigung $B = S \cup S'$ zweier Teilmengen S, S' mit $\langle\alpha,\beta^\vee\rangle = 0$ für alle $\alpha \in S$ und $\beta \in S'$ ist. Dann ist $\underline{g}$ das direkte Produkt von $\underline{g}_S$ und $\underline{g}_{S'}$, es gilt $\underline{a}_S^* = \underline{h}_{S'}^*$ und $\underline{h}^* = \underline{h}_S^* \oplus \underline{h}_{S'}^*$. Die einhüllende Algebra $U(\underline{g})$ ist zum Tensorprodukt $U(\underline{g}_S) \otimes U(\underline{g}_{S'})$ isomorph. Für alle $\lambda \in \underline{h}^*$ können wir $M(\lambda)$ mit $M^S(\lambda_S) \otimes M^{S'}(\lambda_{S'})$ identifizieren.

Satz a) Für alle $\lambda \in \underline{h}^*$ ist $L(\lambda)$ zu $L^S(\lambda_S) \otimes L^{S'}(\lambda_{S'})$ isomorph.

b) Für alle $\lambda, \mu \in \underline{h}^*$ gilt

$$[M(\lambda) : L(\mu)] = [M^S(\lambda_S) : L^S(\mu_S)]\,[M^{S'}(\lambda_{S'}) : L^{S'}(\mu_{S'})]$$

und $$(L(\lambda) : M(\mu)) = (L^S(\lambda_S) : M^S(\mu_S))(L^{S'}(\lambda_{S'}) : M^{S'}(\mu_{S'})).$$

Beweis: a) Offensichtlich ist $L^S(\lambda_S) \otimes L^{S'}(\lambda_{S'})$ ein $\underline{g}$-Modul zum höchsten Gewicht $\lambda_S + \lambda_{S'} = \lambda$. Das Tensorprodukt von nicht ausgearteten kontravarianten Formen auf $L^S(\lambda_S)$ und $L^{S'}(\lambda_{S'})$ ist eine nicht ausgeartete kontravariante Form auf $L^S(\lambda_S) \otimes L^{S'}(\lambda_{S'})$. Nach Satz 1.6 ist $L^S(\lambda_S) \otimes L^{S'}(\lambda_{S'})$ deshalb einfach, also isomorph zu $L(\lambda)$.

b) Diese Formeln folgen aus

$$\operatorname{ch} L(\lambda) = \operatorname{ch} L^{S}(\lambda_S) \cdot \operatorname{ch} L^{S'}(\lambda_{S'})$$

(nach a)) und

$$\operatorname{ch} M(\lambda) = \operatorname{ch} M^{S}(\lambda_S) \cdot \operatorname{ch} M^{S'}(\lambda_{S'})$$

(siehe oben).

1.21.

In diesem Kapitel haben wir zunächst (1.1. - 1.7) die Grundlagen der Theorie dargestellt; es findet sich fast alles in den Originalarbeiten von [Harish-Chandra, 1 und 2], [Sém. Sophus Lie] (exp. 17), [Verma 1] und [Bernštein-Gel'fand-Gel'-Gel'fand 1] und, zusammengefasst, bei [Dixmier, 1 und 2]. Wir unterscheiden uns von diesen Arbeiten durch die Betonung der kontravarianten Formen und der Gruppen W_λ. Wir beweisen gleich zu Anfang, daß W_λ eine Spiegelungsgruppe ist (1.3), wobei wir (für $k = \mathbb{R}$) [Bourbaki], Ch VI, § 2, exerc. 1 folgen.

Dann ist der Beweis einer hinreichenden Bedingung für Einfachheit (1.8) sehr einfach, während sie etwa bei [Dixmier 2] in 7.6.24 erst als Folgerung aus dem Theorem von Bernštein-Gel'fand-Gel'fand (hier 2.20) erscheint.

Kontravariante Formen und ihre Eigenschaften habe ich bei [Steinberg] und [Wong] kennengelernt, von Wong insbesondere den Namen übernommen. Man siehe jedoch auch [Šapovalov]. Mit der Notation $w.\lambda = w(\lambda + \rho) - \rho$ (eingeführt in 1.5) bin ich einem Vortrag von R. Moody in Bonn gefolgt.

Die Tatsachen über die Kategorie $\underline{\underline{O}}$, die sich in 1.10 - 1.13 finden, sind auch zum größten Teil wohl bekannt, siehe etwa [Bernštein-Gel'fand-Gel'fand 3]. Dann werden induzierte Darstellungen von parabolischen Unteralgebren eingeführt, hier stehen wieder bekannte Tatsachen am Anfang (1.14 - 1.16), die hinreichende Bedingung für Einfachheit in 1.17 wurde für endlich dimensionale $L^S(\lambda_S)$ von

[Conze-Duflo], [Wallach 2] und [Jantzen 4] unabhängig von einander bewiesen. Wir kommen hier wieder ohne das Theorem von Bernštein-Gel'fand-Gel'fand aus, weil wir W_λ benutzen. Satz 1.18 geht auf [Jantzen 1], Satz I 5, zurück. Von Satz 1.19 findet sich die zweite Formel in [Jantzen 2], Satz 11; die erste Formel läßt sich daraus leicht herleiten. Der hier gegebene Beweis folgt einem Vorschlag von V.V. Deodhar. Satz 1.20 ist wieder wohlbekannt (siehe etwa [Deodhar-Lepowsky]).

Kapitel 2: Tensorprodukte und Verschiebungsprinzip

2.1

Für alle $\lambda \in \underline{h}^*$ sei $\underline{\underline{O}}_\lambda$ die volle Unterkategorie von $\underline{\underline{O}}$, die aus den $\underline{g}$-Moduln M in $\underline{\underline{O}}$ mit $M = M_\lambda$ besteht. Offensichtlich gilt

$$\underline{\underline{O}}_\lambda = \underline{\underline{O}}_\mu \iff \lambda \in W_\mu . \mu \qquad \text{für alle } \lambda, \mu \in \underline{h}^*.$$

Aus $(M_\lambda)_\lambda = M_\lambda$ und Satz 1.13 folgt, daß jeder Modul M in $\underline{\underline{O}}$ sich eindeutig in eine (endliche) direkte Summe von Moduln in den $\underline{\underline{O}}_\lambda$ mit $\lambda \in \underline{h}^*$ antidominant zerlegen läßt.

Wir wollen verschiedene $\underline{\underline{O}}_\lambda$ mit einander vergleichen. Wichtigstes Hilfsmittel dafür ist zunächst das Bilden von Tensorprodukten mit endlich dimensionalen $\underline{g}$-Moduln.

Sei M ein $\underline{g}$-Modul in $\underline{\underline{O}}$ und E ein endlich dimensionaler $\underline{g}$-Modul. In 1.11 (3) haben wir schon bemerkt, daß $M \otimes E$ zulässig mit

$$\text{ch } M \otimes E = \text{ch } M \, . \, \text{ch } E$$

ist. Nun gilt sogar, daß $M \otimes E$ zu $\underline{\underline{O}}$ gehört. Nach 1.10 (4) reicht es, dies dann zu zeigen, wenn M ein Modul zu einem höchsten Gewicht ist. In diesem Fall beweisen wir im folgenden Abschnitt ein genaueres Ergebnis.

2.2

Sei E ein endlich dimensionaler $\underline{g}$-Modul; wir wählen eine Basis $(e_i)_{1 \leq i \leq n}$ von E, bei der e_i ein Vektor zum Gewicht $\nu_i \in P(R)$ ist und $i < j$ aus $\nu_i < \nu_j$ folgt.

<u>Satz:</u> <u>Seien</u> M <u>ein Modul zu einem höchsten Gewicht</u> $\lambda \in \underline{h}^*$ <u>und</u> $v \in M^\lambda$ <u>ein erzeugendes primitives Element von</u> M. <u>Für</u> $1 \leq i \leq n+1$ <u>setzen wir</u>

$$M_i = \sum_{j=i}^{n} U(\underline{n}^-)(v \otimes e_j)$$

Dann gilt

a) Es ist $M_1 = M \otimes E$.

b) Jedes M_i $(1 \leqslant i \leqslant n)$ ist ein $\underline{g}$-Untermodul von $M \otimes E$.

c) Jedes M_i/M_{i+1} $(1 \leqslant i \leqslant n)$ ist ein $\underline{g}$-Modul zum höchsten Gewicht $\lambda + \nu_i$ oder gleich Null.

d) Ist $M = M(\lambda)$, so gilt

$$M_i/M_{i+1} \xrightarrow{\sim} M(\lambda + \nu_i) \qquad \text{für } 1 \leqslant i \leqslant n.$$

Beweis

a) Es ist $M \otimes E = \coprod_{1 \leqslant i \leqslant n} (U(\underline{n}^-)v) \otimes e_i$.

Für alle $u \in U(\underline{n}^-)$ gilt offensichtlich

$$u(v \otimes e_i) \in (uv) \otimes e_i + U(\underline{n}^-)v \otimes U(\underline{n}^-)\underline{n}^- e_i.$$

Nach Wahl der Nummerierung der e_i ist $U(\underline{n}^-)\underline{n}^- e_i$ im Erzeugnis (über k) der e_j mit $j < i$ enthalten. Es folgt also

(1) $$u(v \otimes e_i) \in (uv) \otimes e_i + \coprod_{j < i} U(\underline{n}^-)v \otimes e_j$$

Benutzen wir nun Induktion über i, so sehen wir

$$\sum_{j \leqslant i} U(\underline{n}^-)v \otimes e_j = \sum_{j \leqslant i} U(\underline{n}^-)(v \otimes e_j).$$

Für $i = n$ erhalten wir die Behauptung.

b) Nach Definition ist

(2) $$M_i = U(\underline{n}^-)(v \otimes e_i) + M_{i+1}.$$

Mit Hilfe von Induktion über i von oben folgt

$$U(\underline{g})\, M_i = U(\underline{g})\, (v \otimes e_i) + M_{i+1},$$

wir müssen also

$$U(\underline{g})(v \otimes e_i) \subset U(\underline{n}^-)(v \otimes e_i) + M_{i+1}$$

zeigen.

Nun ist $v \otimes e_i$ ein Gewichtsvektor zum Gewicht $\lambda + \nu_i$. Wegen $U(\underline{g}) = U(\underline{n}^-) + U(\underline{b}^-)\underline{h} + U(\underline{g})\underline{n}$ erhalten wir die Behauptung, wenn wir wissen, daß

(3) $$\underline{n}(v \otimes e_i) \subset M_{i+1}$$

ist. Weil v ein primitives Element ist, gilt

$$\underline{n}(v \otimes e_i) = v \otimes \underline{n}e_i \subset v \otimes \sum_{j > i} k\, e_j \subset M_{i+1},$$

was zu beweisen war.

c) Nach (2) wird M_i/M_{i+1} von der Restklasse von $v \otimes e_i$ erzeugt; nach (3) ist diese Restklasse ein primitives Element zum Gewicht $\lambda + \nu_i$ oder gleich Null. Daraus folgt die Behauptung.

d) Sei nun $M = M(\lambda)$. Dann bilden die $X_{-\pi}v$ mit $\pi \in \underline{\underline{P}}$ eine Basis von M, also die $(X_{-\pi}v) \otimes e_j$ mit $\pi \in \underline{\underline{P}}$ und $1 \leqslant j \leqslant n$ eine von $M \otimes E$. Wenden wir (1) an und benutzen Induktion über i, so sehen wir, daß wir auch die $X_{-\pi}(v \otimes e_j)$ nehmen können. Beschränken wir uns auf die $X_{-\pi}(v \otimes e_j)$ mit $j \geqslant i$, so erhalten wir eine Basis von M_i. Die Restklassen der $X_{-\pi}(v \otimes e_i)$ bilden daher eine von M_i/M_{i+1}; dies zeigt

$$\operatorname{ch} M_i/M_{i+1} = \operatorname{ch} M(\lambda + \nu_i).$$

Nach c) gibt es einen surjektiven Homomorphismus

$$M(\lambda + \nu_i) \longrightarrow M_i/M_{i+1},$$

der wegen der Gleichheit der Charaktere ein Isomorphismus ist.

<u>Bemerkung:</u> Aus dem Satz folgt insbesondere (mit $\operatorname{ch} E = \sum_{\nu \in P(R)} n(\nu)\, e(\nu)$)

(4) $$\operatorname{ch} M(\lambda) \otimes E = \sum_{\nu \in P(R)} n(\nu) \operatorname{ch} M(\lambda + \nu).$$

Dies kann man natürlich auch leicht aus 1.16 (1) herleiten.

2.3

Sei E ein endlich dimensionaler $\underline{g}$-Modul. Die Zuordnung $M \mapsto M \otimes E$ definiert einen exakten Funktor von $\underline{\underline{O}}$ in sich. Wir verknüpfen ihn mit dem schon früher betrachteten exakten Funktor $M \mapsto M_\lambda$ für ein $\lambda \in \underline{h}^*$. Dann können wir Satz 2.2 ergänzen.

Satz: Seien M ein Modul zu einem höchsten Gewicht $\lambda \in \underline{h}^*$ und E ein endlich dimensionaler $\underline{g}$-Modul.

a) Das Tensorprodukt $M \otimes E$ ist die direkte Summe der $(M \otimes E)_\mu$ mit $\mu \in \lambda + P(R)$ antidominant.

b) Jedes $(M \otimes E)_\mu$ wie in a) wird über $U(\underline{n}^-)$ von den Projektionen gemäß der Zerlegung in a) der $M^\lambda \otimes E^\nu$ mit $\lambda + \nu \in W_\mu . \mu$ erzeugt.

c) Versehen wir $M \otimes E$ mit dem Tensorprodukt kontravarianter Formen auf M und E, so sind verschiedene $(M \otimes E)_\mu$ orthogonal relativ dieser Form.

d) Ist $M = L(\lambda)$, so gibt es auf jedem $(M \otimes E)_\mu$ eine nicht ausgeartete kontravariante Form.

Beweis: Alle Gewichte von $M \otimes E$ liegen in $\lambda + P(R)$ und das Tensorprodukt kontravarianter Formen ist wieder kontravariant. Daher folgen a) und c) aus Satz 1.13 b) und e). Im Fall $M = L(\lambda)$ können wir auf $L(\lambda)$ und E nicht ausgeartete kontravariante Formen wählen. Ihr Tensorprodukt ist wieder nicht ausgeartet, und verschiedene $(M \otimes E)_\mu$ sind orthogonal. Wegen a) muß die Einschränkung dieser Form auf jedem $(M \otimes E)_\mu$ nicht ausgeartet sein; dies zeigt d).

Um b) zu beweisen, übernehmen wir die Notationen von 2.2. Wir bezeichnen die Projektion auf $(M \otimes E)_\mu$ längs der Zerlegung in a) mit p_μ. Für jeden Untermodul N von $M \otimes E$ gilt offensichtlich $p_\mu N = N_\mu$. Insbesondere zeigt dies (vgl. 2.2 (2))

(1) $$(M_i)_\mu = p_\mu M_i = U(\underline{n}^-)\, p_\mu(v \otimes e_i) + (M_{i+1})_\mu .$$

Wegen der Exaktheit des Funktors $N \mapsto N_\mu$ haben wir einen Isomorphismus

$$(M_i/M_{i+1})_\mu \simeq (M_i)_\mu/(M_{i+1})_\mu.$$

Aus 2.2 c) folgt $(M_i/M_{i+1})_\mu = 0$ für $\lambda + \nu_i \notin W_\mu.\mu$, aus (1) also durch Induktion über i:

$$(M_i)_\mu = \sum_{j \geq i, \lambda+\nu_j \in W_\mu.\mu} U(\underline{n}^-)\, p_\mu(v \otimes e_j).$$

Für $i = 1$ erhalten wir die Behauptung.

Bemerkung: Es sei wieder $\mathrm{ch}\, E = \sum_{\nu \in P(R)} n(\nu)\, e(\nu)$. Satz 1.13 d) und Formel (4) in 2.2 zeigen nun

(2) $$\mathrm{ch}\, (M(\lambda) \otimes E)_\mu = \sum_{\substack{\nu \in P(R) \\ \lambda+\nu \in W_\mu.\mu}} n(\nu)\ \mathrm{ch}\, M(\lambda + \nu)$$

für alle $\mu \in \underline{h}^*$.

2.4

Satz: Seien M, λ, E wie in Satz 2.3. Es sei ν ein Gewicht von E mit $\dim E^\nu = 1$ und $\lambda + \nu' \notin W_{\lambda+\nu}.(\lambda + \nu)$ für alle Gewichte $\nu' \neq \nu$ von E. Dann gilt

a) Es ist $(M \otimes E)_{\lambda+\nu}$ ein Modul zum höchsten Gewicht $\lambda + \nu$ oder gleich 0.

b) Für $M = M(\lambda)$ ist $(M \otimes E)_{\lambda+\nu}$ zu $M(\lambda + \nu)$ isomorph.

c) Für $M = L(\lambda)$ ist $(M \otimes E)_{\lambda+\nu}$ zu $L(\lambda + \nu)$ isomorph oder gleich Null.

Beweis: a) Nach Satz 2.3 b) wird $(M \otimes E)_{\lambda+\nu}$ über $U(\underline{n}^-)$ von der Projektion von $M^\lambda \otimes E^\nu$ erzeugt. Dies ist hier ein eindimensionaler Teilraum, also ist $(M \otimes E)_{\lambda+\nu}$ ein Modul zum höchsten Gewicht $\lambda + \nu$ oder gleich Null.

b) Aus 2.3 (2) folgt

$$\mathrm{ch}\, (M(\lambda) \otimes E)_{\lambda+\nu} = \mathrm{ch}\, M(\lambda + \nu);$$

nach a) haben wir einen surjektiven Homomorphismus

$$M(\lambda + \nu) \longrightarrow (M(\lambda) \otimes E)_{\lambda+\nu} ,$$

der wegen der Gleichheit der Charaktere ein Isomorphismus sein muß.

c) Satz 2.3 d sagt uns, daß es auf $(L(\lambda) \otimes E)_{\lambda+\mu}$ eine nicht ausgeartete kontravariante Form gibt. Die Behauptung folgt nun aus a) und Satz 1.6 b).

2.5

(Der Satz in diesem Abschnitt wird erst beim Beweis von 2.18 gebraucht.)

<u>Satz</u>: <u>Sei</u> E <u>ein endlich dimensionaler</u> <u>g-Modul</u>. <u>Es seien</u> $\lambda \in \underline{h}^*$ <u>und</u> $\nu, \nu' \in P(R)$ <u>mit</u> $\nu' < \nu$, $\dim E^{\nu} = \dim E^{\nu'} = 1$ <u>und</u> $\lambda + \nu' \in W_{\lambda+\nu} \cdot (\lambda + \nu)$ <u>sowie</u> $\lambda + \nu_1 \notin W_{\lambda+\nu} \cdot (\lambda + \nu)$ <u>für alle Gewichte</u> $\nu_1 \neq \nu, \nu'$ <u>von</u> E <u>gegeben</u>. <u>Dann gilt</u>

a) $[(L(\lambda) \otimes E)_{\lambda+\nu} : L(\lambda + \nu)] \leq 1$

b) <u>Für alle</u> $\mu \in \underline{h}^*$ <u>mit</u> $\mu \neq \lambda + \nu$ <u>gilt</u>

$$[(L(\lambda) \otimes E)_{\lambda+\nu} : L(\mu)] \leq 2\,[M(\lambda + \nu') : L(\mu)]$$

<u>Beweis</u>: Sei $\mu \in \underline{h}^*$ mit $[(L(\lambda) \otimes E)_{\lambda+\nu} : L(\mu)] \neq 0$. Wir betrachten die Projektion

$$p_{\lambda+\nu} : L(\lambda) \otimes E \longrightarrow (L(\lambda) \otimes E)_{\lambda+\nu}$$

längs der Zerlegung in Satz 2.3 a) und setzen

$$kf_1 = p_{\lambda+\nu}(L(\lambda)^{\lambda} \otimes E^{\nu}) \quad \text{sowie} \quad kf_2 = p_{\lambda+\nu}(L(\lambda)^{\lambda} \otimes E^{\nu'}).$$

Nach Satz 2.3 b) gilt

$$(L(\lambda) \otimes E)_{\lambda+\nu} = U(\underline{n}^-)f_1 + U(\underline{n}^-)f_2.$$

Zur Vereinfachung schreiben wir

$$M = (L(\lambda) \otimes E)_{\lambda+\nu} \quad \text{und} \quad M_1 = U(\underline{n}^-)f_1.$$

Es ist M_1 ein Modul zum höchsten Gewicht $\lambda + \nu$ oder gleich Null und $M_2 = M/M_1$ ist ein Modul zum höchsten Gewicht $\lambda + \nu'$ oder gleich Null. Nun ist M_2 ein Restklassenmodul von $M(\lambda + \nu')$, aus $[M_2 : L(\mu)] \neq 0$ folgt daher $[M(\lambda + \nu') : L(\mu)] \neq 0$. Um b) zu zeigen, können wir uns daher auf $[M_1 : L(\mu)] \neq 0$ beschränken. Zum anderen ist $[M_2 : L(\lambda + \nu)] = 0$ wegen $\nu' < \nu$, mithin

$$[M : L(\lambda + \nu)] = [M_1 : L(\lambda + \nu)] \leq [M(\lambda + \nu) : L(\lambda + \nu)] = 1,$$

und a) ist bewiesen.

Nach Satz 2.3 d) gibt es auf M eine nicht ausgeartete kontravariante Form; da bei ihr Gewichtsräume orthogonal sind, gilt

$$\mathrm{ch}\, M = \mathrm{ch}\, M_1 + \mathrm{ch}\, M_3$$

für den Orthogonalraum M_3 von M_1. Andererseits wissen wir

$$\mathrm{ch}\, M = \mathrm{ch}\, M_1 + \mathrm{ch}\, M_2,$$

es folgt also $\mathrm{ch}\, M_2 = \mathrm{ch}\, M_3$.

Betrachten wir die Einschränkung der Form auf M_1; wegen $(M_1)^{\lambda+\nu} = M^{\lambda+\nu}$ ist sie nicht gleich Null für $M_1 \neq 0$, was wir annehmen können. Ihr Radikal ist dann $M_1 \cap M_3$, und $M_1/(M_1 \cap M_3)$ ist zu $L(\lambda + \nu)$ isomorph. Für $\mu \in \underline{h}^*$ mit $\mu \neq \lambda + \nu$ folgt nun

$$[M : L(\mu)] = [M_1 \cap M_3 : L(\mu)] + [M_2 : L(\mu)] \leq 2[M_2 : L(\mu)] \leq 2[M(\lambda+\nu') : L(\mu)],$$

weil einerseits $\mathrm{ch}\, M_2 = \mathrm{ch}\, M_3$ ist und andererseits M_2 ein Faktormodul von $M(\lambda+\nu')$ ist.

2.6

Wir suchen nach Bedingungen, unter denen die Voraussetzungen der Sätze 2.4 und 2.5 erfüllt sind. Dazu benutzen wir einfache geometrische Argumente, die sich aus der Realisierung der W_λ als Spiegelungsgruppen ergeben.

Sei $\lambda \in \underline{h}^*$; wir setzen

$$\mathbb{A}(\lambda) = \left(\sum_{\alpha \in R_\lambda} \mathbb{Q}\alpha\right) \otimes_{\mathbb{Q}} \mathbb{R}.$$

Wir können die $\alpha^\vee$ mit $\alpha \in R$ zunächst auf $\sum_{\alpha \in R} \mathbb{Q}\alpha$ einschränken, und dann zu $\mathbb{R}$-linearen Formen auf $\mathbb{A}(0)$ erweitern. Weil wir jedes $\mathbb{A}(\lambda)$ als Teilraum von $\mathbb{A}(0)$ auffassen können, induzieren die $\alpha^\vee$ auch $\mathbb{R}$-lineare Formen auf den $\mathbb{A}(\lambda)$. Ebenso erhalten wir eine Operation der Weylgruppe auf $\mathbb{A}(0)$; für eine Spiegelung s_α relativ einer Wurzel $\alpha \in R$ gilt wieder $s_\alpha(x) = x - \langle x,\alpha^\vee\rangle\alpha$ für alle $x \in \mathbb{A}(0)$. Nach 1.3 wird W_λ von den s_α mit $\alpha \in R_\lambda$ erzeugt; diese lassen $\mathbb{A}(\lambda)$ offensichtlich fest. Dies gilt sowohl für die ursprüngliche Operation, als auch für die um ρ verschobene mit $s_\alpha . x = x - \langle x + \rho,\alpha^\vee\rangle \alpha$, die wir im folgenden stets meinen.

Nun operiert W_λ auf $\mathbb{A}(\lambda)$ als Spiegelungsgruppe im Sinn der Definition von [Bourbaki], Ch. V, § 3. Die Spiegelungshyperebenen sind die

$$H_\alpha(\lambda) = \{x \in \mathbb{A}(\lambda) \mid \langle x + \rho,\alpha^\vee\rangle = 0\} \qquad (\alpha \in R_\lambda \cap R_+);$$

sie definieren ein System von Facetten (für W_λ). Dies sind die nicht leeren Teilmengen F von $\mathbb{A}(\lambda)$, für die es eine disjunkte Zerlegung $R_+ \cap R_\lambda = R_F^o \cup R_F^+ \cup R_F^-$ mit

$$F = \{x \in \mathbb{A}(\lambda) \mid \begin{array}{ll} \langle x + \rho, \alpha^\vee\rangle = 0 & \text{für } \alpha \in R_F^o, \\ \langle x + \rho, \alpha^\vee\rangle > 0 & \text{für } \alpha \in R_F^+, \\ \langle x + \rho, \alpha^\vee\rangle < 0 & \text{für } \alpha \in R_F^- \} \end{array}$$

gibt. Dann ist

$$\bar{F} = \{x \in \mathbb{A}(\lambda) \mid \begin{array}{ll} \langle x + \rho,\alpha^\vee\rangle = 0 & \text{für } \alpha \in R_F^o, \\ \langle x + \rho,\alpha^\vee\rangle \geq 0 & \text{für } \alpha \in R_F^+, \\ \langle x + \rho,\alpha^\vee\rangle \leq 0 & \text{für } \alpha \in R_F^- \} \end{array}$$

der Abschluß von F. (Er ist also die Vereinigung der Facetten F' mit $R_{F'}^+ \subset R_F^+$ und $R_{F'}^- \subset R_F^-$.) Wir nennen

$$\hat{F} = \{x \in \mathbb{A}(\lambda) \mid \langle x+\rho,\alpha^\vee\rangle = 0 \quad \text{für } \alpha \in R_F^o, \quad \langle x+\rho,\alpha^\vee\rangle > 0 \quad \text{für } \alpha \in R_F^+, \quad \langle x+\rho,\alpha^\vee\rangle \leqslant 0 \quad \text{für } \alpha \in R_F^- \}$$

den oberen Abschluß von F. (Er ist also die Vereinigung der Facetten F' mit $R_{F'}^+ = R_F^+$ und $R_{F'}^- \subset R_F^-$.) Analog können wir den unteren Abschluß von F als Vereinigung der Facetten F' mit $R_{F'}^+ \subset R_F^+$ und $R_{F'}^- = R_F^-$ definieren.

Eine Facette F heißt Kammer, wenn $R_F^o = \emptyset$ ist. Wenn C eine Kammer und F eine Facette mit $\# R_F^o = 1$, im (oberen; unteren) Abschluß von C ist, so heißt F eine (obere; untere) Wand von C. Der Abschluß einer Kammer ist ein Fundamentalbereich für W_λ.

2.7

Sei weiterhin $\lambda \in \underline{h}^*$ fest gewählt. Eine Kammer für W_λ ist

$$C_o = \{x \in \mathbb{A}(\lambda) \mid \langle x+\rho,\alpha^\vee\rangle < 0 \quad \text{für alle } \alpha \in B_\lambda\}$$

Die Facetten im Abschluß von C_o werden durch die Teilmengen von B_λ beschrieben: Für $S \subset B_\lambda$ setzen wir

$$F_S = \{x \in \mathbb{A}(\lambda) \mid \langle x+\rho,\alpha^\vee\rangle = 0 \quad \text{für alle } \alpha \in S, \quad \langle x+\rho,\alpha^\vee\rangle < 0 \quad \text{für alle } \alpha \in B_\lambda \setminus S\}.$$

(Insbesondere ist $C_o = F_\emptyset$.) Nun ist jede Facette (für W_λ) zu genau einem F_S konjugiert; der Stabilisator von F_S in W_λ wird von den s_α mit $\alpha \in S$ erzeugt, ist also gleich W_S (1.3).

Für $w \in W_\lambda$ und $S \subset B_\lambda$ sind offensichtlich äquivalent:

$$w \cdot F_S \subset \widehat{w \cdot C_o} \iff R^o_{w \cdot F_S} \subset R^-_{w \cdot C_o} \iff w(R_\lambda \cap \mathbb{Z}S) \cap R_+ \subset w(R_\lambda \cap R_+) \cap R_+,$$

also

(1) $$w \cdot F_S \subset \widehat{w \cdot C_o} \iff wS \subset R_+.$$

Für jedes $S \subset B_\lambda$ bilden die $w \in W_\lambda$ mit $wS \subset R_+$ ein Repräsentantensystem von W_λ/W_S. Jede Facette für W_λ läßt sich daher eindeutig in der Form $w \cdot F_S$ mit $S \subset B_\lambda$ und $w \in W_\lambda$, $wS \subset R_+$ schreiben. Aus (1) folgt:

(2) Jede Facette liegt im oberen Abschluß genau einer Kammer.

Sind C, C' zwei Kammern, so setzen wir $d(C, C')$ gleich der Anzahl der Hyperebenen $H_\alpha(\lambda)$ mit $\alpha \in R_\lambda \cap R_+$ für die C und C' auf verschiedenen Seiten von $H_\alpha(\lambda)$ liegen (das heißt: $\langle x + \rho, \alpha^\vee \rangle$ und $\langle y + \rho, \alpha^\vee \rangle$ für $x \in C$ und $y \in C'$ haben verschiedenes Vorzeichen). Offensichtlich gilt

$$d(C, C') = \#(R_C^+ \setminus R_{C'}^+) + \#(R_{C'}^+ \setminus R_C^+)$$

und

$$d(C_o, w \cdot C_o) = \#\{\alpha \in R_\lambda \cap R_+ \mid w\alpha < 0\}.$$

Für eine Facette F und eine Kammer C mit $F \subset \bar{C}$ ist $F \subset \hat{C}$ dazu äquivalent, daß $d(C_o, C)$ minimal unter den $d(C_o, C')$ mit $F \subset \overline{C'}$ ist.

2.8

Für alle $\lambda \in \underline{h}^*$ setzen wir $\underline{\underline{R}}\lambda$ gleich dem Element in $\mathbb{A}(\lambda)$ mit $\langle \lambda + \rho, \alpha^\vee \rangle = \langle \underline{\underline{R}}\lambda + \rho, \alpha^\vee \rangle$ für alle $\alpha \in R_\lambda$. Weil die Einschränkungen der $\alpha^\vee$ mit $\alpha \in B_\lambda$ eine Basis des Dualraums von $\mathbb{A}(\lambda)$ bilden, ist dies möglich.

Für alle α, $\beta \in R_\lambda$ gilt

$$\langle s_\beta(\underline{\underline{R}}\lambda + \rho), \alpha^\vee \rangle = \langle \underline{\underline{R}}\lambda + \rho, s_\beta\alpha^\vee \rangle = \langle \lambda + \rho, s_\beta\alpha^\vee \rangle = \langle s_\beta(\lambda + \rho), \alpha^\vee \rangle$$

also

$$\underline{\underline{R}}(s_\beta \cdot \lambda) = s_\beta \cdot \underline{\underline{R}}\lambda .$$

Weil W_λ von den s_β mit $\beta \in B_\lambda$ erzeugt wird, folgt

$$\underline{\underline{R}}(w \cdot \lambda) = w \cdot \underline{\underline{R}}\lambda \qquad \text{für alle } w \in W_\lambda.$$

Wir bezeichnen den Stabilisator von λ in W (und in W_λ) mit W_λ^o; er wird von den s_α mit $\langle \lambda + \rho, \alpha^\vee \rangle = 0$ erzeugt (Bemerkung zu Satz 1.3). Er ist daher gleich dem Stabilisator von $\underline{\underline{R}}\lambda$ in W_λ und auch dem der Facette F für W_λ mit $\underline{\underline{R}}\lambda \in F$. Wir nennen λ regulär, wenn $W_\lambda^o = \{1\}$ ist, das heißt, wenn $\underline{\underline{R}}\lambda$ in einer Kammer liegt.

Für alle $\mu \in \underline{h}^*$ mit $R_\mu = R_\lambda$ ist $\mathbb{A}(\lambda) = \mathbb{A}(\mu)$ und $W_\lambda = W_\mu$. Es liegen also $\underline{\underline{R}}\lambda$ und $\underline{\underline{R}}\mu$ in demselben Teilraum $\mathbb{A}(\lambda)$. Wenn nun $R_{\lambda+\mu} = R_\lambda$ ist, so folgt $\underline{\underline{R}}(\lambda+\mu) = \underline{\underline{R}}\lambda + \underline{\underline{R}}\mu$.

2.9

Für alle $\lambda \in P(R)$ bezeichnen wir den einfachen, endlich dimensionalen $\underline{g}$-Modul mit $V(\lambda)$, dessen höchstes Gewicht in $W\lambda$ liegt.

Satz: Seien $\lambda, \mu \in \underline{h}^*$ mit $\lambda - \mu \in P(R)$, so daß es eine Kammer C (für W_λ in $\mathbb{A}(\lambda)$) mit $\underline{\underline{R}}\lambda, \underline{\underline{R}}\mu \in \bar{C}$ gibt. Für jedes Gewicht ν von $V(\mu-\lambda)$ mit $\lambda + \nu \in W_\mu.\mu$ gibt es ein $w \in W_\lambda$ mit $w.\lambda = \lambda$ und $w.\mu = \lambda + \nu$; es gilt $\nu \in W(\mu-\lambda)$.

Beweis: Sei ν ein Gewicht von $V(\mu-\lambda)$ mit $\lambda + \nu \in W_\mu.\mu$. Wir wählen eine Kammer C' mit $\underline{\underline{R}}(\lambda+\nu) \in C'$ und benutzen Induktion über $d(C, C')$. Für $d(C, C') = 0$ gilt $C = C'$; aus $\underline{\underline{R}}\mu, \underline{\underline{R}}(\lambda+\nu) \in C$ und $\underline{\underline{R}}(\lambda+\nu) \in W_\mu.\underline{\underline{R}}\mu$ folgt $\underline{\underline{R}}(\lambda+\nu) = \underline{\underline{R}}\mu$ wegen der Eigenschaft von $\bar{C}$, ein Fundamentalbereich zu sein. Nun ist $\lambda + \nu \in W_\mu.\mu$, mithin $\mu - (\lambda+\nu) \in \mathbb{Z}R_\lambda \subset \mathbb{A}(\lambda)$ und das zeigt $\underline{\underline{R}}\mu = \underline{\underline{R}}(\lambda+\nu) + (\mu - (\lambda+\nu))$; wegen $\underline{\underline{R}}\mu = \underline{\underline{R}}(\lambda+\nu)$ muß nun $\mu = \lambda + \nu$ sein. Es ist $\nu = \mu - \lambda \in W(\mu-\lambda)$ und wir können $w = 1$ nehmen.

Sei nun $d(C, C') > 0$, es gebe also eine Wurzel $\alpha \in R_+ \cap R_\lambda$, so daß C und C' auf verschiedenen Seiten von $H_\alpha(\lambda)$ liegen. Dabei können wir α so wählen, daß C' eine Wand hat, deren Träger gerade $H_\alpha(\lambda)$ ist. Dann ist $s_\alpha.C'$ eine Kammer, die für alle $\beta \in R_\lambda \cap R_+$, $\beta \neq \alpha$ auf derselben Seite von $H_\beta(\lambda)$ wie C' liegt, für $\beta = \alpha$ aber auf der anderen. Daraus folgt $d(C, s_\alpha.C') = d(C, C') - 1$. Wir wollen annehmen, daß $\langle x+\rho, \alpha^\vee\rangle > 0$ für $x \in C'$ und $\langle x+\rho, \alpha^\vee\rangle < 0$ für $x \in C$ gilt. (Den entgegengesetzten Fall kann man genauso erledigen.)

Ist $\langle \underline{\underline{R}}(\lambda+\nu)+\rho,\alpha^\vee\rangle = 0$, so liegt $\underline{\underline{R}}(\lambda+\nu)$ auch in $\overline{s_\alpha\cdot C'}$ und wir können Induktion anwenden. Es gelte also

(1) $$0 < \langle \underline{\underline{R}}(\lambda+\nu)+\rho,\alpha^\vee\rangle = \langle \lambda+\rho+\nu,\alpha^\vee\rangle .$$

Wegen $\underline{\underline{R}}\lambda \in \bar{C}$ ist

(2) $$\langle \lambda+\rho,\alpha^\vee\rangle = \langle \underline{\underline{R}}\lambda+\rho,\alpha^\vee\rangle \leq 0,$$

mithin $\langle \nu,\alpha^\vee\rangle > 0$. Andererseits liegt

$$s_\alpha\cdot \underline{\underline{R}}(\lambda+\nu) = \underline{\underline{R}}(s_\alpha\cdot(\lambda+\nu)) = \underline{\underline{R}}(\lambda+\nu')$$

mit $$\nu' = s_\alpha\nu - \langle \lambda+\rho,\alpha^\vee\rangle\alpha$$

in $\overline{s_\alpha\cdot C'}$ und $\lambda+\nu'$ in $W_{\mu}\cdot(\lambda+\nu) = W_{\mu}\cdot\mu$. Wir möchten auf ν' die Induktionsvoraussetzung anwenden, müssen also dazu nur noch zeigen, daß ν' ein Gewicht von $V(\mu-\lambda)$ ist. Aus (1), (2) und

$$\nu' = s_\alpha\nu + (-\langle \lambda+\rho,\alpha^\vee\rangle)\alpha = \nu - \langle \lambda+\rho+\nu,\alpha^\vee\rangle\alpha$$

folgt

(3) $$\nu-\nu',\quad \nu'-s_\alpha\nu \in \mathbb{N}\alpha.$$

Nun sind ν und $s_\alpha\nu$ Gewichte von $V(\mu-\lambda)$ und wegen (3) muß auch ν' eines sein. Wir können also die Induktion anwenden und finden ein $w\in W_\lambda^o$ mit $w.\mu = \lambda+\nu'$. Außerdem ist $\nu'\in W(\mu-\lambda)$; dann können $\nu'+\alpha$ und $\nu'-\alpha$ nicht gleichzeitig Gewichte von $V(\mu-\lambda)$ sein, wegen (3) muß daher $\nu=\nu'$ oder $\nu = s_\alpha\nu'$ sein. Das erste ist wegen

$$\nu-\nu' = \langle \lambda+\rho+\nu,\alpha^\vee\rangle\alpha < 0$$

unmöglich, es folgt $\nu = s_\alpha\nu'\in W(\mu-\lambda)$, mithin $\langle \lambda+\rho,\alpha^\vee\rangle = 0$ und $s_\alpha w\in W_\lambda^o$ sowie

$$(s_\alpha w).\mu = s_\alpha.(\lambda+\nu') = \lambda+s_\alpha\nu' = \lambda+\nu.$$

Damit ist der Satz bewiesen.

2.10

Seien $\lambda, \mu \in \underline{h}^*$ antidominant mit $\lambda - \mu \in P(R)$. Für alle $\underline{g}$-Moduln M in $\underline{\underline{O}}_\lambda$ setzen wir

$$T_\lambda^\mu M = (M \otimes V(\mu - \lambda))_\mu .$$

Offensichtlich induziert T_λ^μ einen exakten Funktor von $\underline{\underline{O}}_\lambda$ in $\underline{\underline{O}}_\mu$; wir nennen diesen Funktor Verschiebung von λ nach μ.

Satz: Seien $\lambda, \mu \in \underline{h}^*$ antidominant mit $\lambda - \mu \in P(R)$. Es liege $\underline{\underline{R}}\mu$ im Abschluß der Facette von $\underline{\underline{R}}\lambda$.

a) Für alle $w \in W_\lambda$ gilt $T_\lambda^\mu M(w.\lambda) \simeq M(w.\mu)$

b) Für jeden Modul M in $\underline{\underline{O}}_\lambda$ gilt

(1) $$\operatorname{ch} T_\lambda^\mu M = \sum_{w \in W_\lambda/W_\lambda^o} [M : L(w.\lambda)] \operatorname{ch} T_\lambda^\mu L(w.\lambda)$$

und

(2) $$\operatorname{ch} T_\lambda^\mu M = \sum_{w \in W_\lambda/W_\lambda^o} (M : M(w.\lambda)) \operatorname{ch} M(w.\mu).$$

c) Ist $\nu \in \mu + P(R)$ ein weiteres antidominantes Gewicht und liegt $\underline{\underline{R}}\nu$ im Abschluß der Facette von $\underline{\underline{R}}\mu$, so gilt

$$\operatorname{ch} T_\mu^\nu T_\lambda^\mu M = \operatorname{ch} T_\lambda^\nu M \qquad \text{für alle } M \text{ in } \underline{\underline{O}}_\lambda.$$

Beweis: a) Wir wollen zeigen, daß mit $E = V(\mu - \lambda)$, mit $w.\lambda$ statt λ und $\nu = w.\mu - w.\lambda = w(\mu - \lambda)$ die Voraussetzungen von Satz 2.4 erfüllt sind; aus Teil b) jenes Satzes folgt dann unsere Behauptung. Wegen $\nu \in W(\mu - \lambda)$ ist $\dim E^\nu = 1$ klar; wir müssen also beweisen, daß für alle Gewichte ν' von $V(\mu - \lambda)$ mit $\nu' \neq w(\mu - \lambda)$ gilt:

$$w.\lambda + \nu' \notin W_{w.\mu}(w.\mu) = W_\mu.\mu .$$

Nun ist $w.\lambda + \nu' = w.(\lambda + w^{-1}\nu')$, und die Menge der Gewichte von $V(\mu - \lambda)$

ist unter W invariant; daher müssen wir zeigen: Für alle Gewichte $\nu' \neq \mu-\lambda$ von $V(\mu-\lambda)$ gilt $\lambda + \nu' \notin W_\mu.\mu$. Dies ist aber eine einfache Folgerung aus Satz 2.9. Danach gibt es für jedes ν' mit $\lambda + \nu' \in W_\mu.\mu$ ein $w' \in W_\lambda^0$ mit $w'.\mu = \lambda + \nu'$. Weil $\underline{\underline{R}}\mu$ im Abschluß der Facette von $\underline{\underline{R}}\lambda$ liegt, läßt w' mit λ auch μ fest, es gilt also $w'.\mu = \mu = \lambda + \nu'$, und $\nu' = \mu - \lambda$, was zu beweisen war.

b) Sei $\underline{\underline{C}}(\underline{\underline{O}}_\lambda)$ die Untergruppe von $\underline{\underline{C}}(\underline{\underline{O}})$ (vgl. 1.11), die von den ch M mit M in $\underline{\underline{O}}_\lambda$ erzeugt wird. Wie in 1.11 zeigt man, daß $\underline{\underline{C}}(\underline{\underline{O}}_\lambda)$ sich mit der Grothendieck-Gruppe der Kategorie $\underline{\underline{O}}_\lambda$ identifizieren läßt. Dasselbe können wir auch für μ statt λ machen. Der exakte Funktor T_λ^μ induziert einen Homomorphismus $\underline{\underline{C}}(\underline{\underline{O}}_\lambda) \longrightarrow \underline{\underline{C}}(\underline{\underline{O}}_\mu)$, der ch M auf ch $T_\lambda^\mu M$ abbildet. Nun sind die Behauptungen klar, wenn man bei (2) noch a) benutzt.

c) Für $M = M(w.\lambda)$ mit $w \in W_\lambda$ gilt nach a)

$$T_\mu^\nu\, T_\lambda^\mu\, M(w.\lambda) \simeq T_\mu^\nu\, M(w.\mu) \simeq M(w.\nu) \simeq T_\lambda^\nu\, M(w.\lambda) \quad .$$

Für beliebige M folgt die Behauptung wie in b).

2.11

<u>Theorem</u>: <u>Seien</u> λ, $\mu \in \underline{h}^*$ <u>antidominant mit</u> $\lambda - \mu \in P(R)$. <u>Es sei</u> F <u>die</u> <u>Facette</u> (für W_λ) <u>mit</u> $\underline{\underline{R}}\lambda \in F$. <u>Liegt</u> $\underline{\underline{R}}\mu$ <u>in</u> $\bar{F}$, <u>so gilt für alle</u> $w \in W_\lambda$

$$T_\lambda^\mu\, L(w.\lambda) \simeq \begin{cases} L(w.\mu) & \underline{\text{für}}\ \underline{\underline{R}}\, w.\mu \in \widehat{w.F} \\ 0 & \underline{\text{sonst}}. \end{cases}$$

<u>Beweis</u>: Wie in 2.10 a) sind die Voraussetzungen von Satz 2.4 erfüllt; nach Teil c) jenes Satzes ist $T_\lambda^\mu\, L(w.\lambda)$ zu $L(w.\mu)$ isomorph oder gleich Null. Wir müssen also zeigen, daß $(T_\lambda^\mu\, L(w.\lambda) : M(w.\mu))$ genau dann von Eins verschieden ist, wenn $\underline{\underline{R}}\, w.\mu \notin \widehat{w.F}$ gilt.

Wir wollen zunächst zeigen, daß wir uns auf den Fall beschränken können, daß

λ regulär ist. Dazu wählen wir uns im allgemeinen Fall ein $\lambda_o \in \lambda + P(R)$ antidominant und regulär; daß dies möglich ist, folgt (mit $S = \emptyset$) aus einem Lemma, das wir in 2.12 beweisen werden. Nun liegt $\underline{\underline{R}}\lambda_o$ in der Kammer C_o von 2.7 und F ist in $\overline{C_o}$ enthalten. Indem wir w notfalls um ein Element von W_λ^o abändern, können wir erreichen, daß $w.F$ in $\widehat{w.C_o}$ enthalten ist. Setzen wir nun das Theorem für λ_o voraus, so gilt $T_{\lambda_o}^{\lambda} L(w.\lambda_o) \simeq L(w.\lambda)$ und daher

(1) $$\mathrm{ch}\, T_\lambda^\mu L(w.\lambda) = \mathrm{ch}\, T_\lambda^\mu T_{\lambda_o}^\lambda L(w.\lambda_o) = \mathrm{ch}\, T_{\lambda_o}^\mu L(w.\lambda_o)$$

nach 2.10 c). Wegen $w.F \subset \widehat{w.C_o}$ liegt $\underline{\underline{R}}w.\mu$ genau dann in $\widehat{w.C_o}$, wenn es in $\widehat{w.F}$ liegt. Das Theorem folgt nun aus (1) und der Annahme, es gelte für λ_o die Behauptung. Wir können und wollen daher von nun an annehmen, daß λ regulär ist. Aus Satz 2.10 b) (2) folgt

(2) $$\mathrm{ch}\, T_\lambda^\mu L(w.\lambda) = \sum_{w' \in W_\lambda} (L(w.\lambda) : M(w'.\lambda))\, \mathrm{ch}\, M(w'.\mu), \quad \text{also}$$

$$(T_\lambda^\mu L(w.\lambda) : M(w.\mu)) = \sum_{w' \in W_{w.\mu}^o} (L(w.\lambda) : M(w'w.\lambda)) \quad .$$

Betrachten wir zunächst den Fall $\underline{\underline{R}}w.\mu \in \widehat{w.C_o}$. Für alle $\alpha \in R_\lambda \cap R_+$ mit $\langle w(\mu + \rho), \alpha^\vee \rangle = 0$ gilt dann $\langle w(\lambda + \rho), \alpha^\vee \rangle < 0$, also $w.\lambda < s_\alpha w.\lambda$. Wie in [Bourbaki], Ch. VI, § 1, Prop. 18 folgt daraus $w.\lambda < w'w.\lambda$ für alle $w' \in W_{w.\mu}^o \setminus \{1\}$. Für $w.\lambda < w'w.\lambda$ ist natürlich $(L(w.\lambda) : M(w'w.\lambda)) = 0$, daher bleibt in der Summe (2) nur der Term für $w' = 1$, also

$$(T_\lambda^\mu L(w.\lambda) : M(w.\mu)) = (L(w.\lambda) : M(w.\lambda)) = 1$$

übrig. Daraus folgt die Behauptung in diesem Fall.

Wir kommen nun zu dem anderen Fall: $\underline{\underline{R}}\, w.\mu \notin \widehat{w.C_o}$. Es muß dann (vgl. 2.9 (1)) ein $\alpha \in B_\lambda$ mit $\langle \mu + \rho, \alpha^\vee \rangle = 0$ und $w\alpha < 0$ geben. Mit Hilfe des folgenden Lemmas 2.12 (für $S = \{\alpha\}$) können wir ein $\mu' \in \mu + P(R)$ antidominant mit $\{\alpha\} = \{\beta \in R_+ \mid \langle \mu' + \rho, \beta^\vee \rangle = 0\}$ wählen. Nun gehört $\underline{\underline{R}}\mu$ zum Abschluß der Facette von $\underline{\underline{R}}\mu'$ und $\underline{\underline{R}}\mu'$ zu C_o. Nach 2.10 c) gilt

$$\mathrm{ch}\; T^{\mu}_{\mu'}\, T^{\mu'}_{\lambda}\, L(w.\lambda) = \mathrm{ch}\; T^{\mu}_{\lambda}\, L(w.\lambda).$$

Kennen wir die Behauptung für μ', so folgt $T^{\mu'}_{\lambda} L(w.\lambda) = 0$, also auch

$$T^{\mu}_{\mu'}\, T^{\mu'}_{\lambda}\, L(w.\lambda) = T^{\mu}_{\mu'}\, 0 = 0 = T^{\mu}_{\lambda}\, L(w.\lambda).$$

Daher können wir uns auf den Fall beschränken, daß es eine Wurzel $\alpha \in B_{\lambda}$ mit

$$\{\alpha\} = \{\beta \in R_{+} \mid \langle \mu + \rho, \alpha^{\vee} \rangle = 0\}$$

und $w\alpha < 0$ gibt. Dann ist $W^{o}_{w.\mu} = \{1, ws_{\alpha}w^{-1}\}$; aus (2) folgt daher

(3) $$(T^{\mu}_{\lambda} L(w.\lambda) : M(w.\mu)) = 1 + (L(w.\lambda) : M(ws_{\alpha}.\lambda)).$$

Nun werden wir in Lemma 2.13 zeigen, daß es ein $\lambda' \in \lambda + P(R)$ antidominant und regulär mit $(L(w.\lambda') : M(ws_{\alpha}.\lambda')) \neq 0$ gibt. Dann ist $(T^{\mu}_{\lambda'} L(w.\lambda') : M(w.\mu))$ ungleich 1, also gleich Null. Es folgt $T^{\mu}_{\lambda'} L(w.\lambda') = 0$, mithin auch

$$T^{\mu}_{\lambda'}\, T^{\lambda'}_{\lambda}\, L(w.\lambda) = 0 = T^{\mu}_{\lambda}\, L(w.\lambda),$$

was zu zeigen war. Zum vollständigen Beweis des Theorems fehlen also noch zwei Lemmata.

2.12

In diesem Lemma bezeichnen wir einen algebraischen Abschluß von k mit $\bar{k}$.

Lemma: Sei $\lambda \in \underline{h}^{*}$. Für jede Teilmenge $S \subset B_{\lambda}$ mit $\mathbb{Q}S \cap R = \mathbb{Z}S \cap R_{\lambda}$ und jedes S-tupel $(n_{\alpha})_{\alpha \in S}$ ganzer Zahlen $n_{\alpha} \in \mathbb{Z}$ ist

$$\{\mu \in \lambda + P(R) \mid \langle \mu + \rho, \alpha^{\vee} \rangle = n_{\alpha} \text{ für } \alpha \in S,$$
$$\langle \mu + \rho, \alpha^{\vee} \rangle < 0 \text{ für } \alpha \in B_{\lambda} \setminus S\}$$

nicht leer und Zariski-dicht in

$$\{x \in \underline{h}^{*} \otimes \bar{k} \mid \langle x + \rho, \alpha^{\vee} \rangle = n_{\alpha} \quad \text{für alle } \alpha \in S\}.$$

Beweis: Aus $S \subset B_{\lambda}$ und $\mathbb{Q}S \cap R = \mathbb{Z}S \cap R_{\lambda}$ folgt nach [Bourbaki], Ch. VI, § 1,

Prop. 24, daß es ein $w \in W$ mit $wS \subset B$ gibt. Wir schreiben

$$w(\lambda + \rho) = \sum_{\alpha \in B} r_\alpha \omega_\alpha \qquad \text{mit } r_\alpha \in k \;;$$

für $\alpha \in S$ gilt $w\alpha \in R_{w.\lambda}$, mithin $r_{w\alpha} \in \mathbb{Z}$. Deshalb folgt

$$\mu' = w.\lambda + \sum_{\alpha \in S} (n_\alpha - r_{w\alpha})\omega_{w\alpha} \in w.\lambda + P(R),$$

also $\qquad \mu = w^{-1}\mu' \in \lambda + P(R)$

und $\quad \langle \mu + \rho, \check{\alpha} \rangle = \langle w(\mu' + \rho), w\alpha^\vee \rangle = n_\alpha \quad$ für alle $\alpha \in S$.

Wir wählen nun in $\underline{h}^*$ eine Basis $(\omega'_\alpha)_{\alpha \in B_\lambda}$, $(\omega'_i)_{1 \leq i \leq m}$ (mit $m = \# B - \# B_\lambda$) aus Gewichten in $P(R)$ mit $\langle \omega'_\alpha, \beta^\vee \rangle = 0$ für $\alpha, \beta \in B_\lambda, \alpha \neq \beta$ sowie

$$\langle \omega'_\alpha, \alpha^\vee \rangle \in \mathbb{N} \setminus 0 \text{ und } \langle \omega'_i, \alpha^\vee \rangle = 0 \text{ für } \alpha \in B_\lambda, \; 1 \leq i \leq m.$$

Dann ist

$$\mu - \sum_{\alpha \in B_\lambda \setminus S} (\mathbb{N} + \langle \mu + \rho, \alpha^\vee \rangle + 1)\, \omega'_\alpha + \sum_{i=1}^{m} \mathbb{Z}\omega'_i$$

nicht leer und Zariski-dicht in

$$\mu + \sum_{\alpha \in B_\lambda \setminus S} \bar{k}\omega'_\alpha + \sum_{i=1}^{m} \bar{k}\omega'_i \,.$$

Daraus folgt die Behauptung.

2.13

<u>Lemma</u>: <u>Sei</u> $\lambda \in \underline{h}^*$. <u>Für alle</u> $\alpha \in B_\lambda$ <u>und</u> $w \in W_\lambda$ <u>mit</u> $w\alpha < 0$ <u>gibt es ein</u> $\mu \in \lambda + P(R)$ <u>antidominant und regulär mit</u>

$$(L(w.\mu) : M(ws_\alpha.\mu)) < 0$$

<u>Beweis</u>: Nach dem Theorem von Verma (1.9 c) gibt es für alle $\mu \in \lambda + P(R)$, antidominant und regulär einen Homomorphismus ungleich Null

$$M(s_{w\alpha}\, w.\mu) \;=\; M(ws_\alpha.\mu) \longrightarrow M(w.\mu),$$

weil $\langle w(\mu+\rho), -w\alpha^\vee\rangle \in \mathbb{N}\setminus 0$ und $-w\alpha \in R_+$ ist. Daraus folgt

$$\dim L(w.\mu)^{ws_\alpha.\mu} < \dim M(w.\mu)^{ws_\alpha.\mu} \;;$$

für

$$\mu \in H_1 = \{\mu' \in \lambda + P(R) \mid \mu' \text{ antidominant, regulär, } \langle \mu' + \rho, \alpha^\vee\rangle = -1$$

erhält man insbesondere

(1) $$\dim L(w.\mu)^{w.(\mu+\alpha)} < \dim M(w.\mu)^{w.(\mu+\alpha)}$$

Andererseits gilt natürlich

(2) $$\dim L(w.\mu)^{w.(\mu+\alpha)} = \sum_{w'\in W_\lambda} (L(w.\mu) : M(w'.\mu))\, \dim M(w'.\mu)^{w.(\mu+\alpha)}$$

Wir brauchen hier nur über die w' mit

$$w.(\mu+\alpha) \leq w'.\mu \leq w.\mu$$

zu summieren. Wenn nun μ auch zu H_o mit

$$H_o = \{x \in \underline{h}^* \otimes \bar{k} \mid \langle x + \rho, \alpha^\vee\rangle = -1,$$
$$w.x - \nu \notin W.x \text{ für alle } \nu \in Q(R) \text{ mit } 0 < \nu < -w\alpha\}$$

($\bar{k}$ ist ein algebraischer Abschluß von k) gehört, so bleiben in (2) nur zwei Summanden übrig, der für $w' = w$ (mit $(L(w.\mu) : M(w,\mu)) = 1$) und der für $w' = ws_\alpha$ (mit $\dim M(w'.\mu)^{w.(\mu+\alpha)} = 1$). Wir erhalten für $\mu \in H_o \cap H_1$ also

$$\dim L(w.\mu)^{w.(\mu+\alpha)} = \dim M(w.\mu)^{w.(\mu+\alpha)} + (L(w.\mu) : M(ws_\alpha.\mu)).$$

Aus (1) folgt dann $(L(w.\mu) : M(ws_\alpha.\mu)) < 0$.

Wir müssen also zeigen, daß $H_o \cap H_1 \neq \emptyset$ ist. Nach Lemma 2.12 ist H_1 Zariski-dicht in

$$H = \{x \in \underline{h}^* \otimes \bar{k} \mid \langle x + \rho, \alpha^\vee\rangle = -1\};$$

daher wird es reichen, wenn wir beweisen, daß H_o eine offene Teilmenge $\neq \emptyset$ von H umfaßt. Dazu wählen wir ein positiv definites, unter W invariantes Skalarprodukt $(\ |\ )$ auf $\mathbb{Q}R$ und erweitern es auf $\underline{h}^* \otimes \bar{k}$. Gehört $w.x - \nu$ zu $W.x$, so folgt $(w(x+\rho) - \nu \mid w(x+\rho) - \nu) = (w(x+\rho) \mid w(x+\rho))$, also $(\nu|\nu) = 2(w(x+\rho) \mid \nu)$. Das zeigt

$$H_o \supset \bigcap_{0 < \nu < -w\alpha} \{x \in H \mid 2(w(x+\rho)|\nu) \neq (\nu|\nu)\}.$$

Um zu sehen, daß dieser Durchschnitt nicht leer ist, prüfen wir nach, daß jede der Teilmengen nicht leer ist. Aber die durch $2(w(x+\rho) \mid -w\alpha) = (w\alpha \mid w\alpha)$ definierte Hyperebene H ist nur dann gleich einer Hyperebene $2(w(x+\rho)|\nu) = (\nu \mid \nu)$, wenn $\nu = -w\alpha$ ist. Wir betrachten aber nur ν mit $0 < \nu < -w\alpha$. Daraus folgt das Lemma.

Bemerkung: Damit ist auch der Beweis des Theorems 2.11 abgeschlossen. Aus ihm folgt dann natürlich

$$(L(w.\mu) : M(ws_\alpha.\mu)) = -1$$

für alle μ wie im Lemma (vgl. 2.16 a).

2.14

Für ein antidominantes Gewicht $\lambda \in \underline{h}^*$ setzen wir

$$B_\lambda^o = \{\alpha \in B_\lambda \mid \langle\lambda+\rho, \alpha^\vee\rangle = 0\}.$$

Nach 2.7 (1) liegt $\underline{\underline{R}}w.\lambda$ genau dann im oberen Abschluß von $w.C_o$, wenn $wB_\lambda^o \subset R_+$ gilt.

Satz: Seien $\lambda, \mu \in \underline{h}^*$ antidominant mit $\lambda - \mu \in P(R)$ und λ regulär.

a) Für alle $w, w' \in W_\lambda$ mit $wB_\mu^o \subset R_+$ gilt

(1) $$(L(w.\mu) : M(w'.\mu)) = \sum_{w_1 \in W_\mu^o} (L(w.\lambda) : M(w'w_1.\lambda))$$

und

(2) $$[M(w'.\mu) : L(w.\mu)] = [M(w'.\lambda) : L(w.\lambda)] .$$

b) Für alle $w, w' \in W_\lambda$ mit $wB_\mu^o \not\subset R_+$ gilt

$$\sum_{w_1 \in W_\mu^o} (L(w.\lambda) : M(w'w_1.\lambda)) = 0 .$$

Beweis: Für alle $w \in W_\lambda$ gilt (Satz 2.10.b (2))

$$ch\, T_\lambda^\mu\, L(w.\lambda) = \sum_{w' \in W_\lambda} (L(w.\lambda) : M(w'.\lambda))\, ch\, M(w'.\mu).$$

Aus Theorem 2.11 und der linearen Unabhängigkeit der verschiedenen $ch\, M(w'.\mu)$ folgen (1) und b).

Andererseits gilt (nach Satz 2.10.a und b (1))

$$ch\, M(w'.\mu) = ch\, T_\lambda^\mu\, M(w'.\lambda) = \sum_{w \in W_\lambda} [M(w'.\lambda) : L(w.\lambda)]\, ch\, T_\lambda^\mu\, L(w.\lambda).$$

Hieraus erhalten wir (2) durch Koeffizientenvergleich, weil die $w \in W_\lambda$ mit $wB_\mu^o \subset R$ ein Repräsentantensystem von W_λ / W_μ^o bilden.

2.15

Corollar: Seien $\lambda, \mu \in \underline{h}^*$ antidominant mit $\lambda - \mu \in P(R)$, so daß $\underline{\underline{R}}\lambda$ und $\underline{\underline{R}}\mu$ in derselben Facette (für W_λ) liegen. Dann gilt für alle $w, w' \in W$:

$$(L(w.\lambda) : M(w'.\lambda)) = (L(w.\mu) : M(w'.\mu))$$

und $$[M(w.\lambda) : L(w'.\lambda)] = [M(w.\mu) : M(w'.\mu)] .$$

Beweis: Für alle $w \in W$ ist $w.\lambda$ genau dann antidominant, wenn $w.\mu$ antidominant ist, und $\underline{\underline{R}}w.\lambda$, $\underline{\underline{R}}w.\mu$ liegen stets in derselben Facette. Außerdem ist W die Vereinigung der $W_{w.\mu}$ mit $w.\mu$ antidominant. Ferner gilt

$$(L(w.\lambda) : M(w'.\lambda)) = 0 = [M(w.\lambda) : L(w'.\lambda)]$$

für $w \notin W_{w'.\lambda}(w'.\lambda)$. Daher folgt das Corollar aus dem Satz.

Bemerkungen: 1) Man kann natürlich allgemein in 2.14 von Aussagen über W_λ zu solchen über W übergehen.

2) Unter den Voraussetzungen dieses Corollars vereinfachen sich alle Beweise. Nach Satz 2.10 c) hat man zum Beispiel

$$\operatorname{ch} T_\mu^\lambda T_\lambda^\mu M = \operatorname{ch} M$$

für alle M in $\underline{\underline{O}}_\lambda$ und deshalb muß $T_\lambda^\mu L(w.\lambda) \neq 0$ für alle $w \in W_\lambda$ sein. Aus [Zuckerman] folgt, daß es einen natürlichen Isomorphismus $T_\mu^\lambda T_\lambda^\mu M \xrightarrow{\sim} M$ gibt.

Daher induziert T_λ^μ eine Äquivalenz der Kategorien $\underline{\underline{O}}_\lambda$ und $\underline{\underline{O}}_\mu$. Für reguläres $\lambda \in P(R)$ wird dies auch in [Bernštein-Gel'fand-Gel'fand 3], Theorem 4 erwähnt.

2.16

Satz: Sei $\lambda \in \underline{h}^*$ antidominant und regulär. Für alle $w, w' \in W_\lambda$ und $\alpha \in B_\lambda$ gilt:

a) $(L(w.\lambda) : M(w'.\lambda)) + (L(w.\lambda) : M(w's_\alpha.\lambda)) = 0$ für $w\alpha < 0$,

b) $[M(w'.\lambda) : L(w.\lambda)] = [M(w's_\alpha.\lambda) : L(w.\lambda)]$ für $w\alpha > 0$.

Beweis: Nach Lemma 2.12 können wir ein $\mu \in \lambda + P(R)$ antidominant mit $B_\mu^o = \{\alpha\}$ wählen. Dann folgt a) aus 2.14 b) und b) aus 2.14 a (2), das wir einmal auf w' und einmal auf $w's_\alpha$ anwenden.

2.17

Wir haben bisher den Funktor $T_\lambda^\mu : \underline{\underline{O}}_\lambda \to \underline{\underline{O}}_\mu$ betrachtet, wenn wir eine Facette F mit $\underline{\underline{R}}\lambda \in F$ und $\underline{\underline{R}}\mu \in \bar{F}$ haben. Wir wenden uns nun dem umgekehrten Fall zu.

Satz: Seien $\lambda, \mu \in \underline{h}^*$ antidominant mit $\lambda - \mu \in P(R)$. Liegt $\underline{\underline{R}}\lambda$ im Abschluß der Facette von $\underline{\underline{R}}\mu$, so gilt

(1) $$\operatorname{ch} T_\lambda^\mu M(w.\lambda) = \sum_{w' \in W_\lambda^o/W_\mu^o} \operatorname{ch} M(ww'.\mu)$$

<u>für alle</u> $w \in W_\lambda$.

<u>Beweis</u>: Nach 2.5 (2) ist

$$\operatorname{ch} T_\lambda^\mu M(w.\lambda) = \sum_{\substack{\nu \in P(R) \\ w.\lambda+\nu \in W_\mu.\mu}} \dim V(\mu - \lambda)^\nu \operatorname{ch} M(w.\lambda + \nu).$$

Benutzt man die Invarianz von $\dim V(\mu - \lambda)^\nu$ unter der Operation von W auf ν, so folgt

$$\operatorname{ch} T_\lambda^\mu M(w.\lambda) = \sum_{\substack{\nu \in P(R) \\ \lambda + \nu \in W_\mu.\mu}} \dim V(\mu - \lambda)^\nu \operatorname{ch} M(w.(\lambda + \nu))$$

Nach Satz 2.9 sind die einzigen Gewichte ν von $V(\mu - \lambda)$ mit $\lambda + \nu \in W_\mu.\mu$ die $w_1.\mu - \lambda$ mit $w_1 \in W_\lambda^o$. Für solche ν gilt

$$\nu = w_1.\mu - \lambda = w_1(\mu - \lambda), \text{ also } \dim V(\mu - \lambda)^\nu = 1$$

und $w.(\lambda + \nu) = ww_1.\mu$. Zwei Elemente $w_1, w_1' \in W_\lambda^o$ liefern dasselbe ν genau dann, wenn $w_1.\mu = w_1'.\mu$ ist, also für $w_1^{-1}w_1' \in W_\mu^o$. Nun folgt der Satz.

<u>Bemerkungen</u>: 1) Für einen beliebigen Modul M in $\underline{\underline{O}}_\lambda$ kann man $\operatorname{ch} T_\lambda^\mu M$ ähnlich wie in 2.10 b mit Hilfe von (1) berechnen.

2) Für jeden Modul M in $\underline{\underline{O}}_\lambda$ gilt

$$\operatorname{ch} T_\mu^\lambda T_\lambda^\mu M = \#(W_\lambda^o/W_\mu^o) \operatorname{ch} M$$

Man vergleiche hierzu das analoge Resultat bei [Zuckerman], Lemma 3.1.

2.18

Wir betrachten hier einen Spezialfall:

<u>Satz</u>: <u>Seien</u> $\lambda, \mu \in \underline{h}^*$ <u>antidominant mit</u> $\mu - \lambda \in P(R)$. <u>Es sei</u> λ <u>regulär und es gebe ein</u> $\alpha \in B_\lambda$ <u>mit</u> $\{\alpha\} = B_\mu^o$. <u>Für alle</u> $w \in W_\lambda$ <u>mit</u> $w\alpha < 0$ <u>gilt dann</u>:

a) $$\operatorname{ch} T_\mu^\lambda L(w.\mu) = \operatorname{ch} L(ws_\alpha.\lambda) + \sum_{w' \in W_\lambda} (L(ws_\alpha.\lambda) : M(w'.\lambda)) \operatorname{ch} M(w's_\alpha.\lambda).$$

b) $[T_\mu^\lambda L(w.\mu) : L(w.\lambda)] = 1.$

c) Für alle $w' \in W_\lambda$ mit $w' \neq w$ gilt

$$[T_\mu^\lambda L(w.\lambda) : L(w'.\lambda)] \leqslant 2\,[M(ws_\alpha.\lambda) : L(w'.\lambda)].$$

Beweis: a) Nach 2.17 gilt

$$\mathrm{ch}\, T_\mu^\lambda M(w'.\mu) = \mathrm{ch}\, M(w'.\lambda) + \mathrm{ch}\, M(w's_\alpha.\lambda)$$

für alle $w' \in W_\lambda$; nach Theorem 2.11 ist $L(w.\mu)$ zu $T_\lambda^\mu L(ws_\alpha.\lambda)$ isomorph. Nun folgt

$$\mathrm{ch}\, L(w.\mu) = \sum_{w' \in W_\lambda} (L(ws_\alpha.\lambda) : M(w'.\lambda))\ \mathrm{ch}\, M(w'.\mu),$$

mithin

$$\mathrm{ch}\, T_\mu^\lambda L(w.\mu) = \sum_{w' \in W_\lambda} (L(ws_\alpha.\lambda) : M(w'.\lambda))\ (\mathrm{ch}\, M(w'.\lambda) + \mathrm{ch}\, M(w's_\alpha.\lambda)).$$

Daraus folgt a).

b), c). Wir sahen beim Beweis von 2.17, daß es genau zwei Gewichte, nämlich $\nu = w(\lambda - \mu)$ und $\nu' = ws_\alpha(\lambda - \mu)$, von $V(\lambda - \mu)$ mit $w.\mu + \nu,\ w.\mu + \nu' \in W_\lambda.\lambda$ gibt. Die entsprechenden Gewichtsräume in $V(\lambda - \mu)$ sind eindimensional und es gilt $w.\mu + \nu' = ws_\alpha.\lambda < w.\mu + \nu = w.\lambda$. Nun sind die Voraussetzungen von Satz 2.5 erfüllt. Aus jenem Satz folgt c) und, daß die Multiplizität in b) höchstens eins ist. Dagegen zeigt a):

$$(T_\mu^\lambda L(w.\mu) : M(w.\lambda)) = (L(ws_\alpha.\lambda) : M(ws_\alpha.\lambda)) = 1.$$

Deshalb muß es mindestens einen einfachen Faktor $L(\lambda')$ von $T_\mu^\lambda L(w.\mu)$ mit $\lambda' \geqslant w.\lambda > ws_\alpha.\lambda$ geben. Wegen c) muß $\lambda' = w.\lambda$ sein, die Multiplizität in b) also mindestens Eins. Es folgt die Behauptung.

2.19

Wir führen auf $\underline{h}^*$ nun eine Ordnungsrelation $\uparrow$ ein. Für $\lambda, \mu \in \underline{h}^*$ soll $\lambda \uparrow \mu$ genau dann gelten, wenn es positive Wurzeln $\alpha_1, \ldots, \alpha_r \in R$ mit $\mu = (s_{\alpha_r} s_{\alpha_{r-1}} \ldots s_{\alpha_1}).\lambda$ und

(1) $\quad < s_{\alpha_{i-1}} \ldots s_{\alpha_1}(\lambda+\rho), \alpha_i^\vee > \leqslant 0 \qquad$ für $1 \leqslant i \leqslant r$

gibt. Offensichtlich ist (1) zu

(2) $\quad \lambda \leqslant s_{\alpha_1}.\lambda \leqslant s_{\alpha_2}s_{\alpha_1}.\lambda \leqslant \ldots \leqslant (s_{\alpha_r} \ldots s_{\alpha_1}).\lambda = \mu$

äquivalent. (In der Formulierung (2) braucht man nicht mehr ausdrücklich $\alpha_i \in R_\lambda \cap R_+$ zu fordern.) Nun ist klar:

(3) Aus $\lambda \uparrow \mu$ folgt $\lambda \leqslant \mu$ und $\mu \in W_\lambda.\lambda$.

Die Umkehrung in (3) ist im allgemeinen nicht wahr. (Man vergleiche dazu auch [Deodhar 2].)

Seien $\lambda, \mu \in \underline{h}^*$ mit $\mathring{R}_\lambda = R_\mu$. Liegt $\underline{\underline{R}}\mu$ im Abschluß der Facette von $\underline{\underline{R}}\lambda$, so folgt aus (1) für alle $w \in W_\lambda$:

(4) $\quad \lambda \uparrow w.\lambda \implies \mu \uparrow w.\mu$.

Sind λ und μ beide antidominant und regulär, so sehen wir

(4') $\quad w.\lambda \uparrow w'.\lambda \iff w.\mu \uparrow w'.\mu \qquad$ für alle $w, w' \in W_\lambda$.

Wir können daher auf W_λ eine Ordnungsrelation durch

$$w \uparrow w' \iff w.\lambda \uparrow w'.\lambda \qquad \text{für alle } w, w' \in W_\lambda$$

(mit λ antidominant und regulär) definieren. Nach (1) gilt $w \uparrow w'$ denau dann, wenn es $\alpha_1, \ldots, \alpha_r \in R_\lambda \cap R_+$ mit

(5) $\quad w' = s_{\alpha_r} s_{\alpha_{r-1}} \ldots s_{\alpha_1} w$ und $w^{-1} s_{\alpha_1} s_{\alpha_2} \ldots s_{\alpha_{i-1}} \alpha_i > 0$ für $1 \leqslant i \leqslant r$

gibt. Insbesondere folgt für alle $w \in W_\lambda$ und $\alpha \in R_\lambda \cap R_+$

(6) $\quad w \uparrow s_\alpha w \iff w^{-1}\alpha > 0$

und

(6') $\quad w \uparrow w s_\alpha \iff w\alpha > 0$.

Offensichtlich ist 1 bei dieser Ordnungsrelation das kleinste Element von W_λ.

Satz: Seien $w, w' \in W_\lambda$ und $\alpha \in B_\lambda$ mit $w \uparrow ws_\alpha$ und $w' \uparrow w's_\alpha$. Dann gelten die folgenden Äquivalenzen:

$$w \uparrow w' \iff w \uparrow w's_\alpha \iff ws_\alpha \uparrow w's_\alpha \quad .$$

Beweis: Weil $\uparrow$ eine Ordnungsrelation, insbesondere also transitiv ist, gilt angesichts unserer Voraussetzungen

$$w \uparrow w' \Rightarrow w \uparrow w' \uparrow w's_\alpha \Rightarrow w \uparrow w's_\alpha$$

und

$$ws_\alpha \uparrow w's_\alpha \Rightarrow w \uparrow ws_\alpha \uparrow w's_\alpha \Rightarrow w \uparrow w's_\alpha \; .$$

Nehmen wir andererseits an, es gelte $w \uparrow w's_\alpha$. Dann gibt es $\alpha_1,\dots,\alpha_r \in R_\lambda \cap R_+$ mit $w's_\alpha = s_{\alpha_r} \dots s_{\alpha_1} w$ und $w^{-1}s_{\alpha_1} \dots s_{\alpha_{i-1}} \alpha_i > 0$ für $1 \leq i \leq r$. Wir setzen $w_i = s_{\alpha_i} \dots s_{\alpha_1} w$ für $0 \leq i \leq r$. Gilt nun $w_i s_\alpha \uparrow w_{i+1} s_\alpha$ für $0 \leq i \leq r$, so folgt

$$w \uparrow ws_\alpha = w_0 s_\alpha \uparrow w_1 s_\alpha \uparrow \dots \uparrow w_r s_\alpha = w's_\alpha s_\alpha = w' \uparrow w's_\alpha \, ,$$

insbesondere also $w \uparrow w'$ und $ws_\alpha \uparrow w's_\alpha$.

Betrachten wir dagegen ein i, für das $w_i s_\alpha \uparrow w_{i+1} s_\alpha$ nicht gilt. Nun ist $w_{i+1} s_\alpha = s_{\alpha_{i+1}} w_i s_\alpha$; nach (6) muß also $s_\alpha w_i^{-1} \alpha_{i+1} < 0$. Es galt aber $w_i^{-1} \alpha_{i+1} = w^{-1} s_1 \dots s_{\alpha_i} \alpha_{i+1} > 0$; wegen $\alpha \in B_\lambda$ muß $s_\alpha(R_\lambda \cap R_+ \setminus \{\alpha\}) = R_\lambda \cap R_+ \setminus \{\alpha\}$ mithin $w_i^{-1} \alpha_{i+1} = \alpha$ und $w_{i+1} = s_{\alpha_{i+1}} w_i = w_i s_\alpha$ sein.

Nehmen wir nun für i die größte (bzw. kleinste) Zahl, für die $w_i s_\alpha \uparrow w_{i+1} s_\alpha$ nicht erfüllt ist. Dann folgt

$$w = w_0 \uparrow w_1 \uparrow \dots \uparrow w_{i+1} = w_i s_\alpha \uparrow w_{i+1} s_\alpha \uparrow \dots \uparrow w_r s_\alpha = w'$$

$$(\text{bzw. } ws_\alpha = w_0 s_\alpha \uparrow w_1 s_\alpha \uparrow \dots \uparrow w_i s_\alpha = w_{i+1} \uparrow w_{i+2} \uparrow \dots \uparrow w_r = w's_\alpha),$$

also $w \uparrow w'$ (bzw. $ws_\alpha \uparrow w's_\alpha$), was zu beweisen war.

2.20

Theorem (Bernšteín-Gel'fand-Gel'fand): Für alle $\lambda, \mu \in \underline{h}^*$ mit $[M(\lambda) : L(\mu)] \neq 0$ oder $(L(\lambda) : M(\mu)) \neq 0$ gilt $\mu \uparrow \lambda$.

Beweis: Sei $\lambda \in \underline{h}^*$ antidominant. Das Theorem ist offensichtlich äquivalent zu

(1) $$\operatorname{ch} L(w.\lambda) \in \sum_{\mu \uparrow w.\lambda} \mathbb{Z} \operatorname{ch} M(\mu)$$

und

(2) $$\operatorname{ch} M(w.\lambda) \in \sum_{\mu \uparrow w.\lambda} \mathbb{Z} \operatorname{ch} L(\mu) \qquad \text{für alle } w \in W_\lambda .$$

Sei $\lambda_o \in \lambda + P(R)$ antidominant und regulär; haben wir (1) und (2) für λ_o bewiesen, so folgen sie für λ aus Satz 2.14 und aus 2.19 (4). Daher können wir uns auf den Fall beschränken, daß λ regulär und antidominant ist, und wollen durch Induktion über $\uparrow$ zeigen, daß

(1') $$\operatorname{ch} L(w.\lambda) \in \sum_{w' \uparrow w} \mathbb{Z} \operatorname{ch} M(w'.\lambda)$$

und

(2') $$\operatorname{ch} M(w.\lambda) \in \sum_{w' \uparrow w} \mathbb{Z} \operatorname{ch} L(w'.\lambda)$$

für alle $w \in W_\lambda$ erfüllt ist. Für $w = 1$ ist $L(w.\lambda) = M(w.\lambda)$, und die Aussage ist trivial. Sei also $w \neq 1$; dann gibt es ein $\alpha \in B_\lambda$ mit $w\alpha < 0$. Nach Lemma 2.12 gibt es ein $\mu \in \lambda + P(R)$, antidominant mit $B_\mu^o = \{\alpha\}$. Aus Satz 2.18 b,c und der Induktionsvoraussetzung (auf ws_α angewendet), folgt

$$\operatorname{ch} T_\mu^\lambda L(w.\mu) \in \operatorname{ch} L(w.\lambda) + \sum_{w' \uparrow ws_\alpha} \mathbb{Z} \operatorname{ch} L(w'.\lambda),$$

aus Satz 2.18 a dagegen

$$\operatorname{ch} T_\mu^\lambda L(w.\mu) \in \operatorname{ch} L(ws_\alpha.\lambda) + \sum_{w' \uparrow ws_\alpha} \mathbb{Z} \operatorname{ch} M(w's_\alpha.\lambda).$$

Benutzen wir erneut die Induktionsvoraussetzung für ws_α, so erhalten wir

$$\operatorname{ch} L(w.\lambda) \in \sum_{w' \uparrow ws_\alpha} (\mathbb{Z} \operatorname{ch} M(w'.\alpha) + \mathbb{Z} \operatorname{ch} M(w's_\alpha.\lambda)).$$

Für die $w' \in W_\lambda$ mit $w' \uparrow ws_\alpha$ gilt entweder $w's_\alpha \uparrow w'$ (und somit $w's_\alpha \uparrow w$) oder $w' \uparrow w's_\alpha$; im zweiten Fall folgt $w's_\alpha \uparrow w$ aus Satz 2.19 (man nehme für w dort unser w' und für w' unser ws_α). In jedem Fall haben wir $w's_\alpha \uparrow w$ gezeigt, also folgt (1'). Daraus erhalten wir wegen $(L(w.\lambda) : M(w.\lambda)) = 1$ sofort (2'), also das Theorem.

Bemerkung: Wir geben einen anderen Beweis dieses Resultats in 5.3 (Satz und Bemerkung 1).

2.21

Corollar: Für alle $\lambda, \mu \in \underline{h}^*$ gilt

$$[M(\lambda) : L(\mu)] \neq 0 \iff \mu \uparrow \lambda \quad .$$

Beweis: Die Richtung " $\Rightarrow$ " ist ein Teil der Aussage des Theorems; die Umkehrung folgt aus dem Theorem von Verma (1.9).

2.22

Für jede Teilmenge $S \subset B_\lambda$ setzen wir

$$W_\lambda^S = \{ w \in W_\lambda \mid wS \subset R_+ \} .$$

Dann läßt sich jedes $w \in W_\lambda$ eindeutig in der Form $w = w_1 w_2$ mit $w_1 \in W_\lambda^S$ und $w_2 \in W_S$ schreiben.

Satz: Sei $S \subset B_\lambda$. a) Für alle $w_1, w_2 \in W_S$ und $w \in W_\lambda^S$ gilt: $w_1 \uparrow w_2 \iff ww_1 \uparrow ww_2$.

b) Für alle $w_1, w_2 \in W_\lambda^S$ und $w_1', w_2' \in W_S$ gilt:

$$w_1 w_1' \uparrow w_2 w_2' \implies w_1 \uparrow w_2 \quad ,$$

c) Für alle $w \in W_\lambda^S$ und $w_1, w_2 \in W_S$ ist

$$\{w' \in W_\lambda \mid ww_1 \uparrow w' \uparrow ww_2\} = \{ww_3 \mid w_3 \in W_S, \ w_1 \uparrow w_3 \uparrow w_2\} .$$

Beweis: a_1) Es gelte zunächst $w_1 \uparrow w_2$; es gibt also $\alpha_1, .., \alpha_r \in R_\lambda \cap R_+$ mit $w_2 = s_{\alpha_r} \dots s_{\alpha_1} w_1$ und $w_1^{-1} s_{\alpha_1} \dots s_{\alpha_{i-1}} \alpha_i > 0$ für $1 \leq i \leq r$. Wir können annehmen, daß λ antidominant und regulär ist. Dann ist $w_2.\lambda - w_1.\lambda$ von der Form

$\sum_{i=1}^{r} n_i\alpha_i$ mit $n_i \in \mathbb{N} \setminus 0$. Wegen $w_1, w_2 \in W_S$ liegt $w_2.\lambda - w_1.\lambda$ in $\mathbb{Z}S$. Daraus folgt $\alpha_i \in R_\lambda \cap \mathbb{N}S$ für $1 \leq i \leq r$.

Nun gilt $ww_2 = s_{w\alpha_r} s_{w\alpha_{r-1}} \dots s_{w\alpha_1} ww_1$ und $w_1^{-1}w^{-1} s_{w\alpha_1} \dots s_{w\alpha_{i-1}} w\alpha_i = w_1^{-1} s_{\alpha_1} \dots s_{\alpha_{i-1}} \alpha_i > 0$; wegen $w \in W_\lambda^S$ ist $w(R_\lambda \cap \mathbb{N}S) = R_\lambda \cap R_+$; insbesondere ist $w\alpha_i \in R_\lambda \cap R_+$ für $1 \leq i \leq r$. Dies alles zusammen beweist $ww_1 \uparrow ww_2$.

Bevor wir zur Umkehrung kommen, zeigen wir

b) Wegen $1 \uparrow w_1'$ gilt $w_1 \uparrow w_1 w_1'$ nach a_1); deshalb können wir uns auf den Fall $w_1' = 1$ beschränken. Wir benutzen nun für w_2' Induktion über $\uparrow$; für $w_2' = 1$ ist nichts zu zeigen. Sei $w_2' \neq 1$; dann gilt es $\alpha \in S$ mit $w_2'\alpha < 0$, also mit $w_2' s_\alpha \uparrow w_2'$. Nach a_1) gilt nun $w_2 w_2' s_\alpha \uparrow w_2 w_2'$; wegen $w_1 \in W_\lambda^S$ haben wir $w_1\alpha > 0$, mithin $w_1 \uparrow w_1 s_\alpha$. Wenden wir Satz 2.19 an, so folgt $w_1 \uparrow w_2\, w_2' s$. Aus der Induktionsvoraussetzung erhalten wir nun die Behauptung.

a_2) Es gelte nun $ww_1 \uparrow ww_2$; nehmen wir nun $\alpha_1, \dots, \alpha_r \in R_\lambda \cap R_+$ mit

$$ww_2 = s_{\alpha_r} \dots s_{\alpha_1} ww_1 = ws_{w^{-1}\alpha_r} \dots s_{w^{-1}\alpha_1} w_1$$

und $w_1^{-1} w^{-1} s_{\alpha_1} \dots s_{\alpha_{i-1}} \alpha_i > 0$ für $1 \leq i \leq r$.

Für alle i gilt dann

$$ww_1 \uparrow s_{\alpha_i} \dots s_{\alpha_1} ww_1 = ws_{w^{-1}\alpha_i} \dots s_{w^{-1}\alpha_1} w_1 \uparrow ww_2 .$$

Nach b) muß der Term in der Mitte dieselbe Komponente in W_λ^S (bei der Zerlegung $W_\lambda = W_\lambda^S W_S$) wie die beiden Endterme haben, nämlich w. Daraus folgt

$$s_{w^{-1}\alpha_i} \dots s_{w^{-1}\alpha_1} w_1 \in W_S \qquad \text{für } 1 \leq i \leq r,$$

also $w^{-1}\alpha_i \in R_\lambda \cap \mathbb{Z}S$. Wegen $w(R_\lambda \cap \mathbb{N}S) \subset R_+$ und $\alpha_i \in R_+$ muß schließlich $w^{-1}\alpha_i \in \mathbb{N}S \cap R_+$ sein. Nun gilt

$$w_2 = s_{w^{-1}\alpha_r} \dots s_{w^{-1}\alpha_1} w_1$$

und

$$w_1^{-1} s_{w^{-1}\alpha_1} \cdots s_{w^{-1}\alpha_{i-1}} w^{-1}\alpha_i = w_1^{-1} w^{-1} s_{\alpha_1} \cdots s_{\alpha_{i-1}} \alpha_i > 0,$$

folglich $w_1 \uparrow w_2$.

c) Nach b) ist, wie wir es eben schon benutzt haben, jedes $w' \in W_\lambda$ mit $ww_1 \uparrow w' \uparrow ww_2$ von der Form ww_3 mit $w_3 \in W_S$. Nun folgt die Behauptung aus a).

Bemerkung: Für eine ausführliche Diskussion der Ordnungsrelation $\uparrow$, mehrerer äquivalenter Definitionen und wichtiger Eigenschaften, verweisen wir auf [Deodhar 1].

2.23

Für jede Teilmenge $S \subset B_\lambda$ (für ein $\lambda \in \underline{h}^*$) bezeichnen wir mit w_S das einzige Element in W_S mit $w_S S = -S$. Für alle $w \in W_\lambda$ gilt nun

$$1 \uparrow w \uparrow w_S.$$

Statt w_{B_λ} schreiben wir kurz w_λ.

Satz: Sei $\lambda \in \underline{h}^*$ antidominant und regulär. Für alle $S \subset B_\lambda$ gilt dann

a) $$\operatorname{ch} L(w_S.\lambda) = \sum_{w \in W_S} \det(ww_S) \operatorname{ch} M(w.\lambda)$$

b) $$[M(w.\lambda) : L(w_\lambda w_S.\lambda)] = \begin{cases} 1 & \underline{\text{für}} \quad w \in w_\lambda W_S \\ 0 & \underline{\text{für}} \quad w \in W_\lambda \setminus w_\lambda W_S. \end{cases}$$

Beweis: Aus Satz 2.16 folgt $(L(w_S.\lambda) : M(w.\lambda)) = \det(ww_S)$ und $[M(w_\lambda w.\lambda) : L(w_\lambda w_S.\lambda)] = 1$ für alle $w \in W_S$. Also müssen wir nur noch zeigen: Gilt $w \uparrow w_S$ (bzw. $w_\lambda w \uparrow w_\lambda w$) für ein $w \in W_\lambda$, so muß $w \in W_S$ sein. Dies ergibt sich sofort aus Satz 2.22 c, den wir auf die Elemente 1 und $w_\lambda w_S$ von W_λ^S anwenden können.

Beispiele 1) Ist R_λ vom Typ $A_1 \times A_1 \times \ldots \times A_1 = (A_1)^n$ mit $n \in \mathbb{N}$, so ist jedes Element $w \in W_\lambda$ von der Form $w = w_S = w_\lambda w_{S'}$ mit $S \cup S' = B_\lambda$ und $S \cap S' = \emptyset$. Daher gibt uns der Satz alle Multiplizitäten und sagt insbesondere, daß sie alle höchstens eins sind. (Zunächst erhalten wir dies für reguläres λ, dann mit Satz 2.14 für alle λ.) Für $n = 0$ ist dies trivial, weil dann $M(\lambda) = L(\lambda)$ ist.

Für $n = 1$ wurde es von N. Conze und J. Dixmier bewiesen.

2) Sei R_λ vom Typ A_2 und λ zunächst antidominant, regulär. Wir setzen $B_\lambda = \{\alpha, \beta\}$. Aus dem Satz 2.22 folgt

$$[M(\mu) : L(w.\lambda)] \leqslant 1$$

für $w \in \{1, s_\alpha s_\beta, s_\beta s_\alpha, s_{\alpha+\beta}\}$ und alle $\mu \in \underline{h}^*$. Für $w = s_\alpha$ folgt aus Satz 2.16

$$[M(w'.\lambda) : L(s_\alpha.\lambda)] = [M(w's_\beta.\lambda) : L(s_\alpha.\lambda)]$$

für alle $w' \in W_\lambda$, also

$$[M(s_\alpha s_\beta.\lambda) : L(s_\alpha.\lambda)] = [M(s_\alpha.\lambda) : L(s_\alpha.\lambda)] = 1$$

und $$[M(s_\beta s_\alpha s_\beta.\lambda) : L(s_\alpha.\lambda)] = [M(s_\beta s_\alpha.\lambda) : L(s_\alpha.\lambda)] .$$

Ähnlich können wir für $w = s_\beta$ argumentieren. Nun werden wir in 5.4 sehen, daß $[M(s_\beta s_\alpha.\lambda) : L(s_\alpha.\lambda)] = [M(s_\alpha s_\beta.\lambda) : L(s_\beta.\lambda)] = 1$ gilt. Dann folgt wieder, daß

$$[M(\mu) : L(\lambda)] \leqslant 1$$

für alle $\lambda \in \underline{h}^*$ mit R_λ vom Typ A_2 gilt.

2.24

Sind $\lambda, \mu \in \underline{h}^*$ antidominant und regulär mit $\lambda - \mu \in P(R)$, so definiert T_λ^μ nach der Bemerkung 2 in 2.15 eine Äquivalenz der Kategorien $\underline{\underline{O}}_\lambda$ und $\underline{\underline{O}}_\mu$. Dann muß T_λ^μ die projektiven Moduln in $\underline{\underline{O}}_\lambda$ in die projektiven Moduln in $\underline{\underline{O}}_\mu$ überführen. Wir werden ein etwas allgemeineres Ergebnis beweisen.

Zunächst erinnern wir an die Beschreibung der projektiven Moduln in $\underline{\underline{O}}$, die in [Bernštein-Gel'fand-Gel'fand 3] gegeben wird. Danach gibt es zu jedem $\lambda \in \underline{h}^*$ einen unzerlegbaren projektiven Modul $Q(\lambda)$, der einen einzigen einfachen Restklassenmodul hat und wobei dieser Restklassenmodul zu $L(\lambda)$ isomorph ist. (Jeder projektive Modul in $\underline{\underline{O}}$ ist dann direkte Summe solcher $Q(\lambda)$.)

Nun beweisen Bernštein-Gel'fand und Gel'fand weiter die folgende Formel

(1) $(Q(\lambda) : M(\mu)) = [M(\mu) : L(\lambda)]$ für alle $\lambda, \mu \in \underline{h}^*$.

Daraus folgt

$$\operatorname{ch} Q(\lambda) \in \operatorname{ch} M(\lambda) + \sum_{\lambda<\mu} \mathbb{Z} \operatorname{ch} M(\mu);$$

also bilden die $\operatorname{ch} Q(\lambda)$ mit $\lambda \in \underline{h}^*$ eine Basis von $\underline{\underline{C}}(\underline{\underline{O}})$.

<u>Satz: Seien</u> $\lambda, \mu \in \underline{h}^*$ <u>antidominant mit</u> $\mu - \lambda \in P(R)$. <u>Gehört</u> $\underline{\underline{R}}w.\mu$ <u>für ein</u> $w \in W_\lambda$ <u>zum oberen Abschluß der Facette von</u> $\underline{\underline{R}}w.\lambda$, <u>so gilt</u>

$$T_\mu^\lambda\, Q(w.\mu) \simeq Q(w.\lambda).$$

<u>Beweis:</u> Wir zeigen zunächst, daß $T_\mu^\lambda\, Q(w.\mu)$ ein projektiver Modul in $\underline{\underline{O}}$ ist. Nun ist $T_\mu^\lambda\, Q(w.\mu)$ ein direkter Summand von $Q(w.\mu) \otimes E$ mit $E = V(\lambda - \mu)$; es reicht also zu zeigen, daß $Q(w.\mu) \otimes E$ projektiv ist. Betrachten wir dazu eine kurze exakte Sequenz

$$0 \to M' \to M \to M'' \to 0$$

in $\underline{\underline{O}}$, dann ist auch

$$0 \to E^* \otimes M' \to E^* \otimes M \to E^* \otimes M'' \to 0$$

exakt. Weil $Q(w.\mu)$ projektiv ist, muß auch

$$0 \to \operatorname{Hom}(Q(w.\mu), E^* \otimes M') \to \operatorname{Hom}(Q(w.\mu), E^* \otimes M) \to \operatorname{Hom}(Q(w.\mu), E^* \otimes M'') \to 0$$

eine exakte Sequenz sein. Nun ist E endlich dimensional, also gilt kanonisch

$$\operatorname{Hom}(Q(w.\mu), E^* \otimes M) \simeq \operatorname{Hom}(Q(w.\mu) \otimes E, M)$$

(ebenso für M' und M''), mithin ist auch

$$0 \to \operatorname{Hom}(Q(w.\mu) \otimes E, M') \to \operatorname{Hom}(Q(w.\mu) \otimes E, M) \to \operatorname{Hom}(Q(w.\mu) \otimes E, M'') \to 0$$

exakt. Daraus folgt, daß $Q(w.\mu) \otimes E$ projektiv ist.

Nun ist $T_\mu^\lambda\, Q(w.\mu)$ isomorph zu einer direkten Summe gewisser $Q(\lambda')$, also

$\mathrm{ch}\ T_\mu^\lambda Q(w.\mu)$ gleich der Summe der entsprechenden $\mathrm{ch}\ Q(\lambda')$. Um den Satz zu beweisen, müssen wir wegen der linearen Unabhängigkeit der $\mathrm{ch}\ Q(\lambda')$ nur

$$\mathrm{ch}\ T_\mu^\lambda Q(w.\mu) = \mathrm{ch}\ Q(w.\lambda),$$

also

$$(T_\mu^\lambda Q(w.\mu) : M(w'.\lambda)) = (Q(w.\lambda) : M(w'.\lambda)) \qquad \text{für alle } w' \in W_\lambda$$

zeigen. Nach Satz 2.17 gilt nun

$$\mathrm{ch}\ T_\mu^\lambda M(w'.\mu) = \sum_{w_1 \in W_\mu^o/W_\lambda^o} \mathrm{ch}\ M(w' w_1.\lambda).$$

Daraus folgt

$$\mathrm{ch}\ T_\mu^\lambda Q(w.\mu) = \sum_{w' \in W_\lambda/W_\lambda^o} (Q(w.\mu) : M(w'.\mu))\ \mathrm{ch}\ M(w'.\lambda),$$

also

$$(T_\mu^\lambda Q(w.\mu) : M(w'.\lambda)) = (Q(w.\mu) : M(w'.\mu))$$

(nach (1)) $\qquad = [M(w'.\mu) : L(w.\mu)]$

(nach Satz 2.14 a) $\qquad = [M(w'.\lambda) : L(w.\lambda)]$

(nach (1)) $\qquad = (Q(w.\lambda) : M(w'.\lambda)) \qquad$ für alle $w' \in W_\lambda$

was zu beweisen war.

<u>Bemerkung</u>: Sei $\lambda \in \underline{h}^*$ antidominant und regulär; es sei $S \subset B_\lambda$ eine Teilmenge, für die es ein $\mu \in \lambda + P(R)$, antidominant mit $B_\mu^o = S$ gibt. Aus (1) folgt dann

$$Q(w_\lambda.\mu) \simeq M(w_\lambda.\mu)$$

und aus dem Satz nun

$$Q(w_\lambda w_S.\lambda) \simeq T_\mu^\lambda M(w_\lambda.\mu)$$

(mit w_λ, w_S wie in 2.23). Für $\lambda \in P(R)$ und $S = B$ stammt diese Konstruktion aus [Humphreys 2]; in dem Fall ist $Q(\lambda) = T_\mu^\lambda M(-\rho)$ sogar ein injektiver Modul.

2.25

Wir betrachten nun die Auswirkung von T_λ^μ auf einem Modul, der von einer parabolischen Unteralgebra induziert ist. Dabei benutzen wir die Notationen von 1.14 - 1.19. Wir wählen eine Teilmenge S von B. Seien $\mu, \mu' \in \underline{h}_S^*$ antidominant (relativ S) und $\nu, \nu' \in \underline{a}_S^*$ mit $(\mu + \nu) - (\mu' + \nu') \in P(R)$. Dann gilt

$$<\mu - \mu', \alpha^\vee> \;=\; <(\mu + \nu) - (\mu + \nu'), \alpha^\vee> \in \mathbb{Z} \qquad \text{für alle } \alpha \in S,$$

also

$$\mu - \mu' \in P(R_S) \;=\; \{\mu_1 \in \underline{h}_S^* \mid <\mu_1, \alpha^\vee> \;\in \mathbb{Z} \qquad \text{für alle } \alpha \in R_S\}.$$

Es seien nun $\lambda \in W_{\mu+\nu}.(\mu + \nu)$ und $\lambda' \in W_{\mu'+\nu'}.(\mu' + \nu')$ antidominant. Wir können jetzt die Beziehungen der exakten Funktoren $T_\lambda^{\lambda'}$, $T_\mu^{\mu'}$, I_S^ν und $I_S^{\nu'}$ zu einander untersuchen.

Wir bezeichnen mit $\underline{\underline{O}}_\mu^S$ die volle Unterkategorie von $\underline{\underline{O}}^S$, die durch den zu μ gehörenden Charakter von $Z(\underline{\underline{g}}_S)$ und eine Bedingung an Gewichte (analog wie in $\underline{\underline{O}}_\lambda$) definiert wird. Für jeden Modul M in $\underline{\underline{O}}_\mu^S$ hat ch M die Form

$$\mathrm{ch}\, M \;=\; \sum_w (M : M^S(w.\mu))\; \mathrm{ch}\, M^S(w.\mu),$$

wobei w durch ein Repräsentantensystem von $W_S \cap W/(W_S \cap W_\mu^0)$ läuft. Nun gilt

$$I_S^\nu M^S(w.\mu) \simeq M(w.\mu + \nu) \;=\; M(w.(\mu + \nu)),$$

also (1.16 (2))

$$\mathrm{ch}\, I_S^\nu M \;=\; \sum_w (M : M^S(w.\mu))\; \mathrm{ch}\, M(w.(\mu + \nu)),$$

mithin

(1) $$\mathrm{ch}\, T_\lambda^{\lambda'} I_S^\nu M \;=\; \sum_w (M : M^S(w.\mu))\; \mathrm{ch}\, T_\lambda^{\lambda'} M(w.(\mu + \nu)).$$

Andererseits haben wir

$$\mathrm{ch}\, I_S^{\nu'} T_\mu^{\mu'} M \;=\; \sum_w (M : M^S(w.\mu))\; \mathrm{ch}\, I_S^{\nu'} T_\mu^{\mu'} M^S(w.\mu)\;.$$

Gehört nun $\underline{\underline{R}}^S\mu'$ zum Abschluß der Facette von $\underline{\underline{R}}^S\mu$ (wobei $\underline{\underline{R}}^S$ analog zu $\underline{\underline{R}}$ definiert ist), so folgt

(2) $$\mathrm{ch}\, I_S^{\nu'} T_\mu^{\mu'} M \;=\; \sum_w (M : M^S(w.\mu))\; \mathrm{ch}\, I_S^{\nu'} M^S(w.\mu')$$

aus $w.\mu' + \nu' \;=\; w.(\mu' + \nu')$ und Satz 2.10 a.

<u>Satz:</u> <u>Seien</u> $S, \mu, \mu', \nu, \nu', \lambda, \lambda'$ <u>wie oben.</u> <u>Es liege</u> $\underline{\underline{R}}(\mu' + \nu')$ <u>im Abschluß der Facette von</u> $\underline{\underline{R}}(\mu + \nu)$. <u>Dann gilt</u>

(3) $\quad \mathrm{ch}\, T_\lambda^{\lambda'}\, I_S^\nu M = \mathrm{ch}\, I_S^{\nu'}\, T_\mu^{\mu'} M \quad$ <u>für alle</u> M <u>in</u> $\underline{\underline{O}}_\mu^S$

<u>Für alle</u> $w \in W_S \cap W_\lambda$ <u>ist</u>

$$T_\lambda^{\lambda'}\, M_S\,(w.\,(\mu + \nu)) \quad \underline{\text{zu}} \quad M_S(w.(\mu' + \nu'))$$

<u>isomorph oder gleich Null.</u>

<u>Beweis:</u> Nach unseren Voraussetzungen liegt $\underline{\underline{R}}\lambda'$ im Abschluß der Facette von $\underline{\underline{R}}\lambda$. Ist $w_1 \in W_\lambda$ mit $\mu + \nu = w_1.\lambda$, so liegen $\underline{\underline{R}}(\mu' + \nu')$ und $\underline{\underline{R}}w_1.\lambda' = w_1.\underline{\underline{R}}\lambda'$ im Abschluß der Facette F von $\underline{\underline{R}}(\mu + \nu)$, sind also gleich, weil $\bar{F}$ in einem Fundamentalbereich für W_λ enthalten ist. Nun ist $\underline{\underline{R}}$ injektiv auf $W_\lambda.\lambda' \subset \lambda' + \mathbb{Z}R_\lambda$, also folgt $\mu' + \nu' = w_1.\lambda'$. Aus Satz 2.10 erhalten wir nun

$$T_\lambda^{\lambda'} M(w.(\mu + \nu)) \simeq M(w.(\mu' + \nu'))$$

für alle $w \in W_S \cap W_\lambda$, mithin

$$T_\lambda^{\lambda'}\, I_S^\nu\, M^S(w.\mu) \simeq I_S^{\nu'}\, M^S(w.\mu') \qquad \text{für alle } w \in W_S \cap W_\lambda.$$

Für alle $\alpha \in S$ gilt $\langle \mu + \rho, \alpha^\vee \rangle = \langle \mu + \rho + \nu, \alpha^\vee \rangle$ und $\langle \mu' + \nu' + \rho, \alpha^\vee \rangle = \langle \mu' + \rho, \alpha^\vee \rangle$; daher liegt $\underline{\underline{R}}\mu'$ im Abschluß der Facette von $\underline{\underline{R}}^S\mu$ und es ist $W_\mu \cap W_S = W_\lambda \cap W_S$. Nach Satz 2.10 gilt daher

$$T_\mu^{\mu'}\, M^S(w.\mu) \simeq M^S(w.\mu'),$$

also

$$T_\lambda^{\lambda'}\, I_S^\nu\, M^S(w.\mu) \simeq I_S^{\nu'}\, T_\mu^{\mu'}\, M^S(w.\mu) \qquad \text{für alle } w \in W_S \cap W_\lambda.$$

Daraus folgt (3) für die $M = M^S(w.\mu)$; für beliebige M benutzt man (1) und (2). Betrachten wir nun insbesondere $M = L^S(w.\mu)$ für ein $w \in W_S \cap W_\lambda$. Nach dem Theorem 2.11 ist $T_\mu^{\mu'}\, L^S(w.\mu)$ zu $L^S(w.\mu')$ isomorph oder gleich Null. Es ist also

(5) $\quad \mathrm{ch}\, T_\lambda^{\lambda'}\, M_S(w.\,(\mu + \nu)) = \mathrm{ch}\, I_S^{\nu'}\, L^S(w.\mu') = \mathrm{ch}\, M_S(w.\,(\mu' + \nu'))$

oder gleich Null; im zweiten Fall ist nichts zu zeigen, nehmen wir also an, es gelte (5). Nun sind die Voraussetzungen von Satz 2.4 erfüllt, es gibt also ein primitives Element $v \in T_\lambda^{\lambda'} M_S(w.(\mu + \nu))$ zum Gewicht $w.(\mu' + \nu')$, das diesen Modul erzeugt. Wir betrachten den $\underline{p}_S$-Untermodul

$$U(\underline{p}_S)v = \coprod_{\eta \in \mathbb{N}S} (T_\lambda^{\lambda'} M_S(w.(\mu + \nu)))^{w.(\mu' + \nu')-\eta}$$

Hierauf operiert $\underline{n}^S$ trivial und $\underline{a}_S$ durch ν' $(=w\nu')$; als $\underline{g}_S$-Modul ist $U(\underline{p}_S)v$ ein Modul zum höchsten Gewicht $w.\mu'$ mit

$$\mathrm{ch}\,(U(\underline{p}_S)v) = \mathrm{ch} \coprod_{\eta \in \mathbb{N}S} M_S(w.(\mu' + \nu'))^{w.(\mu' + \nu')-\eta} = \mathrm{ch}\, L^S(w.\mu')$$

nach (5) (vgl. auch 1.17). Deshalb ist $U(\underline{p}_S)v$ als $\underline{p}_S$-Modul zu ${}^{\nu'}L^S(w.\mu')$ isomorph. Wegen der universellen Eigenschaft induzierter Darstellungen gibt es einen surjektiven Homomorphismus

$$M_S(w.(\mu' + \nu')) = U(\underline{g}) \otimes_{U(\underline{p}_S)} {}^{\nu'}L^S(w.\mu') \longrightarrow T_\lambda^{\lambda'} M_S(w.(\mu + \nu)),$$

der nach (5) ein Isomorphismus ist. Daraus folgt die Behauptung.

Bemerkung: Man kann natürlich nach Theorem 2.11 genau angeben, wann $T_\lambda^{\lambda'} M_S(w.(\mu + \nu))$ ungleich Null ist. Dies ist offensichtlich genau dann der Fall, wenn $\underline{\underline{R}}^S w.\mu'$ im oberen Abschluß der Facette von $\underline{\underline{R}}^S w.\mu$ liegt.

2.26

Der Inhalt dieses Kapitels geht zum größten Teil auf [Jantzen 2] zurück. Im einzelnen kann man hier die folgenden Referenzen angeben:

2.2	: [Bernštein-Gel'fand-Gel'fand 1], Lemma 5
2.3	: [Jantzen 2], Satz 1
2.4 c	: [Jantzen 2], Satz 3
2.5	: [Jantzen 2], Beweis von Theorem 3
2.7 (2)	: [Jantzen 2], Satz 4
2.8	: Mit dieser Einführung von $\underline{\underline{R}}$ sind wir im wesentlichen einem Vorschlag von Verma gefolgt
2.9	: [Jantzen 3], Lemma 13
2.11	: [Jantzen 2], Satz 6 und Corollar zu Satz 8. (In [Jantzen 2] wurde eine allgemeinere Situation betrachtet, die manchmal kompliziertere Beweise erforderlich machte; dies trifft insbesondere hier zu.)
2.12	: vgl. [Jantzen 2], Satz 10
2.14 a (1), b	: [Jantzen 2], Theorem 1, Theorem 2 (i); a(2) : [Jantzen 5], Lemma 11
2.16 a	: [Jantzen 2], Theorem 2 (ii)
2.17	: vgl. [Jantzen 2], Beweis von Theorem 3, [Jantzen 3], Beweis von Satz 7, [Borho-Jantzen], 2.10
2.18	: vgl. [Jantzen 2], Beweis von Theorem 3
2.19	: [Verma 2], Lemma und Addendum; vgl. auch [Jantzen 2], § 6 und [Jantzen 3], Lemma 5
2.20/2.21	: [Bernštein-Gel'fand-Gel'fand 2] (hier folgt der Beweis [Jantzen 2], Theorem 3)
2.22 b)	: [Deodhar 1], Lemma 3.5 c) : [Jantzen 3], Lemma 6
2.23 b)	: [Borho-Jantzen], Bemerkung zu 2.10, auch [Humphreys 2]. (Man kann dies auch leicht aus den Ergebnissen von [Conze-Dixmier] ableiten.)
2.25 (4)	: Für $\dim L^S(\mu) < \infty$ vgl. [Borho-Jantzen], 2.8.

Die Notation $\mu|\lambda$ (s. 2.19) wurde von [Carter-Lusztig] inspiriert.

Kapitel 3: Assoziierte Varietäten und Bernštein-Dimension

In den ersten Abschnitten (3.1 - 3.10) nehmen wir an, daß k algebraisch abgeschlossen ist.

3.1

Für jede Lie-Algebra $\underline{m}$ über k gibt es eine natürliche Filtrierung von $U(\underline{m})$

$$k = U_o(\underline{m}) \subset k \oplus \underline{m} = U_1(\underline{m}) \subset U_2(\underline{m}) \subset \ldots \subset U_n(\underline{m}) \subset \ldots$$

wobei $U_n(\underline{m})$ über k von den Produkten $X_1 \ldots X_r$ mit $X_i \in \underline{m}$ $(1 \leq i \leq m)$ und $0 \leq r \leq n$ erzeugt wird. Wir können $U_n(\underline{m})/U_{n-1}(\underline{m})$ mit der n-ten symmetrischen Potenz $S^n(\underline{m})$ identifizieren und erhalten so eine Graduierungsabbildung

$$gr_n \; : \; U_n(\underline{m}) \longrightarrow U_n(\underline{m})/U_{n-1}(\underline{m}) \xrightarrow{\sim} S^n(\underline{m}).$$

Insgesamt ist die assoziierte graduierte Algebra von $U(\underline{m})$ isomorph zur symmetrischen Algebra $S(\underline{m})$ von $\underline{m}$.

Für jede Teilmenge $I \subset U(\underline{m})$ können wir nun

$$gr\, I = \coprod_{n \in \mathbb{N}} gr_n(I \cap U_n(\underline{m}))$$

setzen. Ist I ein Linksideal von $U(\underline{m})$, so ist $gr\, I$ ein zweiseitiges Ideal von $S(\underline{m})$; wir nennen es das <u>assoziierte graduierte Ideal</u> zu I. Betrachten wir $S(\underline{m})$ als Ring der regulären Funktionen auf $\underline{m}^*$, so definiert $gr\, I$ ein Nullstellengebilde $V(gr\, I)$ in $\underline{m}^*$; dies nennen wir <u>assoziierte Varietät</u> zu I.

Wir werden insbesondere die folgende Situation betrachten: Es sei M ein endlich erzeugter $U(\underline{m})$-Modul mit Erzeugenden $m_1,\ldots,m_r$; wir setzen

$$Ann_{U(\underline{m})}(m_1,\ldots,m_r) = \bigcap_{1 \leq i \leq r} Ann_{U(\underline{m})}(m_i).$$

Nun gilt

<u>Satz:</u> (Bernštein) <u>Sei</u> M <u>ein endlich erzeugter</u> $U(\underline{m})$-<u>Modul</u>. <u>Für zwei Erzeugenden-</u>

systeme $\{e_1,\ldots,e_r\}$ und $\{f_1,\ldots,f_s\}$ von M gilt

$$V(\mathrm{gr}\ \mathrm{Ann}(e_1,\ldots,e_r)) = V(\mathrm{gr}\ \mathrm{Ann}\ (f_1,\ldots,f_s)).$$

Dies wird in [Bernštein], Prop. 1.4 und Def. 1.6 (für eine größere Klasse von Algebren als den $U(\underline{m})$) gezeigt.

Wir bezeichnen die Varietät $V(\mathrm{gr}\ \mathrm{Ann}(e_1,\ldots,e_r))$, die nach diesem Satz durch M eindeutig bestimmt ist, mit $\underline{\underline{V}}M$ und nennen sie assoziierte Varietät zu M.

In diesem Zusammenhang beweist Bernštein (Lemma 1.5) noch das folgende Resultat: Ist

$$0 \to M' \to M \to M'' \to 0$$

eine kurze exakte Sequenz von endlich erzeugten $U(\underline{m})$-Moduln, so gilt

(1) $$\underline{\underline{V}}M = \underline{\underline{V}}M' \cup \underline{\underline{V}}M''$$

3.2

Wir wollen diese allgemeinen Begriffsbildungen auf die Lie-Algebra $\underline{n}^-$ und auf Moduln M in $\underline{\underline{O}}$ anwenden, die nach 1.10 (4) alle endlich erzeugt über $U(\underline{n}^-)$ sind. Mit Hilfe der Killingform können wir den Dualraum von $\underline{n}^-$ mit $\underline{n}$ identifizieren; daher können wir $\underline{\underline{V}}M$ stets als algebraische Teilmenge von $\underline{n}$ auffassen.

Betrachten wir zwei einfache Beispiele. Für $M = M(\lambda)$ mit $\lambda \in \underline{h}^*$ gilt $\mathrm{Ann}_{U(\underline{n}^-)}v_\lambda = 0$, wobei v_λ ein erzeugendes primitives Element von $M(\lambda)$ ist, also folgt $\underline{\underline{V}}M(\lambda) = V(\mathrm{gr}\ \mathrm{Ann}_{U(\underline{n}^-)}v_\lambda) = V(\mathrm{gr}\ 0) = V(0) = \underline{n}$. Ist dagegen M ein endlich dimensionaler $\underline{g}$-Modul, so gibt es für alle $x \in U(\underline{n}^-)\underline{n}^-$ ein $n \in \mathbb{N}$ mit $x^n M = 0$, also für alle homogenen Elemente $y \in S(\underline{n}^-)\underline{n}^-$ ein $n \in \mathbb{N}$ mit $y^n \in \mathrm{gr}\ \mathrm{Ann}_{U(\underline{n}^-)}M$. Daraus folgt

$$\underline{\underline{V}}M = 0 \qquad \text{für } \dim M < \infty .$$

Bemerkung: Ist M ein Modul zu einem höchsten Gewicht $\lambda \in \underline{h}^*$ und ist v ein erzeugendes primitives Element von M, so gilt

$$\mathrm{Ann}_{U(\underline{g})}v = U(\underline{g})\underline{n} \oplus U(\underline{n}^- \oplus \underline{h})\ \mathrm{Kern}\ (\lambda) \oplus \mathrm{Ann}_{U(\underline{n}^-)}\ v .$$

Daraus folgt

$$\mathrm{gr\ Ann}_{U(\underline{g})}v = S(\underline{g})\ \underline{b} \otimes \mathrm{gr\ Ann}_{U(\underline{n}^-)}v \quad ;$$

identifizieren wir $\underline{g}^*$ mit $\underline{g}$ mit Hilfe der Killingform, so sehen wir

$$V(\mathrm{gr\ Ann}_{U(\underline{g})}v) = \underline{n} \cap V(\mathrm{gr\ Ann}_{U(\underline{n}^-)}v) = \underline{\underline{V}}\, M.$$

Aus 1.10 (4) und 3.1 (1) folgt jetzt für jeden Modul M in $\underline{\underline{O}}$ mit Erzeugenden $e_1,\dots,e_r$:

$$\underline{\underline{V}}\ M = V(\mathrm{gr\ Ann}_{U(\underline{g})}(e_1,\dots,e_r));$$

wir hätten $\underline{\underline{V}}\,M$ also auch mit $\underline{g}$ statt $\underline{n}^-$ definieren können und dabei dasselbe Ergebnis erhalten. Wir haben unsere Definition vorgezogen, weil es sich mit ihr leichter arbeiten läßt.

3.3

<u>Satz:</u> <u>Seien</u> M <u>ein</u> $\underline{g}$<u>-Modul in</u> $\underline{\underline{O}}$ <u>und</u> E <u>ein endlich dimensionaler</u> $\underline{g}$<u>-Modul. Dann gilt</u>

$$\underline{\underline{V}}\,(M \otimes E) = \underline{\underline{V}}\,M$$

<u>Beweis:</u> Weil M eine Kompositionsreihe besitzt, deren Faktoren Moduln zu einem höchsten Gewicht sind, und weil das Bilden des Tensorprodukts mit E ein exakter Funktor ist, können wir uns nach 3.1 (1) auf den Fall beschränken, daß M ein Modul zu einem höchsten Gewicht ist.

Es sei also $v \in M$ ein erzeugendes primitives Element; außerdem wählen wir eine Basis (e_i) $1 \leq i \leq r$ von E, die aus Gewichtsvektoren besteht. Wir können annehmen, daß die Numerierung so getroffen ist, daß gilt: ist das Gewicht von e_i kleiner als das von e_j, so ist $i < j$.

Nach Satz 2.2 a) wird $M \otimes E$ über $U(\underline{n}^-)$ von den $v \otimes e_i$ erzeugt. Es gilt also

$$\underline{\underline{V}}\,M \otimes E = V\Big(\sqrt{\mathrm{gr} \bigcap_{1 \leq i \leq n} \mathrm{Ann}\,(v \otimes e_i)}\Big).$$

(Dabei lassen wir für die Dauer des Beweises den Index $U(\underline{n}^-)$ bei Ann fort.)

Ist $x \in \sqrt{\mathrm{gr} \bigcap_{1 \leq i \leq n} \mathrm{Ann}\,(v \otimes e_i)}$ ein homogenes Element, so gibt es $n, m \in \mathbb{N} \setminus 0$ und ein $u \in U_n(\underline{n}^-) \cap \bigcap_{1 \leq i \leq n} \mathrm{Ann}\,(v \otimes e_i)$ mit $x^m = \mathrm{gr}_n u$. Es gilt dann

$$(1) \qquad 0 = u(v \otimes e_i) \in (uv) \otimes e_i + \sum_{j < i} M \otimes e_j. \qquad \text{für } 1 \leq i \leq r.$$

Als Vektorraum ist das Tensorprodukt $M \otimes E$ die direkte Summe der $M \otimes e_j$ $(1 \leq j \leq r))$ aus (1) folgt daher $uv = 0$, also $u \in \mathrm{Ann}\,(v)$ und $x \in \sqrt{\mathrm{gr}\,\mathrm{Ann}\,(v)}$. Damit ist

$$\sqrt{\mathrm{gr} \bigcap_{1 \leq i \leq n} \mathrm{Ann}\,(v \otimes e_i)} \subset \sqrt{\mathrm{gr}\,\mathrm{Ann}\,(v)}$$

mithin $$\underline{\underline{V}}\,(M \otimes E) \supset \underline{\underline{V}}\,M$$

gezeigt.

Zur Umkehrung betrachten wir ein homogenes Element $x \in \sqrt{\mathrm{gr}\,\mathrm{Ann}\,(v)}$. Für alle $v_1 \in M$ ist auch $\{v, v_1\}$ ein Erzeugendensystem von M; aus dem Satz von Bernštein (3.1) folgt daher

$$\sqrt{\mathrm{gr}\,\mathrm{Ann}\,(v)} = \sqrt{\mathrm{gr}\,(\mathrm{Ann}\,(v) \cap \mathrm{Ann}\,(v_1'))} \subset \sqrt{\mathrm{gr}\,\mathrm{Ann}\,v_1} \quad ,$$

mithin

$$x \in \sqrt{\mathrm{gr}\,\mathrm{Ann}\,v_1} \qquad \text{für alle } v_1 \in M.$$

Wir betrachten nun Elemente der Form

$$v' = \sum_{j \leq i} v_j \otimes e_j \qquad \text{mit } v_j \in M$$

und wollen durch Induktion über i zeigen, daß x zu $\sqrt{\mathrm{gr}\,\mathrm{Ann}\,v'}$ gehört. Nun gibt es nach Voraussetzung $n, m \in \mathbb{N} \setminus 0$ und ein $u \in U_n(\underline{n}^-) \cap \mathrm{Ann}\,(v_i)$ mit $x^m = \mathrm{gr}_n u$. Dann gilt

$$uv' \in (uv_i) \otimes e_j + \sum_{j < i} M \otimes e_j = \sum_{j < i} M \otimes e_i.$$

Daher können wir die Induktionsvoraussetzung auf uv' anwenden und erhalten $u', m' \in \mathbb{N} \setminus 0$ und ein $u' \in U_{n'}(\underline{n}^-) \cap \mathrm{Ann}\,(uv')$ mit $x^{m'} = \mathrm{gr}_{n'} u'$. Nun gehört $u'u$ zu $\mathrm{Ann}\,(v) \cap U_{n+n'}(\underline{n}^-)$ und es gilt $\mathrm{gr}_{n+n'}(uu') = (\mathrm{gr}_n u)(\mathrm{gr}_{n'} u') = x^{m+m'}$, also $x \in \sqrt{\mathrm{gr}\,\mathrm{Ann}\,(v')}$. Insbesondere sehen wir nun

$$\sqrt{\mathrm{gr}\,\mathrm{Ann}\,(v)} \subset \bigcap_{1 \leq i \leq n} \sqrt{\mathrm{gr}\,\mathrm{Ann}\,(v \otimes e_i)} \; .$$

Wenn wir nun die Moduln $M_i = \sum_{j \geq i} U(\underline{g})(v \otimes e_j)$ von Satz 2.2 betrachten und das kanonische Bild von $v \otimes e_i$ in M_i/M_{i+1} mit f_i bezeichnen, so folgt

$$\sqrt{\operatorname{gr} \operatorname{Ann}(v)} \subset \bigcap_{1 \leq i \leq n} \sqrt{\operatorname{gr} \operatorname{Ann}(f_i)} .$$

Nach Satz 2.2 c wird M_i/M_{i+1} von f_i über $U(\underline{n}^-)$ erzeugt; deshalb erhalten wir

$$\underline{\underline{V}}\, M = V(\sqrt{\operatorname{gr} \operatorname{Ann} v}) \supset \bigcup_{1 \leq i \leq n} V(\sqrt{\operatorname{gr} \operatorname{Ann}(f_i)}) = \bigcup_{1 \leq i \leq n} \underline{\underline{V}}\,(M_i/M_{i+1})$$

Aus 3.1 (1) folgt $\underline{\underline{V}}(M \otimes E) = \bigcup_{1 \leq i \leq n} \underline{\underline{V}}(M_i/M_{i+1})$,

also $\underline{\underline{V}}(M) \supset \underline{\underline{V}}(M \otimes E)$,

was zu beweisen war.

3.4

<u>Satz:</u> <u>Seien</u> $\lambda, \mu \in \underline{h}^*$ <u>antidominant mit</u> $\lambda - \mu \in P(R)$. <u>Liegt</u> $\underline{\underline{R}}w.\mu$ <u>für ein</u> $w \in W_\lambda$ <u>im oberen Abschluß der Facette von</u> $\underline{\underline{R}}w.\lambda$, <u>so gilt</u>

$$\underline{\underline{V}}\, L(w.\mu) = \underline{\underline{V}}\, L(w.\lambda)$$

<u>Beweis:</u> Nach Theorem 2.11 gilt $T_\lambda^\mu L(w.\lambda) \simeq L(w.\mu)$, also $\underline{\underline{V}}\, L(w.\mu) = \underline{\underline{V}}\, T_\lambda^\mu L(w.\lambda) \subset \underline{\underline{V}}\, L(w.\lambda) \otimes V(\mu - \lambda) = \underline{\underline{V}}\, L(w.\lambda)$ wegen 3.3. Um die Umkehrung zu sehen, reicht es (mit demselben Argument 3.3)

$$[T_\mu^\lambda L(w.\mu) : L(w.\lambda)] \neq 0$$

zu zeigen. Nun gilt (Bemerkung 2 zu 2.17)

$$\begin{aligned} \#(W_\mu^0/W_\lambda^0)\, \mathrm{ch}\, L(w.\mu) &= \mathrm{ch}\, T_\lambda^\mu T_\mu^\lambda L(w.\mu) \\ &= \sum_{w' \in W_\lambda/W_\lambda^0} [T_\mu^\lambda L(w.\mu) : L(w'.\lambda)]\ \mathrm{ch}\, T_\lambda^\mu L(w'.\lambda). \end{aligned}$$

Für alle w' ist $\mathrm{ch}\, T_\lambda^\mu L(w'.\lambda) \in \{0, \mathrm{ch}\, L(w'.\mu)\}$ (nach 2.17) und es gilt $\mathrm{ch}\, T_\lambda^\mu L(w'.\lambda) = \mathrm{ch}\, L(w.\mu)$ nur für $w'.\lambda = w.\lambda$. Daraus folgt $[T_\mu^\lambda L(w.\mu) : L(w.\lambda)] = \#(W_\mu^0/W_\lambda^0) \neq 0$, was zu beweisen war.

3.5

Durch 3.4 wird das Problem, die $\underline{\underline{V}}\, L(w.\lambda)$ zu bestimmen, auf den Fall zurückgeführt, daß λ regulär ist. Da können wir zuerst zeigen:

<u>Satz:</u> <u>Sei</u> $\lambda \in \underline{h}^*$ <u>antidominant und regulär</u>. <u>Für alle</u> $w \in W_\lambda$ <u>und</u> $\alpha \in B_\lambda$ <u>mit</u> $w\alpha > 0$ <u>gilt</u>

$$\underline{\underline{V}}\, L(w.\lambda) \supset \underline{\underline{V}}\, L(ws_\alpha.\lambda).$$

<u>Beweis</u>: Wir wählen ein $\mu \in \lambda + P(R)$ antidominant mit $B^o_\mu = \{\alpha\}$ (vgl. 2.12). Nach 3.4 und 3.3 gilt

$$\underline{\underline{V}}\, L(w.\lambda) = \underline{\underline{V}} L(w.\mu) \supset \underline{\underline{V}}\, T^\lambda_\mu\, L(w.\mu).$$

In 2.18 b) haben wir

$$[T^\lambda_\mu\, L(w.\mu) : L(ws_\alpha.\lambda)] = 1$$

gezeigt; daraus folgt $\underline{\underline{V}}\, T^\lambda_\mu\, L(w.\mu) \supset \underline{\underline{V}}\, L(ws_\alpha.\lambda)$ nach 3.3 (1), also die Behauptung.

3.6

Wir wollen zeigen, daß in bestimmten Fällen in Satz 3.5 die Gleichheit gilt. Dazu brauchen wir die folgende Eigenschaft:

(R 2) Sei $\lambda \in \underline{h}^*$ antidominant und regulär. Es seien $\alpha, \beta \in B_\lambda$ mit $\alpha \neq \beta$ und $w \in W_\lambda$ mit $w\alpha, w\beta \in R_+$. Für alle $w_1, w_2 \in W_{\{\alpha,\beta\}}$ gilt dann

(1) $$[M(ww_1.\lambda) : L(ww_2.\lambda)] = \begin{cases} 1 & \text{für } w_2 \uparrow w_1, \\ 0 & \text{sonst.} \end{cases}$$

Wir werden Sätzen ein (R2) voranstellen, die wir unter der Voraussetzung beweisen, daß (R2) gilt. In 4.12 (Bemerkung 3) werden wir zeigen, daß (R2) allgemein gilt, wenn es für $B_\lambda = \{\alpha, \beta\}$ erfüllt ist. Für R_λ vom Typ $A_1 \times A_1$ haben wir (R2) in Beispiel 1) zu 2.23 gezeigt, für R_λ vom Typ A_2 haben wir es im Beispiel 2 dort mit Hilfe von Satz 5.4 bewiesen. Ebenso werden wir für R_λ vom Typ B_2 und G_2 in 3.16 vorgehen. Alle diese Resultate (3.16, 4.12, 5.4) werden unabhängig von den Sätzen bewiesen die von (R2) abhängen, sodaß nach 5.4 ein vollständiger Beweis von (R2) und damit der davon abhängigen Sätze vorliegt.

Für die folgenden Überlegungen ist eine genaue Kenntnis der Ordnungsrelation $\uparrow$ auf W_S mit $S = \{\alpha, \beta\}$ nötig. Dazu ist es nützlich, die Länge $l_S(w)$ eines Elements $w \in W_S$ relativ des Erzeugendensystems $\{s_\alpha, s_\beta\}$ von W_S zu betrachten. Sie gibt die kleinste Zahl n an, für die w sich als Produkt $w = s_{\alpha_1} s_{\alpha_2} \dots s_{\alpha_n}$ mit $\alpha_1, \dots, \alpha_n \in \{\alpha, \beta\}$ schreiben läßt. Man sieht leicht (vgl. [Bourbaki], Ch. IV, § 1, n° 2), daß es für jede ganze Zahl n mit $1 < n < l_S(w_S)$ genau zwei Elemente $w_1, w_2 \in W_S$ mit $l_S(w_1) = l_S(w_2) = n$ gibt. Bei geeigneter Numerierung gilt $l_S(w_1 s_\alpha) = l_S(w_2 s_\beta) = n + 1$ und $l_S(w_1 s_\beta) = l_S(w_2 s_\alpha) = n - 1$. Es ist $w = 1$ (bzw. $w = w_S$) das einzige Element in W_S mit $l(w) = 0$ (bzw. $l(w) = l(w_S)$), und es gibt kein Element $w \in W_S$ mit $l(w) > l(w_S)$. Jedes Element $w \in W_S$ von ungerader Länge ist eine Spiegelung s_γ mit $\gamma \in R_\lambda \cap \mathbb{N}S$.

Für alle $w \in W_S$ und $\gamma \in R_\lambda \cap \mathbb{N}S$ sind äquivalent:

(2) $\qquad l_S(ws_\gamma) > l_S(w) \iff w\gamma > 0 \iff w \uparrow ws_\gamma .$

Insbesondere sieht man: Aus $w \uparrow w'$ und $w \neq w'$ folgt $l_S(w) < l_S(w')$. Seien andererseits $w, w' \in W_S$ mit $l_S(w) = l_S(w') - 1$. Dann ist $l_S(w^{-1}w')$ ungerade, es gibt also $\gamma \in R_\lambda \cap \mathbb{N}S$ mit $w^{-1}w' = s_\gamma$, mithin $w' = ws_\gamma$. Aus (2) und $l_S(w') > l_S(w)$ können wir nun $w \uparrow w'$ schließen. Für $w, w' \in W_S$ gilt also

(3) $\qquad w \uparrow w'$ und $w \neq w' \iff l_S(w) < l_S(w')$.

Das Ordnungsdiagramm für W_S hat daher die folgende Form

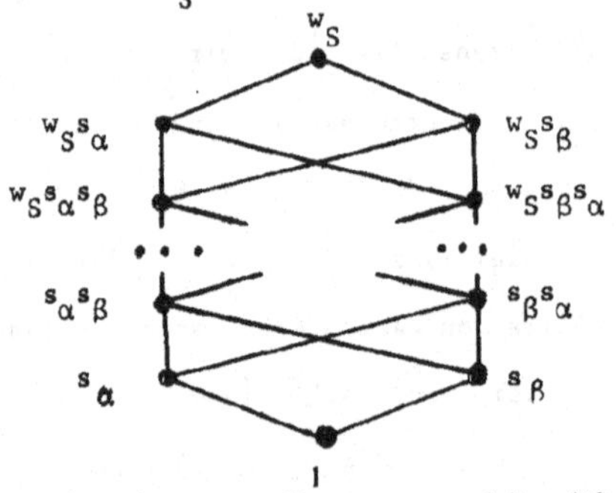

Es ist nun leicht, sich davon zu überzeugen, daß (1) zu

(4) $$(L(ww_1 \cdot \lambda) : M(ww_2 \cdot \lambda)) = \begin{cases} \det(w_1 w_2) & \text{für } w_2 \uparrow w_1 \\ 0 & \text{sonst} \end{cases}$$

für alle $w_1, w_2 \in W_{\{\alpha, \beta\}}$ äquivalent ist.

3.7

<u>Satz</u> (R2): <u>Seien</u> $\lambda, \mu \in \mathfrak{h}^*$ <u>antidominant mit</u> $\lambda - \mu \in P(R)$. <u>Es sei</u> λ <u>regulär</u> <u>und es gebe ein</u> $\alpha \in B_\lambda$ mit $B^0_\mu = \{\alpha\}$. <u>Es gebe ein</u> $\beta \in B_\lambda$ <u>mit</u> $\langle \alpha, \beta^\vee \rangle < 0$ <u>und ein</u> $w_1 \in W_{\{\alpha,\beta\}}$ <u>mit</u> $w_1\alpha > 0$, $w_1\beta < 0$ <u>und</u> $w_1 \neq s_\beta$. <u>Für alle</u> $w \in W_\lambda$ <u>mit</u> $w\alpha, w\beta \in R_+$ <u>gilt</u>

$$[T^\lambda_\mu T^\mu_\lambda L(ww_1.\lambda) : L(ww_1 s_\beta.\lambda)] = 1$$

<u>Beweis</u>: Es ist $w_1\alpha \in \mathbb{N}\alpha + \mathbb{N}\beta$, mithin $ww_1\alpha > 0$. Es gilt daher $L(ww_1.\mu) \simeq T^\mu_\lambda L(ww_1.\lambda)$ und nach Satz 2.18 a:

$$\mathrm{ch}\, T^\lambda_\mu T^\mu_\lambda L(ww_1.\lambda) = \mathrm{ch}\, L(ww_1.\lambda) + \sum_{w' \in W_\lambda} (L(ww_1.\lambda) : M(w'.\lambda))\, \mathrm{ch}\, M(w's_\alpha.\lambda),$$

also

$$[T^\lambda_\mu T^\mu_\lambda L(ww_1.\lambda) : L(ww_1 s_\beta.\lambda)]$$

$$= \sum_{w' \in W_\lambda} (L(ww_1.\lambda) : M(w'.\lambda))[M(w's_\alpha.\lambda) : L(ww_1 s_\beta.\lambda)]$$

Damit der Summand für ein w' ungleich Null ist, muß $w' \uparrow ww_1$ und $ww_1 s_\beta \uparrow w's_\alpha$ (2.20) sein. Wir wollen jetzt 2.22 auf $S = \{\alpha, \beta\}$ anwenden. Wegen $w\alpha, w\beta > 0$ gehört w zu W^S_λ. Wir können ein $w' \in W_\lambda$ in der Form $w' = w''w_2$ mit $w'' \in W^S_\lambda$ und $w_2 \in W_S$ schreiben. Aus $w' \uparrow ww_1$ und $ww_1 s_\beta \uparrow w's_\alpha$ folgt nach 2.22 b nun $w'' \uparrow w$ und $w \uparrow w''$, also $w = w''$. Die gesuchte Multiplizität ist daher gleich

$$(3) \qquad \sum_{w_2 \in W_S} (L(ww_1.\lambda) : M(ww_2.\lambda))\,[M(ww_2.\lambda) : L(ww_1 s_\beta.\lambda)]$$

und nach 2.22 a brauchen wir nur über die w_2 mit $w_2 \uparrow w_1$ und $w_1 s_\beta \uparrow w_2 s_\alpha$ zu summieren.

Wir betrachten wie in 3.6 die Längenfunktion l_S auf der Coxetergruppe W_S. Wegen $w_1\beta < 0$ und $\beta \in S$ (bzw. $w_1\alpha > 0$ und $\alpha \in S$) gilt $l_S(w_1 s_\beta) = l_S(w_1) - 1$ (bzw. $l_S(w_1 s_\alpha) = l_S(w_1) + 1$). Es kann nicht $w_1 s_\beta \alpha > 0$ sein; denn wir wissen $w_1 s_\beta \beta = w_1(-\beta) > 0$, es wäre also $w_1 s_\beta S \subset R_+$ und daher $w_1 s_\beta = 1$, also $w_1 = s_\beta$ im Widerspruch zur Annahme. Dies zeigt $l_S(w_1 s_\beta s_\alpha) = l_S(w_1 s_\beta) - 1 =$

$l_S(w_1) - 2$.

Aus 3.6 (3) können wir nun schließen

$$w_1 = w_2 \quad \text{oder} \quad l_S(w_2) < l_S(w_1)$$

und

$$w_1 s_\beta = w_2 s_\alpha \quad \text{oder} \quad l_S(w_1 s_\beta) < l_S(w_2 s_\alpha).$$

Für $w_1 = w_2$ gilt $l_S(w_1 s_\beta) < l_S(w_1 s_\alpha)$, wie wir oben sahen, also $w_1 s_\beta \uparrow w_2 s_\alpha$. Nach (R2) ist der Beitrag zur Summe (3) gleich 1. Für $w_1 s_\beta = w_2 s_\alpha$ gilt, wie wir oben sahen, $l_S(w_2) = l_S(w_1 s_\beta s_\alpha) < l_S(w_1)$, also $w_2 \uparrow w_1$. Der Beitrag zur Summe (3) ist wieder gleich 1. Betrachten wir schließlich den Fall $l_S(w_2) < l_S(w_1)$ und $l_S(w_1) - 1 = l_S(w_1 s_\beta) < l_S(w_2 s_\alpha) \leq l_S(w_2) + 1 \leq l_S(w_1)$. Dann muß $l_S(w_2) = l_S(w_1) - 1$ und $l_S(w_2 s_\alpha) = l_S(w_2) + 1$ sein; insbesondere folgt $w_2 \neq w_1 s_\beta$. Umgekehrt: Es gibt in W_S genau zwei Elemente w_2, w_3 der Länge $l_S(w_1) - 1 > 0$. Für eines gilt $w_2 s_\beta \uparrow w_2 \uparrow w_2 s_\alpha$, für das andere $w_3 s_\alpha \uparrow w_3 \uparrow w_3 s_\beta$; offensichtlich ist $w_3 = w_1 s_\beta$. Für w_2 dagegen gilt $w_2 \uparrow w_1$ und $w_1 s_\beta \uparrow w_2 s_\alpha$; wir erhalten von w_2 einen Beitrag -1 zur (3). Insgesamt haben wir gezeigt, daß die Summe in (3) gleich $1 + 1 - 1 = 1$ ist, was zu beweisen war.

3.8

<u>Satz</u> (R2) <u>Sei $\lambda \in \underline{h}^*$ antidominant und regulär. Es seien</u> $\alpha, \beta \in B_\lambda$ <u>mit</u> $\langle \alpha, \beta^\vee \rangle < 0$ <u>und</u> $w_1 \in W_{\{\alpha,\beta\}}, w_1 \neq s_\beta$ <u>mit</u> $w_1\alpha > 0$ <u>und</u> $w_1\beta < 0$. <u>Für alle</u> $w \in W_\lambda$ <u>mit</u> $w\alpha, w\beta \in R_+$ <u>gilt dann</u>

$$\underline{\underline{V}}\, L(ww_1 \cdot \lambda) = \underline{\underline{V}}\, L(ww_1 s_\beta \cdot \lambda)$$

<u>Beweis:</u> Wir wählen (2.12) ein $\mu \in \lambda + P(R)$ antidominant mit $B_\mu^o = \{\alpha\}$. Aus 3.7 folgt

$$[T_\mu^\lambda\, T_\lambda^\mu\, L(ww_1 \cdot \lambda) : L(ww_1 s_\beta \cdot \lambda)] > 0,$$

also

$$\underline{\underline{V}}\, L(ww_1 \cdot \lambda) \supset \underline{\underline{V}}\, T_\mu^\lambda\, T_\lambda^\mu\, L(ww_1 \cdot \lambda) \supset \underline{\underline{V}}\, L(ww_1 s_\beta \cdot \lambda).$$

Andererseits gilt $w_1\beta \in -(\mathbb{N}\alpha + \mathbb{N}\beta)$, also $ww_1\beta < 0$; daher folgt die umgekehrte Inklusion aus Satz 3.5.

3.9

Wir untersuchen die assoziierten Varietäten von Moduln, die von parabolischen Unteralgebren induziert sind. Dazu wählen wir eine Teilmenge $S \subset B$ und erinnern an die Notationen von 1.14 - 1.19.

Ist M ein $\underline{g}_S$-Modul in $\underline{\underline{O}}^S$, so ist seine assoziierte Varietät $\underline{\underline{V}}_S M \subset \underline{n}^S$ analog als Varietät von $\operatorname{gr} \operatorname{Ann}_{U(\underline{n}_S^-)}(f_1,\ldots,f_r)$ für Erzeugende $f_1,\ldots,f_r$ von M über $U(\underline{n}_S^-)$ definiert.

<u>Satz</u>: <u>Für alle Moduln M in $\underline{\underline{O}}^S$ und alle $\nu \in \underline{a}_S^*$ gilt</u>

$$\underline{\underline{V}}\, I_S^\nu M = \underline{\underline{V}}_S M \times \underline{n}^S \quad .$$

<u>Beweis</u>: Wir wählen ein Erzeugendensystem $v_1,\ldots,v_r$ von M über $U(\underline{n}_S^-)$. Denken wir uns M als $1 \otimes M$ in $I_S^\nu M = U(\underline{g}_S) \otimes_{U(\underline{p}_S^-)} {}^\nu M$ eingebettet, so sind die $v_1,\ldots,v_r$ auch Erzeugende von $I_S^\nu M$ über $U(\underline{n}^-)$. Es gilt

$$\operatorname{Ann}_{U(\underline{n}^-)} v_i = U(\underline{n}^-) \operatorname{Ann}_{U(\underline{n}_S^-)} v_i \ ,$$

weil eine Basis des k-Vektorraums M auch eine Basis von $I_S^\nu M$ als freier Modul über $U(\underline{n}^{-S})$ ist. Daraus folgt (wieder wegen der direkten Zerlegung $\underline{n}^- = \underline{n}_S^- \oplus \underline{n}^{-S}$)

$$\bigcap_{1 \leq i \leq n} \operatorname{Ann}_{U(\underline{n}^-)} v_i = U(\underline{n}^-) \bigcap_{1 \leq i \leq n} \operatorname{Ann}_{U(\underline{n}_S^-)} v_i$$

und

$$\operatorname{gr} \bigcap_{1 \leq i \leq n} \operatorname{Ann}_{U(\underline{n}^-)} v_i = S(\underline{n}^-) \operatorname{gr} \bigcap_{1 \leq i \leq n} \operatorname{Ann}_{U(\underline{n}_S^-)} v_i .$$

Ein $x = x_1 + x_2 \in \underline{n}$ mit $x_1 \in W_S$ und $x_2 \in \underline{n}^S$ gehört genau dann zum Nullstellengebilde dieses Ideals, wenn x_1 zu dem von $\operatorname{gr} \bigcap_{1 \leq i \leq n} \operatorname{Ann}_{U(\underline{n}_S^-)} v_i$ gehört. (Man beachte, daß die Indentifizierungen von $\underline{n}_S^-$ mit $\underline{n}_S^*$, die von den Killingformen auf

$\underline{g}_S$ und $\underline{g}$ herkommen, proportional sind.) Damit ist die Behauptung bewiesen.

Bemerkung: Betrachten wir insbesondere den Fall, daß $M = L^S(\mu)$ für ein $\mu \in \underline{h}_S^*$ ist. Unter der kanonischen Abbildung $M_S(\mu + \nu) \to L(\mu + \nu)$ wird M, das wir uns in $M_S(\mu + \nu)$ eingebettet denken, injektiv abgebildet. Mit Argumenten wie im Beweis folgt

$$\mathrm{Ann}_{U(\underline{n}^-)} \bar{v}_{\mu+\nu} \subset U(\underline{n}^-)(\mathrm{Ann}_{U(\underline{n}_S^-)} \bar{v}_\mu + \underline{n}_S^-),$$

wobei $\bar{v}_{\mu+\nu}$ (bzw. $\bar{v}_\mu$) ein erzeugendes primitives Element von $L(\mu + \nu)$ (bzw. $L^S(\mu)$) ist. Daraus folgt

$$\underline{\underline{V}}\, L(\mu + \nu) \supset \underline{\underline{V}}_S\, L^S(\mu).$$

Dies ist ein Ergebnis von W. Borho, wenn man von Annulatoren in $U(\underline{n}^-)$ Erzeugender zu Annulatoren in $U(\underline{g})$ des Moduls übergeht.

3.10

Wir haben mit Hilfe des Satzes von Bernštein jedem Modul M in $\underline{\underline{O}}$ eine affine Varietät $\underline{\underline{V}}\, M$ zugeordnet. Wir nennen nun

$$\mathrm{Dim}\, M = \dim \underline{\underline{V}}\, M$$

die Bernštein-Dimension von M.

Diese Dimension läßt sich auch anders einführen. Man betrachte ein Erzeugenden system $e_1, \ldots, e_s$ von M über $U(\underline{n}^-)$ und einen Teilraum V von $U(\underline{n}^-)$ mit $k \subset V$, der $U(\underline{n}^-)$ als Algebra erzeugt. Für alle $n \in \mathbb{N}$ sei V^n der von allen Produkten $X_1 \ldots X_n$ mit $x_i \in V$ $(1 \leq i \leq n)$ erzeugte Teilraum. Nun setzen wir

$$f_{V,\{e_1,\ldots,e_s\}}(n) = \dim \sum_{i=1}^{s} V^n e_i .$$

Eine Funktion wie $f_{V,\{e_1,\ldots,e_r\}}$ wurde in [Borho-Kraft] eine Gel'fand-Kirillov-Dimension $\mathrm{Dim}\, f_{V,\{e_1,\ldots,e_r\}}$ zugeordnet. Für jede monoton nicht abnehmende Funktion f von $\mathbb{N}$ in die positiven reellen Zahlen wurde

$$\mathrm{Dim}\, f = \limsup \frac{\log f(n)}{\log n}$$

definiert. Nun gilt

Satz: (Joseph)

a) Für alle M, V und $\{e_1,\ldots,e_s\}$ wie oben gilt

$$\mathrm{Dim}\, M = \mathrm{Dim}\, f_{V,\{e_1,\ldots,e_s\}} .$$

b) Für alle M in $\underline{\underline{O}}$ gilt

$$2\, \mathrm{Dim}\, M = \mathrm{Dim}\, U(\underline{g})/\mathrm{Ann}_{U(\underline{g})} M ,$$

Dabei wird in b) die Gel'fand-Kirillov-Dimension der assoziativen k-Algebra $U(\underline{g})/\mathrm{Ann}_{U(\underline{g})}M$ mit $\mathrm{Dim}\, U(\underline{g})/\mathrm{Ann}_{U(\underline{g})}M$ bezeichnet.

Nun wird dieser Satz in [Joseph 1], 6.5 nur für $M = L(\mu)$ mit $\mu \in \underline{h}^*$ ausgesprochen. Für a) werden jedoch nur Argumente von [Borho-Kraft] benutzt, die sich auch für beliebiges M anwenden lassen. Für b) möge λ nun die Gewichte mit $[M : L(\lambda)] \neq 0$ durchlaufen. Nach 3.1 (1) gilt $\mathrm{Dim}\, M = \sup \mathrm{Dim}\, L(\lambda)$; andererseits haben wir

$$\sqrt{\mathrm{Ann}_{U(\underline{g})}M} = \bigcap_{\lambda} \mathrm{Ann}_{U(\underline{g})} L(\lambda),$$

also

$$\mathrm{Dim}\, U(\underline{g})/\mathrm{Ann}_{U(\underline{g})} M = \mathrm{Dim}\, U(\underline{g})/\sqrt{\mathrm{Ann}_{U(\underline{g})}M} = \sup_{\lambda} \mathrm{Dim}\, U(\underline{g})/\mathrm{Ann}_{U(\underline{g})} L(\lambda)$$

nach [Borho-Kraft].

3.11

Wir nehmen nun für k wieder einen beliebigen Körper der Charakteristik Null. Für jeden Modul M in $\underline{\underline{O}}$ setzen wir

$$\mathrm{Dim}\, M = \mathrm{Dim}\, f_{V,\{e_1,\ldots,e_s\}}$$

mit V und $\{e_1,\ldots,e_s\}$ wie in 3.10. Ist $\bar{k}$ ein algebraischer Abschluß von k, so können wir $M \otimes \bar{k}$ als $\underline{g} \otimes \bar{k}$-Modul betrachten; dieser Modul gehört zu einer analog definierten Kategorie $\underline{\underline{O}}_{\bar{k}}$. Die $e_1 \otimes 1,\ldots, e_s \otimes 1$ erzeugen $M \otimes \bar{k}$ über $U(\underline{n}^- \otimes \bar{k})$ und $V \otimes \bar{k}$ umfaßt $\bar{k}$, es gilt $(V \otimes \bar{k})^n = V^n \otimes \bar{k}$ und $U(\underline{n}^- \otimes \bar{k}) =$

$\bigcup_{n \in \mathbb{N}} (V \otimes \bar{k})^n$. Offensichtlich ist

$$f_{V,\{e_1,\ldots,e_s\}} = f_{V \otimes \bar{k};\ \{e_1 \otimes 1,\ldots,e_s \otimes 1\}} \ ,$$

also folgt $\mathrm{Dim}_k\ M = \mathrm{Dim}_{\bar{k}}\ M \otimes \bar{k}$.

(Wir haben zur Verdeutlichung den Grundkörper als Index zu Dim hinzugefügt.) Insbesondere zeigt diese Formel, daß Dim M wirklich unabhängig von V und $\{e_1,\ldots,e_s\}$ definiert ist.

Teil b) des Satzes von Joseph bleibt weiterhin gültig. (Man weiß auch

$\mathrm{Dim}_k\ U(\underline{g})/\mathrm{Ann}_{U(\underline{g})}\ M = \mathrm{Dim}_{\bar{k}}\ U(\underline{g} \otimes \bar{k})/\mathrm{Ann}_{U(\underline{g} \otimes \bar{k})}\ M \otimes \bar{k}$.)

Außerdem gilt

(1) $$L(\lambda) \otimes \bar{k} \simeq L(\lambda)_{\bar{k}} \ ,$$

wenn wir λ als Element von $\underline{h}^*_{\bar{k}} \simeq \underline{h}^* \otimes \bar{k}$ auffassen und mit $L(\lambda)_{\bar{k}}$ einen einfachen Modul über $\underline{g} \otimes \bar{k}$ zum höchsten Gewicht λ bezeichnen.

Um (1) zu zeigen, benutzt man den offensichtlichen Isomorphismus $M(\lambda) \otimes \bar{k} \simeq M(\lambda)_{\bar{k}}$ (analog definiert über $\underline{g} \otimes \bar{k}$) und die Beschreibung von $L(\lambda)_{\bar{k}}$ als Restklassenmodul von $M(\lambda)_{\bar{k}}$ nach dem Radikal einer kontravarianten Form: Man erhält solch eine Form auf $M(\lambda) \otimes \bar{k}$ durch Erweiterung der Skalareaus einer auf $M(\lambda)$. Mit Hilfe von (1) können wir nun aus 3.4, 3.5 und 3.8 Aussagen über die $\mathrm{Dim}\ U(\underline{g})/\mathrm{Ann}_{U(\underline{g})}\ L(\lambda)$ herleiten. Aus 3.4 und 3.5 erhalten wir Ergebnisse die sich in [Borho-Jantzen] finden. Satz 3.8 sagt: Ist λ regulär und antidominant, sind $\alpha, \beta \in B_\lambda$ mit $\langle \alpha, \beta^\vee \rangle < 0$ und $w_1 \in W_{\{\alpha,\beta\}} \setminus \{s_\beta\}$ mit $w_1\alpha > 0$, $w_1\beta < 0$, so gilt für alle $w \in W_\lambda$ mit $w\alpha, w\beta \in R_+$:

(2) $$\mathrm{Dim}\ U(\underline{g})/\mathrm{Ann}_{U(\underline{g})}\ L(ww_1.\lambda) = \mathrm{Dim}\ U(\underline{g})/\mathrm{Ann}_{U(\underline{g})}\ L(ww_1s_\beta.\lambda).$$

Auch aus Satz 3.9 läßt sich wegen

$$(I_S^\nu M) \otimes \bar{k} \simeq I_S^\nu(M \otimes \bar{k})$$

eine Formel für die Dimension gewinnen:

$$\mathrm{Dim}\ I_S^\nu M = \mathrm{Dim}\ M + \#(R_+ \setminus R_S)$$

hier ist Dim M die Dimension als $U(\underline{n}_S^-)$-Modul) und

(3) $\quad \mathrm{Dim}\ U(\underline{g})/\mathrm{Ann}_{U(\underline{g})}\ I_S^{\nu}M \ = \ \mathrm{Dim}\ U(\underline{g}_S)/\mathrm{Ann}_{U(\underline{g}_S)}M + \#(R \setminus R_S)$

Für den Fall $\dim M < \infty$ (also $\mathrm{Dim}\ M = 0$) stammt diese Formel von Borho ([Borho] , 2.3).

<u>Bemerkung:</u> A. Joseph hat in [Joseph 1], 15 eine zu (2) sozusagen "duale" Formel bewiesen: Ist λ regulär und antidominant, sind $\alpha, \beta \in B_\lambda$ mit $\langle\alpha, \beta\rangle < 0$ und $w_1 \in W_{\{s_\alpha, s_\beta\}} \setminus \{s_\beta\}$ mit $w_1^{-1}\alpha > 0$, $w_1^{-1}\beta < 0$, so gilt für alle $w \in W_\lambda$ mit $w^{-1}\alpha, w^{-1}\beta \in R_+$:

(4) $\mathrm{Dim}\ U(\underline{g})/\mathrm{Ann}_{U(\underline{g})}\ L(w_1 w.\lambda) \ = \ \mathrm{Dim}\ U(\underline{g})/\mathrm{Ann}_{U(\underline{g})}\ L(s_\beta w_1 w.\lambda)$.

Benutzt man die Robinson-Schensted-Abbildung von der symmetrischen Gruppe in die Menge der Partitionen und ein Resultat von Knuth über diese Abbildung (siehe [Schensted], [Schützenberger], [Knuth]), so kann man für R_λ vom Typ A_n und λ regulär, antidominant) für alle $w \in W_\lambda$ eine Teilmenge $S \subset B_\lambda$ mit

(5) $\quad \mathrm{Dim}\ U(\underline{g})/\mathrm{Ann}_{U(\underline{g})}\ L(w.\lambda) \ = \ \mathrm{Dim}\ U(\underline{g})/\mathrm{Ann}_{U(\underline{g})}\ L(w_S.\lambda)$

finden. Dies wird mit anderen Methoden auch von [Joseph 2] getan, dem wir auch den Hinweis auf die Robinson-Schensted-Abbildung verdanken. Schließlich kann man $\mathrm{Dim}\ L(w_S.\lambda)$ angeben; für $S \subset B$ kann man (3) und 1.17 benutzen. Im allgemeinen Fall zeigt [Joseph 2], 3.5, wie man

(6) $\mathrm{Dim}\ L(w_S.\lambda) \ = \ \#R_+ - \#(R_+ \cap R_\lambda \cap \mathbb{Z}S)$

aus 2.23 a herleiten kann. (Für $S \subset B$ folgt dies schon aus 3.10 b) und [Borho].)

Ist R vom Typ A_n und $\lambda \in P(R)$ antidominant und regulär, so kann man (für k algebraisch abgeschlossen) zeigen:

$$\mathrm{Dim}\ U(\underline{g})/\mathrm{Ann}_{U(\underline{g})}\ L(w.\lambda) \ = \ \dim G(\underline{n} \cap w(\underline{n}))$$

für alle $w \in W$. Dabei haben wir die adjungierte Gruppe von $\underline{g}$ mit G bezeichnet

3.12

Wir wollen nun in einem wichtigen Fall die Funktion $f_{V,\{e_1,\dots,e_s\}}$ von 3.1 anders beschreiben. Wir nehmen für V die direkte Summe von k und den $\underline{g}^{-\alpha}$ mit $\alpha \in B$. Die Lie-Algebra $\underline{n}^-$ wird von den $X_{-\alpha}$ mit $\alpha \in B$ erzeugt, also $U(\underline{n}^-)$ von 1 und diesen $X_{-\alpha}$; daher erfüllt V unsere Anforderungen von 3.1 . Wir können genauer werden. Für jedes $\nu \in \mathbb{N}B$ setzen wir

$$|\nu| = \sum_{\alpha \in B} n_\alpha , \qquad \text{wenn} \quad \nu = \sum_{\alpha \in B} n_\alpha \alpha$$

ist. Dann folgt

$$V^n = \coprod_{|\nu| \leq n} U(\underline{n}^-)^{-\nu} ,$$

weil ein Monom in den $X_{-\alpha}$ vom Grad n ein Gewicht $-\nu$ mit $|\nu| = n$ hat.

Nehmen wir für M nun einen Modul zu einem höchsten Gewicht λ und wählen ein erzeugendes primitives Element v, so ist $f_{V,\{v\}}$ gleich der Funktion F_M mit

$$F_M(n) = \sum_{|\nu| \leq n} \dim M^{\lambda-\nu} .$$

Für einen Modul $M(\lambda)$ (mit $\lambda \in \underline{h}^*$) z. B. erhalten wir

$$F_{M(\lambda)}(n) = \sum_{|\nu| \leq n} P(\nu).$$

Diese Funktion hängt nur vom Wurzelsystem ab; wir bezeichnen sie mit F_R (in den folgenden Beispielen mit $F_{\text{Typ } R}$).

<u>Beispiel</u>: Die folgenden Formeln sind nicht schwer nachzurechnen.

$$F_{A_1}(n) = n$$

$$F_{A_1 \times A_1}(n) = \binom{n+2}{2}$$

$$F_{A_2}(n) = \frac{1}{24}(2n^3 + 15n^2 + 34n + 24 + a(n))$$

mit $a(n) = 0 \mid -3$ für $n \equiv 0 \mid 1 \mod 2$

$$F_{B_2}(n) = \frac{1}{144}(n^4 + 16n^3 + 88n^2 + 192n + b(n))$$

mit $b(n) = 144 \mid 135 \mid 128 \mid 135 \mid 144 \mid 119$

für $n \equiv 0 \mid 1 \mid 2 \mid 3 \mid 4 \mid 5 \mod 6$.

Für jeden Modul M zu einem höchsten Gewicht λ haben wir eine Darstellung

$$\operatorname{ch} M = \sum_{\mu \leq \lambda} (M : M(\mu)) \operatorname{ch} M(\mu),$$

also

$$\dim M^{\lambda-\nu} = \sum_{\mu \leq \lambda} (M : M(\mu)) \; P(\nu - (\lambda - \mu)).$$

Daraus folgt

$$F_M(n) = \sum_{|\nu| \leq n} \sum_{\mu \leq \lambda} (M : M(\mu)) \, P(\nu - (\lambda - \mu))$$

Für jedes Gewicht $\nu \in \mathbb{N}B$ mit $|\nu| \leq n$ gilt $\nu - (\lambda - \mu) \notin \mathbb{N}B$ oder $|\nu - (\lambda - \mu)| = |\nu| - |\lambda - \mu| \leq n - |\lambda - \mu|$; ist umgekehrt $\nu' \in \mathbb{N}B$ mit $|\nu'| \leq n - |\lambda - \mu|$, so ist auch $\nu' + \lambda - \mu \in \mathbb{N}B$ und es gilt $|\nu' + \lambda - \mu| = |\nu'| + |\lambda - \mu| \leq n$. Dies zeigt

(1) $$F_M(n) = \sum_{\mu \leq \lambda} (M : M(\mu)) \; F_R(n - |\lambda - \mu|)$$

3.13

<u>Satz</u>: <u>Es sei</u> $N = \prod_{\alpha \in R_+} |\alpha|$ <u>und</u> $m = \# R_+$. <u>Es gibt Funktionen</u>

$$c_i : \mathbb{Z}/N\mathbb{Z} \longrightarrow \mathbb{Q} \qquad \text{(für } 0 \leq i \leq m\text{) mit}$$

$$F_R(n) = \frac{n^m}{m!\,N} + \sum_{i=0}^{m-1} c_i(n + \mathbb{Z}N)n^i \qquad \text{für alle } n \in \mathbb{N}.$$

<u>Beweis:</u> Wir numerieren die positiven Wurzeln:

$$R_+ = \{\alpha_1, \dots, \alpha_m\}$$

und setzen $n_i = |\alpha_i|$ und $N_i = \prod_{j=1}^{i} n_j$ für $1 \leq i \leq m$ sowie

$$f_i(n) = \# \{(r_1, \dots, r_i) \in \mathbb{N}^i \mid \left| \sum_{j=1}^{i} r_j \alpha_j \right| = \sum_{j=1}^{i} r_j n_j = n \}.$$

Wir wollen zur Vereinfachung $\alpha_1 \in B$ (also $n_1 = 1$) annehmen und schreiben $f_{m+1} = F_R$ und $n_{m+1} = 1$ sowie $N_{m+1} = N_m = N$. Offensichtlich gilt nun

(1) $$f_i(n) = \sum_{j=0}^{[n/n_i]} f_{i-1}(n - jn_i) \qquad \text{für } 1 \leq i \leq m+1 \text{ und alle } n \in \mathbb{N}$$

sowie

$$f_1(n) = 1 \qquad \text{für alle } n \in \mathbb{N}.$$

Wir wollen durch Induktion über i zeigen, daß es Funktionen

$$c_{ij} : \mathbb{Z}/N_i\mathbb{Z} \to \mathbb{Q} \qquad \text{für } 1 \leqslant j \leqslant i-2$$

mit

(2) $$f_i(n) = \frac{n^{i-1}}{(i-1)!\,N_i} + \sum_{j=0}^{i-2} c_{ij}(n+\mathbb{Z}N_i)n^j \qquad \text{für alle } n \in \mathbb{N}$$

gibt. Für $i = m+1$ erhalten wir dann die Behauptung des Satzes. Nun ist (2) für $i = 1$ klar; den Induktionsschritt erhalten wir aus (1) und dem folgenden

3.14

Lemma: <u>Es seien</u> $r, s \in \mathbb{N} \setminus 0$ <u>und es sei</u> c <u>eine Funktion von</u> $\mathbb{Z}/r\mathbb{Z}$ <u>nach</u> $\mathbb{Q}$. <u>Für jedes</u> $m \in \mathbb{N}$ <u>gibt es Funktionen</u> $c_i : \mathbb{Z}/rs\mathbb{Z} \to \mathbb{Q}$ <u>für</u> $0 \leqslant i \leqslant m+1$ <u>mit</u>

$$\sum_{j=0}^{[n/s]} c(n-js+\mathbb{Z}r)(n-js)^m = \sum_{i=0}^{m+1} c_i(n+\mathbb{Z}rs)n^i .$$

<u>Ist</u> $r = 1$, <u>so gilt</u> $c_{m+1}(n+\mathbb{Z}s) = \dfrac{c(\mathbb{Z})}{(m+1)\,s}$.

<u>Beweis:</u> Es ist wohlbekannt, daß es ein Polynom in einer Veränderlichen $Q_m \in \mathbb{Q}[T]$ mit führendem Term $(m+1)^{-1}\,T^m$ und

$$Q_m(n) = \sum_{j=1}^{n} j^m \qquad \text{für alle } n \in \mathbb{N}$$

gibt. Es folgt $Q_m(T) - Q_m(T-1) = T^m$ oder (allgemeiner)

(1) $$\sum_{j=0}^{n} (T-j)^m = Q_m(T) - Q_m(T-(n+1)) \qquad \text{für alle } n \in \mathbb{N} .$$

Sei $n' \in \mathbb{N}$ mit $0 \leqslant n' < rs$ und $n' \equiv n+s \bmod (rs)$. Nennen wir den linken Term in der behaupteten Gleichung $f(n)$. Dann gilt

$$f(n) = \sum_{i=0}^{(s+n-n')/(rs)-1} \sum_{j=0}^{r-1} c(n-s(j+ir)+\mathbb{Z}r)(n-s(j+ir))^m$$

$$+ \sum_{j=1}^{[n'/s]} c(n'-js+\mathbb{Z}r)(n'-js)^m.$$

Die zweite Summe ist nur von $n+\mathbb{Z}rs$ abhängig, kann also später zu $c_0(n+\mathbb{Z}rs)$

gezogen werden. Daher betrachten wir nur die erste Summe, die wir mit $f'(n)$ bezeichnen. Dann folgt

$$f'(n) = \sum_{i=0}^{(s+n-n')/rs-1} \sum_{j=0}^{r-1} c(n - sj + \mathbb{Z}r)(n - s(j + ir))^m$$

$$= \sum_{j=0}^{r-1} c(n - sj + \mathbb{Z}r)(rs)^m \sum_{i=0}^{(s+n-n')/rs-1} (\frac{n-sj}{rs} - i)^m$$

$$= \sum_{j=0}^{r-1} c(n - sj + \mathbb{Z}r)(rs)^m \left(Q_m\left(\frac{n-sj}{rs}\right) - Q_m\left(\frac{n-sj}{rs} - \frac{s+n-n'}{rs}\right)\right)$$

$$(\text{nach } 1) \quad = \sum_{j=0}^{r-1} c(n-sj + \mathbb{Z}r)(rs)^m\left(Q_m\left(\frac{n-sj}{rs}\right) - Q_m\left(\frac{n' - s(j-1)}{rs}\right)\right).$$

Nun hängt $- \sum_{j=0}^{r-1} c(n-sj + \mathbb{Z}r)(r.s)^m Q_m\left(\frac{n' - s(j-1)}{rs}\right)$

nur von $n + \mathbb{Z}rs$ ab. Entwickeln wir $\sum_{j=0}^{r-1} c(n-sj + \mathbb{Z}r)(rs)^m Q_m\left(\frac{n-sj}{rs}\right)$ nach Potenzen von n, so erhalten wir Koeffizienten, die nur von der Restklasse von n modulo rs abhängen. Weil Q_m den Grad $m + 1$ hat, ist $f(n)$ in der Tat von der Form $\sum_{i=0}^{m+1} c_i(n + \mathbb{Z}rs)\, n^i$. Betrachten wir insbesondere den Koeffizienten von n^{m+1}; weil Q_m den führenden Term $(m + 1)^{-1}\, T^{m+1}$ hat, ist

$$c_{m+1}\,(n + \mathbb{Z}rs) = \sum_{j=0}^{r-1} c(n-sj+\mathbb{Z}r)(rs)^m\,(m + 1)^{-1}\,(rs)^{-(m+1)}\,.$$

Für $r = 1$ wird also

$$c_{m+1}\,(n + \mathbb{Z}s) = c(\mathbb{Z})((m + 1)s)^{-1}.$$

<u>Bemerkung</u>: Es ist klar, daß wir hier nicht die best mögliche Aussage bewiesen haben. Es ist nicht schwer zu sehen, daß wir von rs bei c_o zum kleinsten gemeinsamen Vielfachen von r und s übergehen können, bei c_i mit $1 \leq i \leq m$ zu r und bei c_{m+1} zum größten gemeinsamen Teiler von r und s.

3.15

Es sei wieder $N = \prod_{\alpha \in R_+} |\alpha|$

<u>Satz</u>: <u>Sei</u> $\lambda \in \underline{h}^*$, <u>so daß</u> N <u>alle</u> $\langle\lambda + \rho, \alpha^\vee\rangle$ <u>mit</u> $\alpha \in R_\lambda$ <u>teilt</u>. <u>Es sei</u> M

ein Modul zum höchsten Gewicht λ und

$$j(M) = \max \{ j \in \mathbb{N} \setminus 0 \mid \sum_{\mu} (M : M(\mu)) \, |\lambda - \mu|^{j-1} = 0 \} \cup \{0\}$$

Dann ist $\quad \operatorname{Dim} M = \# R_+ - j(M).$

Beweis: Ist $(M : M(\mu)) \neq 0$, so gibt es ein $w \in W_\lambda$ mit $\mu = w.\lambda$. Wir behaupten, daß N alle $|\lambda - w.\lambda|$ mit $w \in W_\lambda$ teilt; mit Hilfe von Induktion kann man sich auf den Fall $w = s_\alpha$ mit $\alpha \in R_\lambda$ beschränken; dann gilt aber

$$|\lambda - s_\alpha.\lambda| = |\langle \lambda + \rho, \alpha^\vee \rangle \alpha| = \langle \lambda + \rho, \alpha^\vee \rangle |\alpha| \quad ,$$

und nach Voraussetzung wird $\langle \lambda + \rho, \alpha^\vee \rangle$ von N geteilt.

Nach 3.12 ist $\operatorname{Dim} M = \operatorname{Dim} F_M$ mit

$$F_M(n) = \sum_{\mu} (M : M(\mu)) \, F_R \, (n - |\lambda - \mu|) \qquad \text{für alle } n \in \mathbb{N}.$$

Schreiben wir (Satz 3.13)

$$F_R(n) = c_o n^m + \sum_{i=0}^{m-1} c_i(n + \mathbb{Z}N) \, n^i \qquad \text{für alle } n \in \mathbb{N}$$

mit $m = \# R_+$, so wird

$$F_M(n) = \sum_{\mu} (M : M(\mu)) \, c_o \, (n - (\lambda - \mu))^m$$
$$+ \sum_{i=0}^{m-1} c_i(n + \mathbb{Z}N) \sum_{\mu} (M : M(\mu)) \, (n - |\lambda - \mu|)^i$$

für alle $n \in \mathbb{N}$ mit $n \geq \max \{ |\lambda - w.\lambda| \mid w \in W_\lambda \} = n_o$, weil wir oben sahen, daß

$$n + \mathbb{Z}N = n + |\lambda - \mu| + \mathbb{Z}N$$

für alle μ mit $(M : M(\mu)) \neq 0$ gilt. Wegen

$$\sum_{\mu} (M : M(\mu)) \, (n - |\lambda - \mu|)^i = \sum_{j=0}^{i} \binom{i}{j} n^{i-j} (-1)^j \sum_{\mu} (M : M(\mu)) |\lambda - \mu|^j$$

ist F_M von der Form

$$F_M(n) = \Big(c_o \cdot \binom{m}{j(M)} \, (-1)^{j(M)} \sum_{\mu} (M : M(\mu)) \, |\lambda - \mu|^{j(M)}\Big) \, n^{m-j(M)}$$

$$+ \sum_{i=0}^{m-j(M)-1} c_i'(n + \mathbb{Z}N)\, n^i \qquad \text{für } n \geq n_o,$$

wobei der Koeffizient von $n^{m-j(M)}$ ungleich Null ist. Daraus folgt Dim F_M = $m - j(M)$, was zu beweisen war.

Bemerkungen: 1) Erfüllt λ die Teilbarkeitsvoraussetzung des Satzes, so auch jedes $w.\lambda$ mit $w \in W$. Man kann also λ antidominant annehmen und für M einen Modul zu einem höchsten Gewicht $w.\lambda$ mit $w \in W$ nehmen.

2) Es würde mich sehr überraschen, wenn die Teilbarkeitsvoraussetzung von 3.15 nötig wäre. (Man siehe auch das Argument in 3.16 (7).)

3) Sei $\lambda \in \underline{h}^*$ mit $\dim L(\lambda) < \infty$, also $\langle \lambda + \rho, \alpha^\vee \rangle \in \mathbb{N} \setminus 0$ für alle $\alpha \in R_+$. Sind alle $\langle \lambda + \rho, \alpha^\vee \rangle$ durch N teilbar, so folgt aus Satz 3.15 und Dim $L(\lambda) = 0$:

$$\sum_{w \in W} \det(w) \, |\lambda + \rho - w(\lambda + \rho)|^i = 0 \quad \text{für } 0 \leq i < m$$

Diese Summen sind offensichtlich Polynome in den $\langle \lambda + \rho, \alpha^\vee \rangle$ mit $\alpha \in B$; weil die λ mit $\langle \lambda + \rho, \alpha^\vee \rangle \in N(\mathbb{N} \setminus 0)$ für alle $\alpha \in B$ Zariski-dicht in $\underline{h}^*$ sind, folgt eine solche Gleichung für alle λ mit $\dim L(\lambda) < \infty$.

Betrachten wir nun den Fall der m-ten Potenz, so erhalten wir unter der Teilbarkeitsvoraussetzung

$$(1) \qquad \dim L(\lambda) = \sum_{w \in W} (-1)^m \det(w) \, |\lambda + \rho - w(\lambda + \rho)|^m \, (m! \prod_{\alpha \in R_+} |\alpha|)^{-1}$$

weil $\dim L(\lambda) = F_{L(\lambda)}(n)$ für große n gilt. Nach der Weylschen Charakterformel ist $\dim L(\lambda)$ ein Polynom in den $\langle \lambda + \rho, \alpha^\vee \rangle$ mit $\alpha \in B$; die rechte Seite in (1)) ist es auch , und weil beide Seiten auf einer dichten Teilmenge übereinstimmen, sind sie für alle λ mit $\dim L(\lambda) < \infty$ gleich.

Für $\lambda = 0$ folgt übrigens

$$m! \prod_{\alpha \in R_+} |\alpha| = \sum_{w \in W} (-1)^m \det(w) \, |\rho - w\rho|^m.$$

4) Es sei $\lambda \in \underline{h}^*$ antidominant, und N teile alle $\langle\lambda+\rho,\alpha^\vee\rangle$ mit $\alpha \in R_\lambda$. Ist M ein Modul zu einem höchsten Gewicht $w.\lambda$ für ein $w \in W_\lambda$, so können wir den Satz anwenden. Der Beweis zeigt, daß F_M die Form

$$(2) \qquad F_M(n) = c'(M) \frac{n^{\operatorname{Dim} M}}{(\operatorname{Dim} M)!} + O(n^{\operatorname{Dim} M - 1})$$

hat, wobei

$$(3) \qquad c'(M) = \frac{1}{N} \sum_\mu (M : M(\mu)) \frac{(-|w.\lambda-\mu|)^{j(M)}}{j(M)!}$$

mit $j(M) = \# R_+ - \operatorname{Dim} M$ ist. Es muß $c'(M)$ eine positive, rationale Zahl sein. Man kann $w.\lambda$ in (3) durch $w_\lambda.\lambda$ ersetzen, denn entwickelt man $|w_\lambda.\lambda-\mu| = |w_\lambda.\lambda-w.\lambda| + |w.\lambda-\mu|$ nach dem binomischen Satz, so verschwinden nach Definition von $j(M)$ alle Terme bis auf den in (3). Daraus oder aus (2) direkt leitet man leicht ab:

$$(4) \qquad c'(M) = \sum_{\operatorname{Dim} L(\mu) = \operatorname{Dim} M} [M : L(\mu)] \; c'(L(\mu)).$$

Wir werden diese Formel später (3.21, 5.18) auf ein M von der Form $M = M(w.\lambda)/ /M(s_\alpha w.\lambda)$ mit $\alpha \in R_+$ und $\langle w(\lambda+\rho),\alpha^\vee\rangle \in \mathbb{N}\setminus 0$ anwenden, um einige Multiplizitäten zu bestimmen. Für solche M gilt $\operatorname{Dim} M = \# R_+ - 1$, also $j(M) = 1$ und

$$(5) \qquad c'(M) = \frac{1}{N} \langle w(\lambda+\rho),\alpha^\vee\rangle \, |\alpha|$$

Es wäre allgemein wünschenswert, das Verhältnis von $c'(M)$ zu dem in [Vogan 1] betrachteten Bernšteín-Grad $c(M)$ von M zu kennen. Für ein M wie eben ist zum Beispiel $c(M) = \langle w(\lambda+\rho),\alpha^\vee\rangle$, wie etwa aus 5.9 folgt.

3.16

Sei λ antidominant und regulär mit R_λ vom Typ B_2. Wir setzen $B_\lambda = \{\alpha, \beta\}$, so daß $R_\lambda \cap R_+ = \{\alpha, \beta, \alpha+\beta, \alpha+2\beta\}$ ist.

Um (R2) in diesem Fall zu beweisen, greifen wir auf das folgende Ergebnis aus 5.4 vor:

(1) Für alle $w_1, w_2 \in W_S$ (für $S = \{\alpha, \beta\}$) mit $l_S(w_1) = l_S(w_2) - 1$

gilt $[M(w_2.\lambda) : L(w_1.\lambda)] = 1$.

(Aus der Voraussetzung folgt $w_2 \uparrow w_1$ nach 3.6 (3), sodaß wir dies hie. nicht besonders fordern müssen.)

Nach (1) kennen wir alle $[M(w_2.\lambda) : L(w_1.\lambda)]$ mit $l_S(w_2) - l_S(w_1) \leq 1$. Betrachten wir den Fall $l_S(w_2) - l_S(w_1) = 2$. Ist $w_1 = 1$, so folgt $[M(w_2.\lambda) : L(w_1.\lambda)] = 1$ aus Satz 2.23 (sogar für alle $w_2 \in W_S$.) Aus Satz 2.16 folgt

$$[M(s_\alpha s_\beta s_\alpha.\lambda) : L(s_\beta.\lambda)] = [M(s_\alpha s_\beta.\lambda) : L(s_\beta.\lambda)] = 1,$$

$$[M(s_\beta s_\alpha s_\beta.\lambda) : L(s_\alpha.\lambda)] = [M(s_\beta s_\alpha.\lambda) : L(s_\alpha.\lambda)] = 1,$$

(2) $$[M(s_\alpha s_\beta s_\alpha.\lambda) : L(s_\alpha.\lambda)] = [M(w_S.\lambda) : L(s_\alpha.\lambda)],$$

(3) $$[M(s_\beta s_\alpha s_\beta.\lambda) : L(s_\beta.\lambda)] = [M(w_S.\lambda) : L(s_\beta.\lambda)],$$

$$[M(w_S.\lambda) : L(s_\alpha s_\beta.\lambda)] = [M(s_\beta s_\alpha s_\beta.\lambda) : L(s_\alpha s_\beta.\lambda)] = 1,$$

$$[M(w_S.\lambda) : L(s_\beta s_\alpha.\lambda)] = [M(s_\alpha s_\beta s_\alpha.\lambda) : L(s_\beta s_\alpha.\lambda)] = 1.$$

Also sind alle diese Multiplizitäten bis auf die beiden in (2), (3) bestimmt. Für $l_S(w_2) - l_S(w_1) = 3$ haben wir zwei Fälle in (2) und (3) auf den Fall zurückgeführt, wo sich die Längen um 2 unterscheiden; sonst ist (auch für $l_S(w_2) - l_S(w_1) > 3$) notwendig $w_1 = 1$ und da haben wir nach 2.23 immer Multiplizität Eins. Wir möchten zeigen, daß auch die noch offengebliebenen Vielfachheiten in (2) und (3) gleich Eins sind.

Die Klassifikation der Wurzelsysteme vom Rank 2 zeigt, daß $R_\lambda = \mathbb{Q}R_\lambda \cap R$ ist. Daher kann man λ, wenn nötig, durch ein Element aus $\lambda+P(R)$ ersetzen und annehmen, daß $\langle\lambda+\rho,\alpha^\vee\rangle = -r$ und $\langle\lambda+\rho,\beta^\vee\rangle = -s$ durch N teilbar sind. Satz 3.15 und die Bemerkung 4 dazu lassen sich deshalb anwenden und ergeben $\operatorname{Dim} L(w.\lambda) = \# R_+ - 1$ für $l_S(w) = 1,2$ und mit $a = |\alpha|$, $b = |\beta|$:

$$N\, c'(L(s_\alpha.\lambda)) = ra \quad , \quad N\, c'(L(s_\beta.\lambda)) = sb,$$

$$N\, c'(L(s_\beta s_\alpha.\lambda)) = 2rb \quad , \quad N\, c'(L(s_\alpha s_\beta.\lambda)) = sa.$$

Für $M = M(s_\beta s_\alpha s_\beta.\lambda)/M(s_\alpha s_\beta.\lambda)$ erhalten wir $\operatorname{Dim} M = \quad R_+ - 1$ und $c'(M) = (2r+s)b$. Aus den bekannten Multiplizitäten folgt, daß $L(s_\beta s_\alpha s_\beta.\lambda)$ und $L(s_\beta s_\alpha.\lambda)$ als Kompositionsfaktoren von M mit der Multiplizität 1 auftreten; einziger weiterer Kompositionsfaktor könnte $L(s_\beta.\lambda)$ mit der Multiplizität $[M(s_\beta s_\alpha s_\beta.\lambda):L(s_\beta.\lambda)]-1=x-1$ sein. Nun gibt es zwei Möglichkeiten: Entweder ist $\operatorname{Dim} L(s_\beta s_\alpha s_\beta.\lambda) = \# R_+ - 1$ und deshalb

$$c'(L(s_\beta s_\alpha s_\beta.\lambda)) = sb(2-x) > 0, \text{ also } x = 1,$$

oder es ist $\operatorname{Dim} L(s_\beta s_\alpha s_\beta.\lambda) < \# R_+ - 1$ und deshalb

$$0 = sb(2-x), \text{ also } x = 2.$$

Damit ist gezeigt

(4) $\operatorname{Dim} L(s_\beta s_\alpha s_\beta.\lambda) = \# R_+ - 1 \iff [M(s_\beta s_\alpha s_\beta.\lambda):L(s_\beta.\lambda)] = 1.$

Ebenso erhalten wir mit $M(s_\alpha s_\beta s_\alpha.\lambda)/M(s_\beta s_\alpha.\lambda)$ anstelle von M:

(5) $\operatorname{Dim} L(s_\alpha s_\beta s_\alpha.\lambda) = \# R_+ - 1 \iff [M(s_\alpha s_\beta s_\alpha.\lambda) : L(s_\alpha.\lambda)] = 1.$

Um zu beweisen, daß die Multiplizitäten in (2) und (3) gleich 1 sind, müssen wir nach 3.10 b) nur noch wissen, daß

(6) $\operatorname{Dim} U(\underline{g})/\operatorname{Ann} L(w.\lambda) = \# R - 2$ für $w \in W_\lambda$, $w \neq 1, w_\lambda$

ist. Dies folgt aber aus [Borho - Jantzen], 2.20.

Wir haben damit insgesamt gezeigt:

(7) Für alle $w_1, w_2 \in W_\lambda$ mit $w_1 \uparrow w_2$ gilt $[M(w_2.\lambda) : L(w_1.\lambda)] = 1$

Bemerkung: Sei $\mu \in \lambda + P(R)$ antidominant mit $B^0_\mu = \{\alpha\}$. Der Beweis von (6) in [Borho-Jantzen] beruht für $w = s_\beta s_\alpha s_\beta$ darauf, daß $\operatorname{Dim} U(\underline{g})/\operatorname{Ann} L(w.\lambda) = \operatorname{Dim} U(\underline{g})/\operatorname{Ann} L(w.\mu)$ ist und daß die zweite Dimension in [Borho], 5.1 berechnet worden war. Dort benutzte man einerseits die Theorie der Darstellungen in der Hauptserie von $\underline{g} \times \underline{g}$, andererseits die Tatsache, daß nach [Jantzen 4] in dem Fall $B_\lambda \subset B$ gilt:

$$L(w.\mu) = M(w.\mu) / M(s_\alpha s_\beta.\mu).$$

Dies ist aber nach 2.14 dazu äquivalent, daß die Multiplizität in (3) gleich 1 ist Ebenso kann man für (2) vorgehen. Um (7) zu zeigen, haben wir also folgendes Verfahren benutzt: Zunächst wissen wir (7) im Spezialfall $B_\lambda \subset B$ nach [Jantzen 4]. Der allgemeine Fall folgt, indem wir primitive Ideale und Darstellungen in der Hauptserie als Hilfsmittel heranziehen. Seit Neuestem kann man dies auch direkter mit Ergebnissen von [Joseph 3] machen.

3.17

<u>Satz</u>: <u>Seien</u> $\lambda, \mu \in \underline{h}^*$ <u>mit</u> $\mu \uparrow \lambda$. <u>Ist</u> R_λ <u>vom Rang</u> 2, <u>so gilt</u> $[M(\lambda) : L(\mu)] = 1$.

<u>Beweis</u>: Nach 2.14 brauchen wir nur den Fall zu betrachten, daß λ regulär ist. Für R_λ vom Typ A_2 oder $A_1 \times A_1$ haben wir dies dann in 2.23, für R_λ vom Typ B_2 in 3.16, wobei wir auf Satz 5.4 vorgegriffen haben. Ist R_λ vom Typ G_2, so ist $B_\lambda \subset B$. In diesem Fall kann man induzierte Darstellungen von einer geeigneten parabolischen Untergruppe betrachten und erhält aus der Formel in [Jantzen 4], Satz 4 daß der größte echte Untermodul der induzierten Darstellung einfach ist. Der induzierte Modul ist von der Gestalt $M(w.\lambda)/M(s_\alpha w.\lambda)$ mit $\alpha \in B_\lambda$ und man hat eine exakte Sequenz

$$0 \rightarrow L(w'.\lambda) \rightarrow M(w.\lambda)/M(s_\alpha w.\lambda) \rightarrow L(w.\lambda) \longrightarrow 0,$$

wobei w' das Element der Länge $l_S(w) - 1$ mit $w' \neq s_\alpha w$ ist. Daraus erhält man durch Induktion die Behauptung.

3.18

Sei $\lambda \in \underline{h}^*$ antidominant mit R_λ vom Rang 2. Nach 3.17 ist klar, daß jeder Untermodul von $M(w.\lambda)$ für $w \in W_\lambda$ von primitiven Elementen erzeugt wird. Man kann daher den Untermodulverband von $M(w.\lambda)$ genau angeben.

Sei zunächst λ regulär. Wir denken uns alle $M(w.\lambda)$ in $M(w_S.\lambda)$ eingebettet und betrachten nur $M(w_S.\lambda)$. Für $0 < i < r = l_S(w_S)$ seien w_i, w_i' die beiden Elemente von W_λ mit $l_S(w_i) = l_S(w_i') = i$. Für $i < j$ gilt $w_i, w_i' \uparrow w_j, w_j'$, also auch $M(w_i.\lambda) + M(w_i'.\lambda) \subset M(w_j.\lambda) \cap M(w_j'.\lambda)$. Wegen der Aussage über die Multiplizitäten muß $M(w_i.\lambda) + M(w_i'.\lambda) = M(w_{j+1}.\lambda) \cap M(w_{i+1}'.\lambda)$ für $0 < i < r - 1$ und $M(w_1.\lambda) \cap M(w_1'.\lambda) = M(\lambda)$ gelten. Daher hat der Untermodulverband die Gestalt:

$$
\begin{array}{c}
M(w_s\cdot\lambda) \\
\cup \\
M(w_{r-1}\cdot\lambda) + M(w'_{r-1}\cdot\lambda)
\end{array}
$$

$$
M(w_{r-1}\cdot\lambda) \subset \qquad\qquad \supset M(w'_{r-1}\cdot\lambda)
$$

$$
M(w_{r-2}\cdot\lambda) + M(w'_{r-2}\cdot\lambda)
$$

$$
\cdots \qquad \cdots \qquad \cdots
$$

$$
M(w_2\cdot\lambda) + M(w'_2\cdot\lambda)
$$

$$
M(w_2\cdot\lambda) \qquad\qquad M(w'_2\cdot\lambda)
$$

$$
M(w_1\cdot\lambda) + M(w'_1\cdot\lambda)
$$

$$
M(w_1\cdot\lambda) \qquad\qquad M(w'_1\cdot\lambda)
$$

$$
M(\lambda)
$$

$$
\mid
$$

$$
0
$$

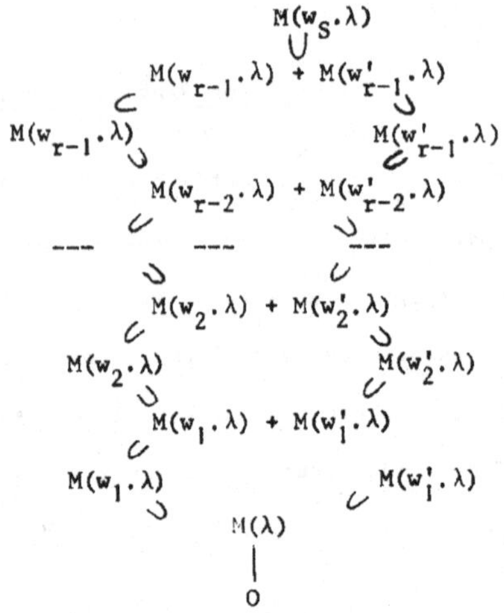

(Man vergleiche auch die Diagramme in [Joseph 2] für die zweiseitigen Ideale in $U(\underline{g})$, die $\mathrm{Ann}_{U(\underline{g})}\, L(\lambda)$ umfassen.)

Betrachten wir schließlich den Fall, daß λ nicht regulär ist. Für $B^0_\lambda = B_\lambda$ ist $M(w\cdot\lambda) = M(\lambda)$ einfach für alle $w \in W_\lambda$ und nichts zu zeigen. Sei also $\#B^0_\lambda = 1$. Haben wir die Bezeichnungen oben gut gewählt, so gilt $w_i\cdot\lambda = w'_{i+1}\cdot\lambda$ für $0 < i < r - 1$ sowie $\lambda = w'_1\cdot\lambda$ und $w_{r-1}\cdot\lambda = w_s\cdot\lambda$. Es ist also $W_\lambda\cdot\lambda = \{w_i\cdot\lambda \mid 0 < i < r\} \cup \{\lambda\}$; diese Menge ist unter $\uparrow$ linear geordnet. Daher muß der Untermodulverband von $M(w_s\cdot\lambda)$ so aussehen:

$$
\begin{array}{c}
M(w_s\cdot\lambda) = M(w_{r-1}\cdot\lambda) \\
\cup \\
M(w_{r-2}\cdot\lambda) \\
\cup \\
\vdots \\
\cup \\
M(w_2\cdot\lambda) \\
\cup \\
M(w_1\cdot\lambda) \\
\cup \\
M(\lambda) \ .
\end{array}
$$

Für $1 \leqslant i \leqslant r - 1$ gilt $L(w_i\cdot\lambda) = M(w_i\cdot\lambda)/M(w_{i-1}\cdot\lambda)$, wobei wir $w_0\cdot\lambda = \lambda$ setzen.

3.19

Sei $\lambda \in \underline{h}^*$ antidominant und regulär. Wir wollen untersuchen, wann $\operatorname{Dim} L(w.\lambda) = \# R_+ - 1$ für ein $w \in W_\lambda$ gilt und in einigen Fällen für diese w alle $[M(w'.\lambda) : L(w.\lambda)]$ mit $w' \in W_\lambda$ berechnen.

Lemma: (R2) Es sei $w \in W_\lambda$ mit $w \neq 1$. Es ist genau dann $\operatorname{Dim} L(w.\lambda) = \# R_+ - 1$, wenn w genau eine reduzierte Zerlegung in ein Produkt von s_α mit $\alpha \in B_\lambda$ hat.

Beweis: Wir benutzen Induktion über $l_\lambda(w)$. Für $w \in W_\lambda$ und $\beta \in B_\lambda$ ist $l_\lambda(ws_\beta) < l_\lambda(w)$ nach [Bourbaki], Chap. IV, § 1, Prop. 4 dazu äquivalent, daß es eine reduzierte Zerlegung von w gibt, bei der s_β an letzter Stelle steht. Ein $w \neq 1$ hat also genau dann nur eine reduzierte Zerlegung, wenn es genau ein $\beta \in B_\lambda$ mit $l_\lambda(ws_\beta) < l_\lambda(w)$ gibt und wenn ws_β nur eine reduzierte Zerlegung hat.

Betrachten wir auf der anderen Seite $\operatorname{Dim} L(w.\lambda)$. Es gebe zunächst zwei verschiedene Wurzeln $\beta, \gamma \in B_\lambda$ mit $l_\lambda(ws_\beta) = l_\lambda(ws_\gamma) < l_\lambda(w)$. Dann gibt es ein $w' \in W_\lambda$ mit $w = w'w_{\{\beta,\gamma\}}$ und $l_\lambda(w) = l_\lambda(w') + l_\lambda(w_{\{\beta,\gamma\}})$ (man vgl. 2.22). Aus [Duflo], Prop. 10, Cor. 1 folgt

$$\operatorname{Ann} L(w.\lambda) \supset \operatorname{Ann} L(w_{\{\beta,\gamma\}}.\lambda),$$

aus 3.10 und 3.11 (6) also

$$\operatorname{Dim} L(w.\lambda) \leqslant \operatorname{Dim} L(w_{\{\beta,\gamma\}}.\lambda) < \# R_+ - 1.$$

Nehmen wir nun an, es gebe genau ein $\beta \in B_\lambda$ mit $l_\lambda(ws_\beta) < l_\lambda(w)$. Für $w = s_\beta$ gilt $\operatorname{Dim} L(w.\lambda) = \# R_+ - 1$ nach 3.11 (6) und alles ist in Ordnung. Sei deshalb $w \neq s_\beta$. Dann ist $ws_\beta \neq 1$ und es gibt ein $\gamma \in B_\lambda$ mit $l_\lambda(ws_\beta s_\gamma) < l_\lambda(ws_\beta)$. Offensichtlich ist $\gamma \neq \beta$, und aus der Eindeutigkeit von β folgt

$$ws_\beta s_\gamma \uparrow ws_\beta \uparrow w \uparrow ws_\gamma .$$

Aus Satz 3.8 folgt nun $\operatorname{Dim} L(w.\lambda) = \operatorname{Dim} L(ws_\beta.\lambda)$. Nun ist klar, daß wir das Lemma durch Induktion erhalten.

3.20

Sei $\lambda \in \underline{h}^*$. Für $\alpha, \beta \in B_\lambda$ setzen wir

$$W(\alpha,\beta) = \{w \in W_\lambda \mid \; l_\lambda(ws_\gamma) < l_\lambda(w) \Longleftrightarrow \beta = \gamma \text{ für alle } \gamma \in B_\lambda ,$$
$$l_\lambda(s_\gamma w) < l_\lambda(w) \Longleftrightarrow \alpha = \gamma \text{ für alle } \gamma \in B_\lambda\}$$

Hat ein $w \in W_\lambda$ nur eine reduzierte Zerlegung, so muß es nach [Bourbaki], Chap.IV, § 1, Prop. 4 ein $W(\alpha,\beta)$ geben, zu dem w gehört. Dagegen haben im allgemeinen nicht alle Elemente von $W(\alpha,\beta)$ nur eine reduzierte Zerlegung. Schreiben wir $W(\alpha,\beta)^1$ für die Menge der $w \in W(\alpha,\beta)$, die nur eine reduzierte Zerlegung haben, so gilt genauer:

<u>Lemma:</u> <u>Seien</u> $\alpha, \beta \in B_\lambda$.

a) <u>Gehören</u> α <u>und</u> β <u>zu verschiedenen Komponenten von</u> B_λ, <u>so ist</u> $W(\alpha,\beta) = \emptyset$.

b) <u>Gehören</u> α <u>und</u> β <u>zu einer Komponente von</u> B_λ, <u>deren Typ</u> $A_n (n \geq 1)$, $D_n (n \geq 4)$ <u>oder</u> $E_n (n=6,7,8)$ <u>ist, oder zu einer Komponente, deren Typ</u> $B_n (n \geq 2)$ $C_n (n \geq 2)$ <u>oder</u> F_4 <u>ist, und haben in diesem Fall</u> α <u>und</u> β <u>unterschiedliche Länge, so gilt</u> $\# W(\alpha,\beta)^1 = 1$.

c) <u>Gehören</u> α <u>und</u> β <u>zu einer Komponente von</u> B_λ, <u>deren Typ</u> $B_n (n \geq 2)$, $C_n (n \geq 2)$ <u>oder</u> F_4 <u>ist, und haben</u> α <u>und</u> β <u>gleiche Länge, oder gehören</u> α <u>und</u> β <u>zu einer Komponente vom Typ</u> G_2, <u>wobei</u> $\alpha \neq \beta$ <u>ist, so gilt</u> $\# W(\alpha,\beta)^1 = 2$.

d) <u>Gehört</u> α <u>zu einer Komponente vom Typ</u> G_2, <u>so ist</u> $\# W(\alpha,\alpha)^1 = 3$.

<u>Beweis</u>: Es sei

(1) $$w = s_{\alpha_1} s_{\alpha_2} \cdots s_{\alpha_r}$$

eine reduzierte Zerlegung eines $w \in W(\alpha,\beta)$. Notwendigerweise müssen $\alpha_1 = \alpha$ und $\alpha_r = \beta$ sein. Gibt es ein i, für das $\alpha_{i+1}, \ldots, \alpha_r$ zur selben Komponente wie β gehören, α_i aber nicht, so kommutiert s_{α_i} mit $s_{\alpha_{i+1}} \cdots s_{\alpha_r}$ und es gibt auch eine reduzierte Zerlegung von w mit s_{α_i} am Ende. Dies widerspricht aber der Eindeutigkeit von β. Also gehören alle α_i $(1 \leq i \leq r)$ zur selben Komponente wie β. Damit ist insbesondere a) gezeigt.

Sei nun w aus $W(\alpha,\beta)^1$; wir wollen den Fall G_2 ausklammern, der leicht zu überprüfen ist. Damit (1) die einzige reduzierte Zerlegung ist, muß offensichtlich für $1<i<r$ gelten

(2) Es ist $\langle\alpha_{i+1},\alpha_i^\vee\rangle \neq 0$.

(3) Erzeugen α_i und α_{i+1} ein System vom Typ A_2, so ist $\alpha_{i-1} \neq \alpha_{i+1}$ (für $i>1$) und $\alpha_{i+2} \neq \alpha_i$ (für $i<r-1$).

(4) Erzeugen α_i und α_{i+1} ein System vom Typ B_2, so ist für $1<i<r-1$ das Paar $(\alpha_{i-1},\alpha_{i+2})$ ungleich dem Paar (α_{i+1},α_i).

Sind umgekehrt (2) bis (4) erfüllt, so ist (1) die einzige reduzierte Zerlegung; dies folgt aus [Bourbaki], Chap. IV, § 1, exerc. 13 oder auch aus [Steinberg], Lemma 83a.

Weil das Dynkin-Diagramm von B_λ keine Zyklen enthält und höchstens ein Doppel-Strich je Komponente auftritt, bedeuten (2) bis (4) offensichtlich: Entweder ist $\alpha_1,\alpha_2,\ldots,\alpha_r$ das einzige Intervall des Dynkin-Diagramm von B_λ, das von α nach β führt, oder es gibt ein i mit $1<i<r$ so daß $\alpha_1,\ldots,\alpha_{i-1},\alpha_i$ und $\alpha_i,\alpha_{i+1},\ldots,\alpha_r$ Intervalle im Dynkin-Diagramm sind und $\alpha_1,\ldots,\alpha_{i-1},\alpha_{i+1},\ldots,\alpha_r$ die gleiche Länge haben, während die von α_i anders ist. Daraus folgt nicht nur das Lemma, sondern man erhält auch explizit die gesuchten Elemente angegeben.

3.21

Es sei $\lambda\in \underline{h}^*$ antidominant und regulär, und es gelte $B_\lambda\subset B$. Es seien $\alpha,\beta\in B_\lambda$ und es gebe genau ein $w_1\in W(\alpha,\beta)$ mit $\operatorname{Dim} L(w_1.\lambda) = \# R_+ - 1$, das heißt mit $w_1\in W(\alpha,\beta)^1$. Wir zeigen nun, wie wir im Prinzip alle $[M(w.\lambda) : L(w_1.\lambda)]$ mit $w\in W_\lambda$ berechnen können und geben dann in einigen Fällen die Ergebnisse an.

Sei $w\in W_\lambda$. Gibt es ein $\gamma\in B_\lambda$ mit $l_\lambda(s_\gamma w) < l_\lambda(w)$ und $\gamma\neq\alpha$ oder mit $l_\lambda(ws_\gamma) < l_\lambda(w)$ und $\gamma\neq\beta$, so folgt aus 1.19 bzw. 2.16:

$$[M(w.\lambda) : L(w_1.\lambda)] = [M(s_\gamma w.\lambda) : L(w_1.\lambda)]$$

bzw. $$[M(w.\lambda) : L(w_1.\lambda)] = [M(ws_\gamma.\lambda) : L(w_1.\lambda)].$$

Daher können wir uns durch Induktion über $l_\lambda(w)$ darauf beschränken, die Multiplizitäten in den $M(w.\lambda)$ mit $w \in W(\alpha,\beta)$ zu berechnen. (Für $B_\lambda \subset B$ hätten wir 5.19 anstelle von 1.19 anwenden müssen.)

Es sei also $w \in W(\alpha,\beta)$; dann ist $\langle w(\lambda+\rho),\alpha^\vee\rangle \in \mathbb{N}\setminus 0$ und wir können den Modul $M'(w.\lambda) = M(w.\lambda)/M(s_\alpha w.\lambda)$ betrachten. Nach Induktion können wir annehmen, daß die Multiplizität in $M(s_\alpha w.\lambda)$ bekannt ist; es reicht also $[M'(w.\lambda) : L(w_1.\lambda)]$ zu bestimmen.

Wir wählen nun ein $\mu \in \lambda+P(R)$ antidominant mit $\langle \mu+\rho,\gamma^\vee\rangle = 0$ für alle $\gamma \in B_\lambda, \gamma \neq \beta$ und $\langle \mu+\rho,\beta^\vee\rangle = -Nr$ mit $r \in \mathbb{N}\setminus 0$. Dies ist wegen $B_\lambda \subset B$ möglich. Die Verschiebung T_λ^μ führt $L(w_1.\lambda)$ in $L(w_1.\mu)$ (nach 2.11) und $M'(w.\lambda)$ in $M'(w.\mu) = M(w.\mu)/M(s_\alpha w.\mu)$ über; der letzte Teil der Behauptung folgt aus 2.4.a und der Exaktheit von T_λ^μ. Nun erhalten wir

$$(1) \qquad [M'(w.\lambda) : L(w_1.\lambda)] = [M'(w.\mu) : L(w_1.\mu)],$$

und wir haben nur die zweite Multiplizität zu berechnen.

Nach Konstruktion können wir auf μ die Bemerkung 4 zu 3.15 anwenden; es ist daher

$$(2) \qquad \langle w(\mu+\rho),\alpha^\vee\rangle /N = c'(M'(w.\mu)) = \sum_{w'} [M'(w.\mu) : L(w'.\mu)]\ c'(L(w'.\mu)).$$

Hier summieren wir nur über die $w' \in W_\lambda$, die minimale Länge in der Nebenklasse $w'W_\mu^o$ haben und für die $\operatorname{Dim} L(w.\mu) = \# R_+ - 1$ ist. Aus 3.4 folgt $\operatorname{Dim} L(w'.\lambda) = \# R_+$ · insbesondere gehört w' nach 3.19 zu einem $W(\gamma,\gamma')^1$ mit $\gamma,\gamma' \in B_\lambda$. (Für diesen Teil von 3.19 haben wir (R2) nicht benutzt.) Nach Wahl von w' in seiner Nebenklasse ist $\gamma' = \beta$; für $\gamma \neq \alpha$ ist $\langle w'(\mu+\rho),\alpha^\vee\rangle \notin \mathbb{N}\setminus 0$ und daher $[M'(w.\mu) : L(w'.\mu)] = 0$ nach 1.19. Daher können wir uns auf $w' \in W(\alpha,\beta)^1$ beschränken, also auf $w' = w_1$.

Nun ist $\langle w(\mu+\rho),\alpha^\vee\rangle \neq 0$, weil sonst $s_\alpha w.\mu = w.\mu$ wäre und dies wegen $l_\lambda(s_\alpha w) < l_\lambda(w)$ einen Widerspruch dazu ergäbe, daß $w \in W(\alpha,\beta)$ minimale Länge in wW_μ^o hat. Es ist daher in (2) die linke Seite stets ungleich Null, also muß $w' = w_1$ wirklich auftreten und

$$\langle w(\mu+\rho),\alpha^\vee\rangle = N\,[M'(w.\mu) : L(w_1.\mu)]\ c'(L(w_1.\mu))$$

sein. (In diesem Fall folgt also $\operatorname{Dim} L(w_1.\mu) = \# R_+ - 1$ auch ohne die Kenntnis von (R2).) Wir können dies insbesondere auf $w = w_1$ anwenden, wo die Multiplizität natürlich 1 ist; so erhalten wir

$$\langle w_1(\mu+\rho),\alpha^\vee\rangle = N\, c'(L(w_1.\mu)),$$

also
$$[M'(w.\mu) : L(w_1.\mu)] = \frac{\langle w(\mu+\rho),\alpha^\vee\rangle}{\langle w_1(\mu+\rho),\alpha^\vee\rangle} .$$

Schreiben wir $w^{-1}\alpha^\vee = -\sum_{\gamma\in B_\lambda} e_\gamma(w)\gamma^\vee$, so sehen wir wegen (1)

(3) $$[M'(w.\lambda) : L(w_1.\lambda)] = e_\beta(w)/e_\beta(w_1).$$

(Will man dies Ergebnis ohne die Voraussetzung $B_\lambda \subset B$ beweisen, so muß man anders vorgehen, weil es (für $\mathbb{Q}R_\lambda \cap R \neq R_\lambda$) im allgemeinen kein μ wie oben gibt. Man kann statt dessen den Bernštein-Grad $c(L(w_1.\lambda))$ benutzen. Durch Induktion über $l_\lambda(w_1)$ sieht man, daß er ein lineares Polynom in $\lambda+\rho$ ist. Nach [Vogan], Prop. 4.9 ist es proportional zu $\langle\lambda+\rho,\beta^\vee\rangle$. Dies gilt auch ohne die Voraussetzung $\# W(\alpha,\beta)^1 = 1$. Nun gilt

$$c(M'(w.\lambda)) = \langle w(\lambda+\rho),\alpha^\vee\rangle = \sum_{w'} [M'(w.\lambda) : L(w'.\lambda)]\ c(L(w'.\lambda)),$$

wobei über die $w' \in W(\alpha,\gamma)^1$ mit $\gamma \in B_\lambda$ summiert wird. Dies ist eine polynomiale Identität; weil die Polynome $\langle\lambda+\rho,\gamma^\vee\rangle$ mit $\gamma\in B_\lambda$ algebraisch unabhängig sind, folgt

$$-\langle\lambda+\rho,\beta^\vee\rangle\, e_\beta(w) = \sum_{w'} [M'(w.\lambda) : L(w'.\lambda)]\, c(L(w'.\lambda)),$$

wo nur noch über $w' \in W(\alpha,\beta)^1$ summiert wird. Für $\# W(\alpha,\beta)^1 = 1$ erhalten wir nun (3) wie früher.)

Es sei nun B_λ vom Typ A_n oder D_n. Wir numerieren $B_\lambda = \{\alpha_1,\alpha_2,\dots,\alpha_n\}$ wie in [Bourbaki], Chap. VI, pl. I, IV. Wir schreiben $W(i,j) = W(\alpha_i,\alpha_j)$ für $1\le i,j\le n$ und $s_i = s_{\alpha_i}$; ferner bezeichnen wir das einzige Element von $W(i,j)^1$ mit $w_{i,j}$. Wir identifizieren W_λ wie a. a. O. mit der Gruppe der Permutationen von $\{1,2,\dots,n+1\}$ bzw. mit einer Untergruppe der Permutationen von $\{\pm 1, \pm 2,\dots, \pm n\}$.

Zunächst sei B_λ vom Typ A_n. Für $1 \leq i,j \leq n$ und alle $s \in \mathbb{N}$ mit $\max(0, j+i-(n+1)) \leq s \leq \min(i,j)$ sei $w(i,j;s) \in W_\lambda$ die Permutation mit

$$r \mapsto r \quad \text{für} \quad 1 \leq r \leq s \quad \text{oder} \quad j+i-s < r \leq n+1,$$

$$s+r \mapsto i+r \quad \text{für} \quad 1 \leq r \leq j-s \quad (\text{also} \quad s < r+s \leq j),$$

$$j+r \mapsto s+r \quad \text{für} \quad 1 \leq r \leq i-s \quad (\text{also } j < r+s \leq j+i-s).$$

Offensichtlich ist $w(i,j, \min(i,j)) = 1$ und $w_{i,j} = w(i,j, \min(i,j) - 1)$. Man sieht leicht

$$W(i,j) = \{w(i,j,s) \mid \max(0, j+i-(n+1)) \leq s < \min(i,j)\}$$

und

$$w(i,j;s) = s_i s_{i-1} \dots s_{s+1} s_{i+1} \dots s_{j+i-s+1} w(i,j;s+1) \quad \text{für} \quad s < \min(i,j).$$

Daraus folgt

$$[M(s_i w(i,j;s).\lambda) : L(w_{i,j}.\lambda)] = [M(w(i,j;s+1).\lambda) : L(w_{i,j}.\lambda)] \quad \text{für } s < \min(i,$$

Im Typ A_n ist natürlich $e_\beta(w) = 1$ für alle $w \in W(\alpha,\beta)$, also erhalten wir aus (3):

$$[M(w(i,j;s).\lambda) : L(w_{i,j}.\lambda)] = [M(w(i,j;s+1).\lambda) : L(w_{i,j}.\lambda)] + 1.$$

Durch Induktion folgt daraus

$$[M(w(i,j;s).\lambda) : L(w_{i,j}.\lambda)] = \min(i,j) - s.$$

Die größte Multiplizität von $L(w_{i,j}.\lambda)$ ist insbesondere gleich

$$[M(w_\lambda.\lambda) : L(w_{i,j}.\lambda)] = \min(i,j,n+1-i,n+1-j).$$

Es sei nun R_λ vom Typ D_n. Zunächst seien $i,j < n-1$. Für $0 \leq s \leq t \leq j$ und $j+s \leq i+t \leq n+s$ setzen wir $w(i,j;s,t) \in W_\lambda$ gleich der Permutation von $\{\pm 1, \dots, \pm n\}$, die $1, \dots, n$ wie folgt abbildet:

$$\begin{array}{llll} r \mapsto r & \text{für } 1 \leq r \leq s & \text{oder } r > i+t-s, \\ s+r \mapsto i+r & \text{für } 1 \leq r \leq t-s & (\text{also } s < s+r \leq t), \\ t+r \mapsto -(i-r+1) & \text{für } 1 \leq r \leq j-t & (\text{also } t < t+r \leq j), \\ j+r \mapsto s+r & \text{für } 1 \leq r \leq i+t-j-s & (\text{also } j < j+r \leq i+t-s); \end{array}$$

für ungerades $j-t$ multiplizieren wir abweichend von dieser Definition noch das Bild von n mit -1. Es ist $w(i,j;s,t) = 1$ für $t=j$ und $s=\min(i,j)$, und alle anderen $w(i,j;s,t)$ gehören zu $W(i,j)$, insbesondere ist $w_{i,j} = w(i,j;\min(i,j),j)$. Diese Elemente schöpfen $W(i,j)$ noch nicht aus; die noch fehlenden Elemente werden mit $w'(i,j;s)$ mit $0 \leq s \leq j+i-n$ bezeichnet, für welche die zugehörige Permutation die folgende Gestalt hat:

$$\begin{array}{rll} r \mapsto r & \text{für } 0 < r \leq s, \\ s+r \mapsto i+r & \text{für } 0 < r \leq n-(i+1), \\ n+s-i \mapsto -n & , \\ n+s-i+r \mapsto -(i-r+1) & \text{für } 0 < r \leq j+i-(n+s). \\ j+r \mapsto s+r & \text{für } 0 < r \leq n-j \ ; \end{array}$$

dabei ist jedoch das Bild von n mit -1 zu multiplizieren, wenn $j+i-(n+s)$ gerade ist.

Um das anfangs geschilderte Verfahren durchzuführen, müssen wir für alle $w \in W(i,j)$ die Zahl $e_j(w) = e_{\alpha_i}(w)$ bestimmen und das $w' \in W(i,j)$ finden, das sich von $s_i w$ nur um eine Multiplikation von links mit Spiegelungen $s_r (r \neq i)$ unterscheidet.
Es ist

$$w(i,j;s,j) = s_i s_{i-1} \cdots s_{s+1} s_{i+1} \cdots s_{j+i-s+1}\, w(i,j;s+1,j)$$

und $e_j(w(i,j;s,j)) = 1$ (insbesondere ist $e_j(w_{i,j}) = 1$) für $s < \min(i,j)$,

$$w(i,j;s,s) = s_i s_{i-1} \cdots s_{s+1} s_{i+1} \cdots s_{n-2} s_{n-1} s_n s_{n-2} \cdots s_{i+1}\, w(i,j;s,s+1)$$

und $e_j(w(i,j;s,s)) = 1$ für $s < j \leq i$,

$$w(i,j;s,t) = s_i s_{i-1} \cdots s_{s+1} s_{i+1} \cdots s_{n-2} s_{n-1} s_n s_{n-2} \cdots s_{i+t-s}\, w(i,j;s+1,t+1)$$

und $e_i(w(i,j;s,t)) = 2$ für $0 \leq s < t < j$,

$$w'(i,j;s) = s_i s_{i-1} \cdots s_{s+1} s_{i+1} \cdots s_{n-2} s_n \; w(i,j;s+1,n+s+1-i)$$

und $\quad e_j(w'(i,j;s)) = 2$ für $n+s < j+i$,

$$w'(i,j;j+i-n) = s_i s_{i-1} \cdots s_{j+i-n-1} s_{i+1} \cdots s_{n-2} s_n \; w(i,j;j+i-n+1,j)$$

und $\quad e_j(w'(i,j;j+i-n)) = 1$.

Daraus und aus (3) folgt durch Induktion

$$[M(w(i,j;s,t).\lambda):L(w_{i,j}.\lambda)] = j - t + \min(i,j) - s,$$
$$[M(w'(i,j;s).\lambda):L(w_{i,j}.\lambda)] = j+i - (n+s) + \min(i,j) - s.$$

Die größte Multiplizität ist leicht zu berechnen:

$$[M(w_\lambda.\lambda) : L(w_{i,j}.\lambda)] = 2 \min(i,j).$$

Betrachten wir nun den Fall $i<n-1$ und $j=n-1$. Dann besteht $W(i,j)$ aus Elementen $w(i,j;s,n+s-i)$ mit $0\leq s<i$ und $i - s$ ungerade und $w'(i,j;s)$ mit $0\leq s<i$ und $i - s$ gerade, die alle wie früher definiert werden. Es ist $w_{i,j} = w(i,j;i-1,j)$; zur Vereinfachung setzen wir $w'(i,j;i) = 1$. Für alle $w \in W(i,n-1)$ ist $e_{n-1}(w) = 1$, und es gilt

$$w(i,j;s,n+s-i) = s_i s_{i-1} \cdots s_{s+1} \cdots s_{n-2} s_{n-1} w'(i,j;s+1),$$
$$w'(i,j;s) = s_i s_{i-1} \cdots s_{s+1} s_{i+1} \cdots s_{n-2} s_n w(i,j;s+1,n+s+1-i).$$

Durch Induktion folgt daraus und aus (3):

$$[M(w(i,j;s,n+s-i).\lambda) : L(w_{i,j}.\lambda)] = i - s,$$
$$[M(w'(i,j;s).\lambda) : L(w_{i,j}.\lambda)] = i - s;$$

die größte Multiplizität ist gleich i.

Umgekehrt für $i=n-1$ und $j<n-1$ besteht $W(i,j)$ aus den Elementen $w(i,j;s,s+1)$ mit $0\leq s<j$, die wie früher definiert werden; es ist $e_i(w) = 2$ für alle $w \in W(i,j)$, außer für $w = w(i,j;j-1,j) = w_{i,j}$, wo $e_j(w_{i,j}) = 1$ gilt.

Man zeigt leicht

$$w(n-1,j;s,s+1) = s_{n-1} s_{n-2} \cdots s_{s+1} s_n s_{n-2} \cdots s_{s+2} \; w(n-1,j;s+2,s+3) \quad \text{für } s<j-1,$$

wobei $w(n-1,j;j,j+1) = 1$ sei. Dann zeigt wieder Induktion

$$[M(w(n-1,j;s,s+1).\lambda) : L(w_{n-1,j}.\lambda)] = j - s.$$

Für $i=n-1$ und $j=n-1$ gilt fast dasselbe wie für $j<n-1$; man muß nur $n - s$ gerade fordern und es ist $e_j(w) = 1$ für alle $w \in W(n-1,n-1)$. So erhält man

$$[M(w(n-1,n-1;s,s+1).\lambda) : L(w_{n-1,n-1}.\lambda)] = \frac{n-s}{2}.$$

Die Fälle, wo $n \in \{i,j\}$ ist, erhält man aus denen für $n-1 \in \{i,j\}$, indem man einen Automorphismus des Dynkin-Diagramms benützt. Wir verzichten dazu auf Details. Es bleibt nur noch der Fall $\{i,j\} = \{n-1,n\}$ zu betrachten, und aus Gründen der Symmetrie können wir uns auf $i=n-1, j=n$ beschränken. Es besteht $W(n-1,n)$ aus den Elementen $w(n-1,n;s,s+1)$ mit $0 \leq s < n-1$ und $n - s$ ungerade, die wie oben definiert werden. Für alle diese w ist $e_n(w) = 1$ und es gilt $w_{n-1,n} = w(n-1,n;n-3,n-2)$. Außerdem gilt $w(n,n-1;s,s+1) = s_{n-1}s_{n-2}\dots s_{s+1}s_n s_{n-2}\dots s_{s+2}w(n-1,n;s+2,s+3)$ für $s<n-3$. Daraus folgt schließlich

$$[M(w(n,n-1;s,s+1).\lambda) : L(w_{n-1,n}.\lambda)] = \frac{n-s-1}{2}.$$

3.22

Die den Sätzen 3.4 und 3.5 nach dem Satz von Joseph (3.10 b) entsprechenden Aussagen über die Gel'fand-Kirillov-Dimension der $U(\mathfrak{g})/\mathrm{Ann}_{U(\mathfrak{g})}L(\lambda)$ finden sich in [Borho-Jantzen], 2.12 und 2.11; die Beweise sind ähnlich. Auch das Analogon zu 3.8 entstand in Zusammenarbeit mit W. Borho. Zu 3.13 vergleiche man auch [Dixmier 2], 7.6.5.

Kapitel 4: Moduln mit höchsten Gewichten über k-Algebren

4.1

Unter k-Algebren (ohne weiteren Zusatz) wollen wir im folgenden stets assoziative, kommutative Algebren mit Eins über k verstehen.

Sei A eine k-Algebra. Für jeden Vektorraum V über k setzen wir $V_A = V \otimes A$. (Es sei jedoch gleich darauf hingewiesen, daß nicht jeder in der Form X_A geschriebene A-Modul so durch Erweiterung der Skalare entsteht.) Wir denken uns stets V als $V \otimes 1$ in V_A eingebettet. Haben wir auf V eine zusätzliche Struktur, etwa als assoziative Algebra oder als Lie-Algebra, so wollen wir sie auf V_A ausdehnen, was auf genau eine Weise möglich ist. Insbesondere haben wir $\underline{g}_A$ so zu einer Lie-Algebra gemacht.

Beim Übergang von V zu V_A gelten einige offensichtliche Verträglichkeitsbedingungen: So können wir $\underline{h}_A^* = \underline{h}^* \otimes A$ als zu $\underline{h}_A$ dualen A-Modul auffassen. Wir erweitern $\leq$ zu einer Ordnungsrelation auf $\underline{h}_A^*$, indem wir erneut

$$\lambda \leq \mu \iff \mu - \lambda \in \mathbb{N}B \qquad \text{für } \lambda, \mu \in \underline{h}_A^*$$

setzen. Die Weylgruppe W operiert auch auf $\underline{h}_A$ und $\underline{h}_A^*$. Wir können $U(\underline{g})_A$ mit der einhüllenden Algebra von $\underline{g}_A$ identifizieren. Ist M ein $\underline{g}$-Modul, so versehen wir M_A mit der eindeutig bestimmten Struktur als $\underline{g}_A$-Modul, von der die gegebene $\underline{g}$-Modulstruktur induziert wird.

Ist M ein $\underline{g}_A$-Modul, so setzen wir für alle $\lambda \in \underline{h}_A^*$

$$M^\lambda = \{m \in M \mid Hm = \lambda(H)m \qquad \text{für alle } H \in \underline{h}_A\};$$

ist M als A-Modul torsionsfrei, so gilt $M^\lambda = M^\mu \neq 0$ nur für $\lambda = \mu$. Für einen $\underline{g}_A$-Modul M, der direkte Summe der M^λ mit $\lambda \in \underline{h}_A^*$ ist und für den alle M^λ als A-Modul frei vom endlichen Rang sind, bezeichnen wir seinen Charakter mit

$$\operatorname{ch} M = \sum_{\lambda \in \underline{h}_A^*} \operatorname{rang}_A(M^\lambda)\, e(\lambda) \in \mathbb{Z}[[\underline{h}_A^*]]$$

wobei $\mathbb{Z}[[\underline{h}_A^*]]$ analog zu $\mathbb{Z}[[\underline{h}^*]]$ definiert ist. Ist M ein zulässiger $\underline{g}$-Modul,

(1.11), so hat M_A die oben angegebenen Eigenschaften und es gilt

$$\mathrm{ch}\, M_A = \mathrm{ch}\, M.$$

4.2

Sei A weiter eine k-Algebra. Für alle $\lambda \in \underline{h}_A^*$ können wir A zu einem $\underline{b}_A$-Modul A_λ machen, indem wir ein $H \in \underline{h}_A$ (bzw. $X \in \underline{n}_A$) als Multiplikation mit $\lambda(H)$ (bzw. mit 0) operieren lassen; wir setzen dann

$$M(\lambda)_A = U(\underline{g}_A) \otimes_{U(\underline{b}_A)} A_\lambda .$$

(Für $\lambda \in \underline{h}^* \subset \underline{h}_A^*$ ist $M(\lambda)_A$ offensichtlich zu $M(\lambda) \otimes A$ isomorph; diese Definition ist also mit der früheren bis auf Isomorphie verträglich.) Als A-Modul ist $M(\lambda)_A$ isomorph zu $U(\underline{n}_A^-)$, also direkte Summe von Gewichtsräumen $M(\lambda)_A^\mu$, die frei vom endlichen Rang sind; genauer gilt

$$\mathrm{ch}\, M(\lambda)_A = \underline{P}\, e(\lambda) \qquad \text{(vgl. 1.16).}$$

Wir bezeichnen das erzeugende primitive Element $1 \otimes 1$ von $M(\lambda)_A$ mit v_λ; es ist dann $M(\lambda)_A = U(\underline{n}_A^-)v_\lambda$. Auf $M(\lambda)_A$ gibt es eine kontravariante symmetrische Bilinearform (,) mit Werten in A, die durch $(v_\lambda, v_\lambda) = 1$ normalisiert sei; dadurch wird sie eindeutig festgelegt. (Wir können σ auf $U(\underline{g}_A)$ erweitern und wie in 1.5 die Projektion $\chi : U(\underline{g}_A) \to U(\underline{h}_A)$ längs der Zerlegung

$$U(\underline{g}_A) = U(\underline{h}_A) \oplus (\underline{n}_A^- U(\underline{g}_A) + U(\underline{g}_A)\underline{n}_A)$$

benutzen; es gilt dann wieder $(u_1 v_\lambda, u_2 v_\lambda) = \lambda \circ \chi(\sigma(u_1)u_2)$.)

Seien A, A' zwei k-Algebren und $\phi : A \to A'$ eine Homomorphismus von k-Algebren (kurz: $\phi \in \mathrm{Hom}_{k\text{-Alg}}(A, A')$). Für alle Vektorräume V über k induziert ϕ eine k-lineare Abbildung $V_\phi : V_A \to V_{A'}$, mit $V_\phi(v \otimes a) = v \otimes \phi(a)$ für $v \in V$ und $a \in A$. Haben wir auf V eine zusätzliche Verknüpfung, durch die V etwa zu einer assoziativen Algebra oder einer Lie-Algebra wird, und erweitern wir diese Verknüpfung auf V_A und $V_{A'}$, so respektiert V_ϕ diese Verknüpfungen.

Sei nun $\lambda \in \underline{h}_A^*$ gegeben; wir schreiben kurz λ' für $\underline{h}_\phi^*\lambda$. Betrachten wir ϕ als Abbildung des $\underline{b}_A$-Moduls A_λ in den $\underline{b}_{A'}$-Modul A'_λ, so ist ϕ mit dem

Homomorphismus von k-Lie-Algebren $b_\phi : \underline{b}_A \to \underline{b}_{A'}$ verträglich. Dasselbe gilt für die Abbildung $U(\underline{g})_\phi : U(\underline{g})_A \to U(\underline{g})_{A'}$, wenn wir die Operation von $\underline{b}_A$ (bzw. $\underline{g}_A$) und $\underline{b}_{A'}$ (bzw. $\underline{g}_{A'}$) durch Translationen von rechts (bzw. von links) betrachten. Daher induziert ϕ einen Homomorphismus

$$M(\lambda)_\phi : M(\lambda)_A \longrightarrow M(\lambda')_{A'}$$

mit
$$uv_\lambda \longmapsto (U(\underline{g})_\phi u)v_{\lambda'}, \qquad \text{für alle } u \in U(\underline{g})_A,$$

der mit $\underline{g}_\phi : \underline{g}_A \to \underline{g}_{A'}$ verträglich ist. Aus den expliziten Formeln für die kontravarianten Formen (,) auf $M(\lambda)_A$ und $M(\lambda')_{A'}$ (normiert durch $(v_\lambda, v_\lambda) = 1$ und $(v_{\lambda'}, v_{\lambda'}) = 1$) und für $M(\lambda)_\phi$ folgt

(1) $$(M(\lambda)_\phi m, M(\lambda)_\phi m') = \phi(m,m') \qquad \text{für alle } m,m' \in M(\lambda)_A.$$

Sind keine Verwechslungen zu befürchten, schreiben wir kurz ϕ statt X_ϕ mit $X = \underline{g}, \underline{b}, \underline{h}^*, M(\lambda), \ldots$.

Ist K ein Erweiterungskörper von k, so hat $M(\lambda)_K$ für ein $\lambda \in \underline{h}_K^*$ genau einen einfachen Restklassenmodul, den wir mit $L(\lambda)_K$ bezeichnen. Der Kern der kanonischen Projektion von $M(\lambda)_K$ auf $L(\lambda)_K$ ist das Radikal einer kontravarianten Form ungleich Null. Wenn λ in $\underline{h}^* \subset \underline{h}_K^*$ liegt, so kommt diese Form durch Erweiterung der Skalare von einer Form auf $M(\lambda)$ her, wenn wir geeignet normieren. Daher ist $L(\lambda)_K$ zu $L(\lambda) \otimes K$ isomorph und die Notation $L(\lambda)_K$ ist (bis auf Isomorphie) mit der Konvention zu Anfang von 4.1 verträglich.

Wir bezeichnen das Bild von v_λ in $L(\lambda)_K$ (für beliebige $\lambda \in \underline{h}_K^*$) wieder mit $\bar{v}_\lambda$

4.3

Der Übergang zu Moduln über einer k-Algebra gestattet die Konstruktion von Familien von Moduln zu verschiedenen höchsten Gewichten und dann einen Vergleich verschiedener $L(\lambda)$, bei denen die λ in einer ganz anderen Beziehung zu einander als in Kapitel 2 stehen.

Nehmen wir etwa eine k-Algebra A und einen $\underline{g}_A$-Modul M zu einem höchsten

Gewicht $\lambda \in \underline{h}_A^*$, das heißt, es gibt ein $v \in M^\lambda$ mit $\underline{n}_A v = 0$ und $M = U(\underline{n}_A^-)v$, so daß $M^\lambda = Av$ ein freier A-Modul ist. Für alle $\phi \in \mathrm{Hom}_{k\text{-Alg}}(A, k)$ ist dann $M \otimes_\phi k = M/(\mathrm{Kern}\ \phi)M$ ein $\underline{g}$-Modul zum höchsten Gewicht $\phi(\lambda)$. Sind alle Gewichtsräume von M frei über A, so gilt

$$\mathrm{ch}\ M \otimes_\phi k = \mathrm{ch}\ M \cdot e\,(\phi(\lambda) - \lambda)$$

Sei A nun nullteilerfrei. In diesem Fall bezeichnen wir den Quotientenkörper von A stets mit $Q(A)$. Für ein $\lambda \in \underline{h}_A^* \subset \underline{h}_{Q(A)}^*$ können wir nun $L(\lambda)_{Q(A)}$ und darin $M = U(\underline{g}_A)\bar{v}_\lambda$ bilden. Weil $U(\underline{h}_A)$ auf $\bar{v}_\lambda$ durch Skalare aus A operiert, ist $M = U(\underline{n}_A^-)\,\bar{v}_\lambda$ und ein $\underline{g}_A$-Modul zum höchsten Gewicht λ; als A-Modul ist M torsionsfrei und die M^μ sind endlich erzeugt über A. Wenn A eine Hauptidealring ist, so folgt, daß alle Gewichtsräume freie A-Moduln sind; da ein M^μ das entsprechende $L(\lambda)^\mu_{Q(A)}$ über $Q(A)$ erzeugt, können wir

$$\mathrm{ch}\ M = \mathrm{ch}\ L(\lambda)_{Q(A)}$$

schließen.

Mit Hilfe dieser Methode wollen wir nun beweisen:

<u>Lemma</u>: <u>Sei</u> $\lambda \in \underline{h}^*$. <u>Für alle</u> $T \subset R_\lambda \cap R_+$ <u>mit</u> $\langle \lambda + \rho, \alpha^\vee \rangle > 0$ <u>für alle</u> $\alpha \in T$ <u>gilt dann: Gibt es ein</u> $w_1 \in W_\lambda$ <u>mit</u> $w_1 T \subset B_\lambda$, <u>so gibt es einen</u> <u>$\underline{g}$-Modul</u> M <u>zum höchsten Gewicht</u> λ <u>mit</u>

$$\mathrm{ch}\ M = \sum_{w' \in W_T} \det(w')\ \mathrm{ch}\ M(w' \cdot \lambda)$$

<u>Beweis</u>: Wir wählen zunächst ein $\mu \in \underline{h}^*$ mit

$$\langle w_1(\mu + \rho) - w_1(\lambda + \rho), w_1\alpha^\vee \rangle = 0$$

für alle $\alpha \in T$ und

$$R_{w_1 \cdot \mu} = R_\lambda \cap \mathbb{Z} w_1 T.$$

Daß es solch ein μ gibt, werden wir in 4.5 beweisen. Nun ist $w_1 T$ eine Basis von $R_{w_1 \cdot \mu}$ (weil in der Basis B_λ von R_λ enthalten), also T eine von $R_\mu = w_1^{-1} R_{w_1 \cdot \mu} = R_\lambda \cap \mathbb{Z}T$. Wegen $T \subset R_+$ muß

$$T = B_\mu$$

sein. Nach der Konstruktion von μ gilt für alle $\alpha \in T$:

(1) $$<\mu + \rho, \alpha^\vee> = <\lambda + \rho, \alpha^\vee> \in \mathbb{N} \setminus 0 .$$

Wir betrachten den Polynomring $k[X]$ in einer Veränderlichen über k und seinen Quotientenkörper $k(X)$. Nun setzen wir

$$\mu' = \mu + X(\lambda - \mu) \in \underline{h}^*_{k[X]} .$$

Für alle $\alpha \in R$ mit $<\lambda, \alpha^\vee> \neq <\mu, \alpha^\vee>$ folgt $<\mu' + \rho, \alpha^\vee> \notin k$, mithin $\alpha \notin R_{\mu'}$. Für alle $\alpha \in R$ mit $<\lambda, \alpha^\vee> = <\mu, \alpha^\vee>$ (nach Konstruktion also insbesondere für alle $\alpha \in R_\mu$) ist $<\mu' + \rho, \alpha^\vee> = <\mu + \rho, \alpha^\vee>$, dies zeigt: $R_{\mu'} = R_\mu$ und $B_{\mu'} = T$. Aus (1) folgt nun $<\mu' + \rho, \alpha^\vee> \in \mathbb{N} \setminus 0$ für alle $\alpha \in B_{\mu'}$, aus 2.23 also

(2) $$\text{ch } L(\mu')_{k(X)} = \sum_{w' \in W_T} \det(w') \text{ ch } M(w'.\mu').$$

Wir wenden die vor der Formulierung des Lemmas geschilderte Konstruktion auf das $\phi \in \text{Hom}_{k\text{-Alg}}(k[X], k)$ mit $\phi(X) = 1$ an. Dann gilt $\phi(\mu') = \lambda$, und $U(\underline{g}_{k[X]})\bar{v}_{\mu'} \otimes_\phi k$ ist ein $\underline{g}$-Modul zum höchsten Gewicht λ mit

$$\begin{aligned} \text{ch } M &= \text{ch } L(\mu')_{k(X)}\, e(\lambda - \mu') \\ &= \sum_{w' \in W_T} \det(w')\, \underline{P}\, e(w'.\mu' + \lambda - \mu') . \end{aligned}$$

Aus $<\lambda + \rho, \alpha^\vee> = <\mu + \rho, \alpha^\vee> = <\mu' + \rho, \alpha^\vee>$ für alle $\alpha \in T$ folgt (durch Induktion) $w'.\lambda - \lambda = w'.\mu' - \mu'$ (vgl. 1.14 (1)). Setzen wir dies ein, so erhalten wir ch M in der gewünschten Gestalt.

Bemerkungen: 1) Wir werden eine Verallgemeinerung dieses Lemmas in 4.15 beweisen.

2) Unter der Voraussetzung dieses Lemmas gilt

$$2 \text{ Dim } L(\lambda) \leq 2 \text{ Dim } M = \#R - \#(R_\lambda \cap \mathbb{Z}T) .$$

Dabei folgt die Ungleichung vorne, weil $L(\lambda)$ eine Restklassenmodul von M ist und daher $\underline{\underline{V}}\, L(\lambda) \subset \underline{\underline{V}}\, M$ gilt. Für die Gleichung benutzt man das in 3.11 (6) zitierte Resultat von Joseph.

4.4

Bevor wir die offengelassene Existenz eines μ beweisen, geben wir eine Anwendung von Lemma 4.3.

<u>Satz:</u> <u>Sei</u> $\lambda \in \underline{h}^*$ <u>antidominant und regulär. Enthält</u> R_λ <u>eine Komponente von Rang</u> $\geqslant 3$, <u>so gibt es</u> $w, w' \in W_\lambda$ <u>mit</u>

$$[M(w.\lambda) \; : \; L(w'.\lambda)] \geq 2.$$

<u>Beweis</u>: Nach unserer Voraussetzung gibt es drei verschiedene Wurzeln $\alpha, \beta, \gamma \in B_\lambda$ mit $\langle\alpha, \beta^\vee\rangle < 0$ und $\langle\beta, \gamma^\vee\rangle < 0$ (mithin $\langle\alpha, \gamma^\vee\rangle = 0$). Wir setzen $T = s_\beta\{\alpha , \gamma\}$ und $w = s_1 s_2 = s_2 s_1$ mit $s_1 = s_\beta s_\alpha s_\beta = s_{s_\beta\alpha}$ und $s_2 = s_\beta s_\gamma s_\beta = s_{s_\beta\gamma}$. Wenden wir Lemma 4.3 auf $w.\lambda$ an, so erhalten wir einen Modul M zum höchsten Gewicht $w.\lambda$ mit

$$\mathrm{ch}\, M = \mathrm{ch}\, M(w.\lambda) - \mathrm{ch}\, M(s_1.\lambda) - \mathrm{ch}\, M(s_2.\lambda) + \mathrm{ch}\, M(\lambda).$$

Für w' nehmen wir nun s_β - es gilt $\lambda < s_\beta.\lambda$ und $s_\beta \uparrow s_1, s_2$, also

$$[M(\lambda) : L(s_\beta.\lambda)] = 0$$

und
$$[M(s_i.\lambda) : L(s_\beta.\lambda)] \geq 1 \qquad \text{für } i = 1,2,$$

mithin

$$[M(w.\lambda) : L(s_\beta.\lambda)] = [M : L(s_\beta.\lambda)] + [M(s_1.\lambda) : L(s_\beta.\lambda)] + [M(s_2.\lambda) : L(s_\beta.\lambda)] \geq 2,$$

was zu beweisen war.

<u>Bemerkung</u>: Zum ersten Mal wurde ein Beispiel für eine Multiplizität $\geqslant 2$ (für nicht reguläres λ) in [Bernštein-Gel'fand-Gel'fand 1] angegeben. Ein allgemeiner Beweis (außer beim Typ B_3), daß Multiplizitäten $\geqslant 2$ auftreten, gelang unabhängig von uns auch Deodhar und Lepowsky.

4.5

Wir müssen noch die Existenzaussage zu Anfang des Beweises von Lemma 4.3 zeigen. Sie ist eine einfache Folgerung aus Teil a) des folgenden:

<u>Satz:</u> <u>Sei</u> $\lambda \in \underline{h}^*$.

a) <u>Für alle Teilmengen</u> $T \subset B_\lambda$ <u>gibt es ein</u> $\mu \in \underline{h}^*$ <u>mit</u> $R_\mu = R_\lambda \cap \mathbb{Z}T$ <u>und</u> $\langle \lambda - \mu, \alpha^\vee \rangle = 0$ <u>für alle</u> $\alpha \in T$.

b) <u>Ist</u> λ <u>antidominant und regulär, so gibt es ein</u> $\mu \in \underline{h}^*$, <u>antidominant und regulär</u>, <u>und ein</u> $w \in W$ <u>mit</u> $B_\lambda \subset wB_\mu$ <u>und</u> $\langle w(\mu + \rho) - (\lambda + \rho), \alpha^\vee \rangle = 0$ <u>für alle</u> $\alpha \in R_\lambda$, <u>so daß</u> $\# B_\mu = \# B$ <u>gilt und</u> $\mathbb{Z}R^\vee / \mathbb{Z}B_\mu^\vee$ <u>zu</u> $(\mathbb{Q}B_\lambda^\vee \cap \mathbb{Z}R^\vee)/\mathbb{Z}B_\lambda^\vee$ <u>isomorph ist</u>.

<u>Beweis:</u> a) Der affine Teilraum $\lambda + T^\perp$ ist in keiner der Hyperebenen $\langle x + \rho, \alpha^\vee \rangle = n$ mit $n \in \mathbb{Z}$ und $\alpha \in R \setminus \mathbb{Q}T$ enthalten, weil $T \cup \{\alpha\}$ linear unabhängig ist, also auch nicht in ihrer Vereinigung. Für ein $\mu \in \lambda + T^\perp$ mit $\langle \mu + \rho, \alpha^\vee \rangle \notin \mathbb{Z}$ für alle $\alpha \in R \setminus \mathbb{Q}T$ gilt wegen $\langle \lambda + \rho, \alpha^\vee \rangle = \langle \mu + \rho, \alpha^\vee \rangle$ für alle $\alpha \in \mathbb{Q}T$ nun $R_\mu = (R \cap \mathbb{Q}T) \cap R_\lambda = R_\lambda \cap \mathbb{Q}T = R_\lambda \cap \mathbb{Z}T$. Damit ist a) bewiesen.

b) Wir setzen $\tilde{R}_\lambda = \mathbb{Q}R_\lambda \cap R$ und bezeichnen mit $\tilde{B}_\lambda$ die Basis von R_λ, die in R_+ enthalten ist. Nach [Bourbaki], Ch. VI, § 1, Prop 24, gibt es ein $w \in W$ mit $T = w^{-1}\tilde{B}_\lambda \subset B$. Nun ist $B_\lambda \subset \mathbb{N}\tilde{B}_\lambda$, also $w^{-1}B_\lambda \subset \mathbb{N}T$; daher ist $(B \setminus T) \cup w^{-1}B_\lambda$ eine Basis von $\underline{h}^*$ und wir können ein $\mu \in \mathbb{Q}R$ mit

$$\langle \mu + \rho, \alpha^\vee \rangle \in -\mathbb{N} \setminus 0 \qquad \text{für alle } \alpha \in B \setminus T,$$
$$\langle \mu + \rho, w^{-1}\alpha^\vee \rangle = \langle \lambda + \rho, \alpha^\vee \rangle \qquad \text{für alle } \alpha \in B_\lambda$$

finden. Offensichtlich gilt

$$R_\mu \supset (B \setminus T) \cup w^{-1}B_\lambda,$$

also

$$\# B_\mu = \dim_{\mathbb{Q}} \mathbb{Q}R_\mu = \#((B \setminus T) \cup w^{-1} B_\lambda) = \# B.$$

Nun ist B_μ nach Definition die Menge der $\alpha \in R_\mu \cap R_+$, für die es keine $\beta, \gamma \in R_\mu \cap R_+$ mit $\alpha = \beta + \gamma$ gibt. Offensichtlich gilt $B \setminus T \subset B_\mu$; wir wollen zeigen, daß $B_\mu = (B \setminus T) \cup w^{-1}B_\lambda$ ist. Nehmen wir an, ein $\alpha \in w^{-1}B_\lambda$ läge nicht in B_μ; es gäbe also $\gamma_1 = \sum_{\beta \in B} n_\beta \beta$ und $\gamma_2 = \sum_{\beta \in B} m_\beta \beta$ (mit $n_\beta, m_\beta \in \mathbb{N}$) in $R_\mu \cap R_+$ und $\alpha = \gamma_1 + \gamma_2$. Nun liegt α in $\mathbb{N}T$, wie wir oben sahen; daher müßte $n_\beta = m_\beta = 0$ für alle $\beta \in B \setminus T$ sein. Wir erhielten $\gamma_1, \gamma_2 \in \mathbb{N}T$ und somit

$<\mu+\lambda, \gamma_i^\vee> = <\lambda+\rho, w\gamma_i^\vee>$; wegen $\gamma_i \in R_\mu \cap R_+$ wäre $w\gamma_i \in R_\lambda$ und wegen $wT = \widetilde{B}_\lambda \subset R_+$ wäre $w\gamma_i$ sogar ein Element von $R_\lambda \cap R_+ = R_\lambda \cap \mathbb{N}B_\lambda$. Damit hätten wir einen Widerspruch zu $w\alpha = w\gamma_1 + w\gamma_2 \in B_\lambda$. Es folgt also

$$B_\mu = (B \setminus T) \cup w^{-1}B_\lambda.$$

Nun sind alle Aussagen klar bis auf die letzte Behauptung über die Isomorphie. Es ist aber $B_\mu^\vee = (B^\vee \setminus T^\vee) \cup w^{-1}B_\lambda$, also $\mathbb{Z}B_\mu^\vee = \mathbb{Z}(B^\vee \setminus T^\vee) \oplus \mathbb{Z}w^{-1}B_\lambda^\vee$; andererseits gilt offensichtlich

$$\mathbb{Z}R^\vee = \mathbb{Z}(B^\vee \setminus T^\vee) \oplus \mathbb{Z}T^\vee = \mathbb{Z}(B^\vee \setminus T^\vee) \oplus (\mathbb{Z}R^\vee \cap \mathbb{Q}T^\vee)$$

also $\quad \mathbb{Z}R^\vee/\mathbb{Z}B_\mu^\vee \simeq \mathbb{Z}T^\vee/\mathbb{Z}w^{-1}B_\lambda^\vee \simeq (\mathbb{Z}R^\vee \cap \mathbb{Q}wT^\vee)/\mathbb{Z}B_\lambda^\vee$.

Nun ist $\mathbb{Q}wT^\vee = \mathbb{Q}\widetilde{B}_\lambda^\vee = \mathbb{Q}B_\lambda^\vee$, also folgt

$$\mathbb{Z}R^\vee/\mathbb{Z}B_\mu^\vee \simeq (\mathbb{Z}R^\vee \cap \mathbb{Q}B_\lambda^\vee)/\mathbb{Z}B_\lambda^\vee,$$

wie behauptet.

<u>Bemerkung</u>: Seien $\lambda, \lambda' \in \underline{h}^*$ antidominant und regulär mit $R_\lambda = R_{\lambda'}$. Es ist nach dem Beweis von Teil b klar, daß man $\mu, \mu' \in \underline{h}^*$ antidominant und regulär mit $R_\mu = R_{\mu'}$, und ein $w \in W$ mit $B_\lambda \subset wB_\mu$ und

$$<w(\mu+\lambda) - (\lambda+\rho), \alpha^\vee> = <w(\mu'+\rho) - (\lambda'+\rho), \alpha^\vee> = 0 \qquad \text{für alle } \alpha \in R_\lambda$$

finden kann, so daß auch die übrigen Forderungen des Satzes erfüllt sind. (Man benutze, daß $B_\mu = (B \setminus T) \cup w^{-1}B_\lambda$ nur von B_λ und w abhängt.)

4.6

Für eine k-Algebra A bezeichnen wir den Raum der Primideale von A mit Spec A und versehen ihn mit der Zariski-Topologie. Für alle $\underline{p} \in \operatorname{Spec} A$ sei nun $\phi_{\underline{p}}$ der kanonische Homomorphismus

$$\phi_{\underline{p}} : A \longrightarrow A/\underline{p} \hookrightarrow Q(A/\underline{p}).$$

Sei $\lambda \in \underline{h}_A^*$; für alle $\underline{p} \in \operatorname{Spec} A$ können wir dann den $\underline{g}_{Q(A/\underline{p})}$-Modul $L(\phi_{\underline{p}}\lambda)_{Q(A/\underline{p})}$ bilden; wir bezeichnen die Dimension des $(\phi_{\underline{p}}\lambda - \nu)$ - Gewichtsraums dieses Moduls mit $d_\nu(\underline{p})$. Wir möchten zeigen, daß $d_\nu(\underline{p}) \leq d_\nu(\{0\})$ und daß die Menge der $\underline{p}$ mit $d_\nu(\underline{p}) = d_\nu(\{0\})$ offen in Spec A ist. (Es gilt sogar genauer, daß d_ν eine nach unten halbstetige Funktion auf Spec A ist.) Wegen späterer Anwendungen formulieren wir gleich etwas allgemeiner:

(Wir erinnern an die Notationen v_λ und $\bar{v}_\lambda$ (4.2) !)

Satz: Sei A eine nullteilerfreie k-Algebra. Seien $\lambda \in \underline{h}_A^*$ und $\nu \in \mathbb{N}B$. Für einen endlich erzeugten A-Untermodul M von $U(\underline{g}_A)^{-\nu}$ setzen wir

$$M(\underline{p}) = Q(A/\underline{p})\, \phi_{\underline{p}}(M)\, \bar{v}_{\phi_{\underline{p}}\lambda} \subset L(\phi_{\underline{p}}\lambda)_{Q(A/\underline{p})}$$

und $$N(\underline{p}) = \operatorname{Ann} \bar{v}_{\phi_{\underline{p}}\lambda} \cap Q(A/\underline{p})\phi_{\underline{p}}(M) \subset U(\underline{g}_{Q(A/\underline{p})})^{-\nu}$$

für alle $\underline{p} \in$ Spec A. Dann gilt

(1) $\dim M(\underline{p}) \leq \dim M(\{0\})$ für alle $\underline{p} \in$ Spec A

und

(2) $\{\underline{p} \in \text{Spec A} \mid \dim M(\underline{p}) = \dim M(\{0\})\}$ ist offen in Spec A.

Wird M von $M \cap U(\underline{g})$ über A erzeugt, so gilt weiter:

(3) $\dim N(\underline{p}) \geq \dim N(\{0\})$ für alle $\underline{p} \in$ Spec A,

(4) $\{\underline{p} \in \text{Spec A} \mid \dim N(\underline{p}) = \dim N(\{0\})\}$ ist offen in Spec A und für alle $\underline{p} \in$ Spec A mit $\dim N(\underline{p}) = \dim N(\{0\})$ gilt

(5) $N(\underline{p}) = Q(A(\underline{p})\ \phi_{\underline{p}}(N(\{0\}) \cap U(\underline{g}_A)).$

Beweis: Wir wählen Erzeugende $u_1,\dots,u_n$ von M über A und betrachten die Matrizen

(6) $$(X_{-\pi}\, v_{\phi_{\underline{p}}\lambda},\ \phi_{\underline{p}}(u_i)\, v_{\phi_{\underline{p}}\lambda}) \qquad \text{mit } \pi \in \underline{\underline{P}}(\nu) \text{ und } 1 \leq i \leq n$$

für alle $\underline{p} \in$ Spec A; ihren Rang über $Q(A/\underline{p})$ bezeichnen wir mit $r(\underline{p})$. Wie wir in 4.2 (1) sahen, gilt

(7) $$(X_{-\pi}\, v_{\phi_{\underline{p}}\lambda},\ \phi_{\underline{p}}(u_i)\, v_{\phi_{\underline{p}}\lambda}) = \phi_{\underline{p}}\ (X_{-\pi}v_\lambda,\ u_i\, v_\lambda)\ .$$

Nun ist $r(\underline{p})$ die größte Zahl r, für die (6) einen $r \times r$ - Minor ungleich Null hat, und nach (7) sind diese Minoren die Bilder unter $\phi_{\underline{p}}$ derjenigen im Fall $\underline{p} = \{0\}$; deshalb gilt

$$r(\underline{p}) \leq r(\{0\})$$

und $$\{\underline{p} \in \text{Spec A} \mid r(\underline{p}) = r(\{0\})\} \text{ ist offen in Spec A.}$$

Also folgen (1) und (2), wenn wir zeigen:

(8) $$\dim M(\underline{p}) = r(\underline{p}) \qquad \text{für alle } \underline{p} \in \operatorname{Spec} A.$$

Um dies zu sehen, können wir uns auf $\underline{p} = \{0\}$ beschränken und dann die Aussage auf $A/\underline{p}$ statt A anwenden.

Wir nehmen nun einen $r \times r$ - Minor (mit $r = r(\{0\})$) ungleich Null (von (6) für $\underline{p} = 0$) her; das heißt, wir wählen r Partitionen $\pi_1,\dots,\pi_r$ und ändern notfalls die Reihenfolge der u_j, so daß

(9) $$f = \det (X_{-\pi_i} v_\lambda, u_j v_\lambda)_{1 \leq i,j \leq r} \neq 0$$

ist. Wir wollen zeigen, daß die $u_j\bar{v}_\lambda$ $(1 \leq j \leq r)$ eine Basis von $M(\{0\})$ bilden; dann folgt sicherlich (8). Wären die $u_j\bar{v}_\lambda$ nicht linear unabhängig, so gäbe es $a_j \in Q(A)$ nicht alle Null mit

$$\sum_{j=1}^{r} a_j u_j \bar{v}_\lambda = 0 ,$$

also

(10) $$\sum_{j=1}^{r} a_j (X_{-\pi_i} \bar{v}_\lambda, u_j\bar{v}_\lambda) = 0 \qquad \text{für } 1 \leq i \leq r.$$

Nun können wir die kontravariante Form auf $L(\lambda)_{Q(A)}$ so wählen, daß $(u\bar{v}_\lambda, u'\bar{v}_\lambda) = (uv_\lambda, u'v_\lambda)$ für alle $u, u' \in U(\underline{g}_{Q(A)})$ gilt; daher folgte aus (10), daß in (9) die Zeilen linear abhängig wären und die Determinante gleich Null im Widerspruch zur Annahme wäre. Also sind die $u_j\bar{v}_\lambda$ $(1 \leq j \leq r)$ linear unabhängig.

Betrachten wir nun ein $u_s\bar{v}_\lambda$ mit $r < s \leq n$. Das Gleichungssystem

(11) $$\sum_{j=1}^{r} c_{sj}(X_{-\pi_i} v_\lambda, u_j v_\lambda) = (X_{-\pi_i} v_\lambda, u_s v_\lambda) \qquad \text{für } 1 \leq i \leq r$$

hat wegen (9) genau eine Lösung $(c_{sj})_{1 \leq i \leq r}$ in $Q(A)$; nach der Cramerschen Regel liegen alle fc_{sj} in A. Für jede Partition $\pi \in \underline{\underline{P}}(\nu)$ mit $\pi \neq \pi_1,\dots,\pi_r$ ist die Matrix

(12) $$\begin{pmatrix} (X_{-\pi_i} v_\lambda, u_j v_\lambda)_{1 \leq i,\, j \leq r} & (X_{-\pi_i} v_\lambda, u_s v_\lambda)_{1 \leq i \leq r} \\ (X_{-\pi} v_\lambda, u_j v_\lambda)_{1 \leq j \leq r} & (X_{-\pi} v_\lambda, u_s v_\lambda) \end{pmatrix}$$

ein $(r+1) \times (r+1)$ - Minor unserer Ausgangsmatrix (6) (für $\underline{p} = \{0\}$) und hat deshalb nach Definition von r die Determinante Null. Subtrahieren wir nun von der letzten Spalte für alle j $(1 \leq j \leq r)$ das c_{sj}-fache der j-ten Spalte, so erhalten wir nach (11) Nullen in den ersten r Zeilen der letzten Spalte:

$$(13)\qquad \begin{pmatrix} (X_{-\pi_i} v_\lambda, u_j v_\lambda)_{1 \leq i,j \leq r} & 0 \\ (X_{-\pi} v_\lambda, u_j v_\lambda)_{1 \leq j \leq r} & (X_{-\pi} v_\lambda, u_s v_\lambda) - \sum_{j=1}^{r} c_{sj} (X_{-\pi} v_\lambda, u_j v_\lambda) \end{pmatrix}$$

Beim Übergang von (12) zu (13) ändert sich die Determinante nicht, also ist sie auch für (13) gleich Null. Andererseits ist diese Determinante offensichtlich gerade das Produkt von $f \neq 0$ (siehe (9)) und dem Element rechts unten in der Ecke. Folglich muß

$$(14)\qquad (X_{-\pi} v_\lambda,\ u_s v_\lambda - \sum_{j=1}^{r} c_{sj}\, u_j v_\lambda) = 0 \qquad \text{für alle } \pi \in \underline{\underline{P}}(\nu),\ r < s \leq n$$

sein (für $\pi \in \{\pi_1, \ldots, \pi_r\}$ benutzt man hier (11)). Gehen wir jetzt wieder zu $L(\lambda)_{Q(A)}$ über und beachten, daß

$$L(\lambda)_{Q(A)}^{\lambda-\nu} = \sum_{\pi \in \underline{\underline{P}}(\nu)} Q(A) X_{-\pi} \bar{v}_\lambda$$

ist, so folgt

$$(L(\lambda)_{Q(A)}^{\lambda-\nu},\ (u_s - \sum_{j=1}^{r} c_{sj} u_j) \bar{v}_\lambda) = 0.$$

Nun ist $(\ ,\ )$ auf $L(\lambda)_{Q(A)}^{\lambda-\nu}$ nicht ausgeartet, also muß

$$(15)\qquad u_s \bar{v}_\lambda = \sum_{j=1}^{r} c_{sj}\, u_j \bar{v}_\lambda \qquad \text{für } r < s \leq n$$

sein. Wir sehen somit

$$M(\{0\}) = \sum_{j=1}^{n} Q(A)\, u_j \bar{v}_\lambda = \sum_{j=1}^{r} Q(A)\, u_j \bar{v}_\lambda .$$

Weil wir oben zeigten, daß die $u_j \bar{v}_\lambda$ $(1 \leq j \leq r)$ linear unabhängig sind, können wir $\dim M(\{0\}) = r = r(\{0\})$ schließen. Damit sind auch (1) und (2) bewiesen.

Um die weiteren Aussagen zu zeigen, können wir annehmen, daß die u_i $(1 \leq i \leq n)$ in $U(\underline{g})^{-\nu}$ liegen und linear unabhängig sind. Für alle $\underline{p} \in \operatorname{Spec} A$ gilt dann

$$n = \dim M(\underline{p}) + \dim N(\underline{p}).$$

Deshalb folgen (3) und (4) aus (1) und (2). Um (5) zu zeigen, sei $\underline{p} \in \operatorname{Spec} A$ mit $\dim N(\underline{p}) = \dim N(\{0\}) = n - r$. Dann muß $\dim M(\underline{p}) = \dim M(\{0\})$ sein, es gibt also einen $r \times r$ - Minor von (6) (für $\underline{p} = 0$), der an der Stelle $\underline{p}$ nicht Null ist. Wir können daher oben in (9) annehmen, daß $f \notin \underline{p}$ ist. Nach (15) bilden die $fu_s - \sum_{j=1}^{r} f\, c_{sj}\, u_j$ mit $r < s \leq n$ eine Basis von $N(\{0\})$ und liegen wegen $f\, c_{sj} \in A$ in $U(\underline{g}_A)$. Ihre Bilder $\phi_{\underline{p}}(f)u_s - \sum_{j=1}^{r} \phi_{\underline{p}}(f\, c_{sj})u_j$ gehören offensichtlich zu $N(\underline{p})$ und sind wegen $\phi_{\underline{p}}(f) \neq 0$ linear unabhängig. Nach unserer Voraussetzung gilt $\dim N(\underline{p}) = n - r$, also bilden diese Elemente eine Basis von $N(\underline{p})$, es folgt daher $N(\underline{p}) = Q(A/\underline{p})\phi_{\underline{p}}(N(\{0\}) \cap U(\underline{g}_A))$, was zu beweisen war.

4.7

Wie wir ankündigten, wollen wir den Satz zunächst auf den Fall anwenden, wo $M(\underline{p})$ der $\phi_{\underline{p}}\lambda - \nu$ Gewichtsraum von $L(\phi_{\underline{p}}\lambda)_{Q(A/\underline{p})}$ ist, auf $M = U(\underline{n}_A^-)^{-\nu}$ also. So erhalten wir

Corollar: Sei A eine nullteilerfreie k-Algebra. Für alle $\lambda \in \underline{h}_A^*$ und $\nu \in Q(R)$ ist

$$\{\underline{p} \in \operatorname{Spec} A \mid \dim_{Q(A/\underline{p})} L(\phi_{\underline{p}}\lambda)_{Q(A/\underline{p})}^{\phi_{\underline{p}}\lambda-\nu} = \dim_{Q(A)} L(\lambda)_{Q(A)}^{\lambda-\nu}\}$$

offen und nicht leer in Spec A.

4.8

In diesem Abschnitt wollen wir annehmen, daß k algebraisch abgeschlossen ist. Es sei $Y \subset \underline{h}^*$ eine Zariski-abgeschlossene irreduzible Teilmenge von $\underline{h}^*$. Wir bezeichnen die k-Algebra der regulären Funktionen auf Y mit A; dies ist eine nullteilerfreie Restklassenalgebra von $S(\underline{h})$ und die natürlichen Abbildungen

$$\underline{h} \hookrightarrow S(\underline{h}) \longrightarrow A$$

induzieren eine Linearform $\lambda_o \in \underline{h}_A^*$. Für alle $\lambda \in Y$ sei $\underline{m}_\lambda$ das zugehörige maximale Ideal von A und $\phi_\lambda = \phi_{\underline{m}_\lambda} : A \to A/\underline{m}_\lambda \xrightarrow{\sim} k$ die Auswertungsabbildung $f \mapsto f(\lambda)$ an der Stelle λ.

Für alle $H \in \underline{h}$ ist $\lambda_o(H)$ die Funktion $\mu \mapsto \mu(H)$ für alle $\mu \in Y$; also gilt für alle $\lambda \in Y$:

$$\phi_\lambda(\lambda_o(H)) = (\lambda_o(H))(\lambda) = \lambda(H),$$

das heißt $\phi_\lambda(\lambda_o) = \lambda$; allgemeiner sieht man

$$\phi_\lambda(\lambda_o + \nu) = \lambda + \nu \qquad \text{für alle } \nu \in \underline{h}^*.$$

Für alle $\alpha \in R$ und $\lambda \in Y$ folgt insbesondere $\phi_\lambda \langle \lambda_o + \rho, \alpha^\vee \rangle = \langle \lambda + \rho, \alpha^\vee \rangle$ Daher gilt $\langle \lambda_o + \rho, \alpha^\vee \rangle \in k$ genau dann, wenn $\alpha^\vee|_Y$ konstant ist, und in diesem Fall ist $\langle \lambda_o + \rho, \alpha^\vee \rangle = \langle \lambda + \rho, \alpha^\vee \rangle$ für alle $\lambda \in Y$. Da dies insbesondere für alle $\alpha \in R_{\lambda_o}$ erfüllt ist, folgt $s_\alpha . \lambda_o - \lambda_o = s_\alpha . \lambda - \lambda$ für alle $\alpha \in R_{\lambda_o}$ und durch Induktion auch $w . \lambda_o - \lambda_o = w.\lambda - \lambda$ für alle $w \in W_{\lambda_o}$ und $\lambda \in Y$. Deshalb muß $\phi_\lambda(w.\lambda_o) = \phi_\lambda(\lambda_o + w.\lambda_o - \lambda_o) = \lambda + (w.\lambda_o - \lambda_o) = w.\lambda$ für alle diese w und λ sein.

Nun können wir aus Corollar 4.7 sofort schließen:

(1) <u>Für alle</u> $w \in W_{\lambda_o}$ <u>und</u> $\nu, \nu' \in Q(R)$ <u>ist</u>

$$\{\lambda \in Y \mid \dim L(w.\lambda + \nu)^{w.\lambda + \nu'} = \dim_{Q(A)} L(w.\lambda_o + \nu)^{w.\lambda_o + \nu'}_{Q(A)}\}$$

<u>Zariski-offen und nicht leer in</u> Y.

4.9

<u>Theorem</u>: <u>Seien</u> $\lambda, \mu \in \underline{h}^*$ <u>antidominant, es sei</u> $w_1 \in W$ <u>mit</u> $B_\lambda \subset w_1 B_\mu$ <u>und</u>

$$\langle \lambda + \rho, \alpha^\vee \rangle = \langle w_1(\mu + \rho), \alpha^\vee \rangle \qquad \underline{\text{für alle}}\ \alpha \in B_\lambda$$

<u>sowie</u> $\langle \mu + \rho, \beta^\vee \rangle < 0$ <u>für alle</u> $\beta \in B_\mu \setminus w_1^{-1} B_\lambda$.

<u>Dann gilt für alle</u> $w, w' \in W_\lambda$:

$$[M(w.\lambda) : L(w'.\lambda)] = [M(ww_1.\mu) : L(w'w_1.\mu)]$$

<u>und</u> $(L(w.\lambda) : M(w'.\lambda)) = (L(ww_1.\mu) : M(w'w_1.\mu))$.

<u>Beweis</u>: Nach 4.2 ändern sich diese Zahlen bei Körpererweiterungen nicht; wir können daher annehmen, daß k algebraisch abgeschlossen ist. Wir wenden die Überlegungen von 4.8 nun auf den affinen Teilraum $Y = \lambda + R_\lambda^\perp = \{x \in \underline{h} \mid \langle \lambda - x, \alpha^\vee \rangle = 0$ für alle $\alpha \in B_\lambda\}$ an. Für alle $\alpha \in R \cap \mathbb{Q}B_\lambda$ gilt $\langle \lambda + \rho, \alpha^\vee \rangle = \langle \lambda_o + \rho, \alpha^\vee \rangle$

für $\alpha \in R \setminus \mathbb{Q}B_\lambda$ dagegen $\langle \lambda_o + \rho, \alpha^\vee \rangle \notin k$. Dies zeigt $R_\lambda = R_{\lambda_o}$ und $W_\lambda = W_{\lambda_o}$. Nun ist

$$Q_1 = \{\nu \in \mathbb{N}B \mid \nu \leq w.\lambda - \lambda \qquad \text{für ein } w \in W_\lambda\}$$

endlich. Nach 4.8 (1) muß nun

(1) $$Y_o = \{\lambda' \in Y \mid \dim L(\lambda' + \nu)^{\lambda'+\nu'} = \dim_{Q(A)} L(\lambda_o+\nu)^{\lambda_o+\nu'} \text{ für alle } \nu,\nu' \in Q_1\}$$

nicht leer und Zariski-offen in Y sein. Schreiben wir kurz

$$a_{\lambda'}(\nu,\nu') = (L(\lambda' + \nu) : M(\lambda' + \nu')) \qquad (\lambda' \in Y)$$

und $$a(\nu,\nu') = (L(\lambda_o + \nu)_{Q(A)} : M(\lambda_o + \nu')_{Q(A)}) \qquad \text{für alle } \nu,\nu' \in Q(R).$$

Dann gilt

$$\dim L(\lambda' + \nu)^{\lambda'+\nu'} = \sum_{\nu_1 \in Q(R)} a_{\lambda'}(\nu,\nu_1) \dim M(\lambda' + \nu_1)^{\lambda'+\nu'}$$

$$= \sum_{\nu_1 \in Q(R)} a_{\lambda'}(\nu,\nu_1) P(\nu_1 - \nu') \qquad \text{für alle } \lambda' \in Y \text{ und } \nu, \nu' \in Q(R).$$

Dabei brauchen wir natürlich nur über die ν_1 mit $\nu' \leq \nu_1 \leq \nu$ zu nummieren; für $\nu, \nu' \in Q_1$ gehört auch ν_1 zu Q_1; so folgt also

$$\dim L(\lambda' + \nu)^{\lambda'+\nu'} = \sum_{\nu_1 \in Q_1} a_{\lambda'}(\nu, \nu_1) P(\nu_1 - \nu') \qquad \text{für alle } \nu, \nu' \in Q_1 \text{ und } \lambda' \in Y.$$

Ebenso gilt

$$\dim_{Q(A)} L(\lambda_o + \nu)_{Q(A)}^{\lambda_o+\nu'} = \sum_{\nu_1 \in Q_1} a(\nu,\nu_1) P(\nu_1 - \nu') \qquad \text{für alle } \nu, \nu' \in Q_1.$$

Für $\lambda' \in Y_o$ folgt nun

(2) $$\sum_{\nu_1 \in Q_1} (a_{\lambda'}(\nu,\nu_1) - a(\nu,\nu_1)) P(\nu_1 - \nu') = 0 \qquad \text{für alle } \nu, \nu' \in Q_1.$$

Durch Induktion über ν' von oben kann man nun

$$a_{\lambda'}(\nu,\nu') = a(\nu, \nu') \qquad \text{für alle } \nu, \nu' \in Q_1$$

zeigen: In (2) tritt nämlich $a_{\lambda'}(\nu, \nu') - a(\nu, \nu')$ mit dem Koeffizienten

$P(\nu' - \nu') = 1$ auf, für alle anderen vorkommenden ν_1 gilt $\nu' < \nu_1 \leq \nu$, so daß wir nach Induktionsvoraussetzung annehmen können, daß alle Summanden für $\nu_1 \neq \nu'$ in (2) schon gleich Null sind.

Wenden wir dies insbesondere auf $\nu = w.\lambda_o - \lambda_o$ und $\nu' = w'.\lambda_o - \lambda_o$ mit $w, w' \in W_\lambda = W_{\lambda_o}$ an. Für alle $\lambda' \in Y$ gilt dann $\nu = w.\lambda' - \lambda'$ und $\nu' = w'.\lambda' - \lambda'$ (vgl. 4.8), also $\lambda' + \nu = w.\lambda'$ und $\lambda' + \nu' = w'.\lambda'$. Also haben wir bisher bewiesen:

(3) $(L(w.\lambda_o)_{Q(A)} : M(w'.\lambda_o)_{Q(A)}) = (L(w.\lambda') : M(w'.\lambda'))$

für alle $w,w' \in W_\lambda$ und $\lambda' \in Y_o$.

Ebenso sieht man

(3') $[M(w.\lambda_o)_{Q(A)} : L(w'.\lambda_o)_{Q(A)}] = [M(w.\lambda') : L(w'.\lambda')]$

für alle $w,w' \in W_\lambda$ und $\lambda' \in Y_o$.

Nehmen wir an, es sei $\lambda' \in Y_o \cap (\lambda + P(R))$.
Dann ist λ' auch antidominant und wir können 2.15 anwenden: Es folgt

(4) $[M(w.\lambda) : L(w'.\lambda)] = [M(w.\lambda') : L(w'.\lambda')]$ für alle $w,w' \in W_\lambda$.

Nehmen wir weiter an, es gäbe ein $\mu' \in \mu + P(R)$ mit $w_1.\mu' \in Y_o$, so daß $\underline{\underline{R}}\mu'$ und $\underline{\underline{R}}\mu$ in derselben Facette für W_μ liegen. Wieder erhalten wir aus 2.15:

(4') $[M(ww_1.\mu) : L(ww_1.\mu)] = [M(ww_1.\mu') : L(ww_1.\mu')]$.

Wegen $\lambda' \in Y_o$ und $w_1.\mu' \in Y_o$ können wir (3') in (4) und (4') einsetzen; vergleichen wir dann, so erhalten wir die erste Behauptung des Theorems: die zweite zeigt man genauso.

Wir müssen also nur noch beweisen, daß es λ' und μ' mit den angegebenen Eigenschaften gibt. Dabei können wir uns darauf beschränken, ein μ' zu suchen, da wir dann alle Überlegungen auf den Fall $\mu = \lambda$ und $w_1 = 1$ anwenden können. Weil Y_o Zariski-offen in Y ist, müssen wir zeigen, daß die Menge der $w_1.\mu'$ mit $\mu' \in \mu + P(R)$ und $\underline{\underline{R}}\mu'$ in derselben Facette wie $\underline{\underline{R}}\mu$ mit Y einen in Y Zariski-dichten Durchschnitt hat, also folgt das Theorem aus:

4.10 <u>Lemma</u>: <u>Es seien</u> λ, μ <u>und</u> w_1 <u>wie in Theorem 4.9.</u> <u>Dann ist</u>

$$w_1 . \{\mu' \in \mu + P(R) \mid \langle \lambda + \rho, \alpha^\vee \rangle = \langle w_1(\mu' + \rho), \alpha^\vee \rangle \quad \text{für alle} \quad \alpha \in B_\lambda,$$
$$\langle \mu' + \rho, \alpha^\vee \rangle < 0 \quad \text{für alle} \quad \alpha \in B_\mu \setminus w_1^{-1} B_\lambda\}$$

<u>Zariski-dicht in</u> $\lambda + R_\lambda^\perp$.

<u>Beweis</u>: Man kann in $P(R)$ eine Basis ω'_α $(\alpha \in w_1 B_\mu)$, ω'_i $(1 \leq i \leq s$ mit $s = \# B - \# B_\mu)$ von $\underline{h}^*$ finden, sodaß $\langle \omega'_\alpha, \beta^\vee \rangle = 0$ für $\alpha, \beta \in w_1 B_\mu$, $\alpha \neq \beta$ und $\langle \omega'_\alpha, \alpha^\vee \rangle \in \mathbb{N} \setminus 0$ sowie $\langle \omega'_i, \alpha^\vee \rangle = 0$ für $1 \leq i \leq s$ und $\alpha \in w_1 B_\mu$ gilt: Man ergänzt $w_1 B_\mu$ zu einer Basis von $\mathbb{Q}R^\vee$, nimmt in $\mathbb{Q}R$ die dazu duale Basis und multipliziert mit hinreichend großen ganzen Zahlen, bis alle Elemente in $P(R)$ liegen.

Nun bilden die ω'_α mit $\alpha \in w_1 B_\mu \setminus B_\lambda$ und die ω'_i mit $1 \leq i \leq s$ eine Basis von $R_\lambda^\perp$. Daher ist

$$(1) \qquad w_1 . \mu - \sum_{\alpha \in w_1 B_\mu \setminus B_\lambda} \mathbb{N} \omega'_\alpha + \sum_{i=1}^{s} \mathbb{Z} \omega'_i$$

Zariski-dicht in $\lambda + R_\lambda^\perp$ und in $w_1 . (\mu + P(R))$ enthalten. Für alle $\mu' \in \mu + P(R)$, für das $w_1 . \mu'$ in der Menge (1) liegt, und alle $\alpha \in B_\mu \setminus w_1^{-1} B_\lambda$ gilt

$$\langle \mu' + \rho, \alpha^\vee \rangle = \langle w_1(\mu' + \rho), w_1 \alpha^\vee \rangle$$
$$\in \langle w_1(\mu + \rho) - \mathbb{N}\omega'_{w_1\alpha}, w_1\alpha^\vee \rangle = \langle \mu + \rho, \alpha^\vee \rangle - \mathbb{N}\langle \omega'_{w_1\alpha}, w_1 \alpha^\vee \rangle$$

mithin $\langle \mu' + \rho, \alpha^\vee \rangle < 0$. Also umfasst die Menge, von der das Lemma behauptet, sie sei dicht, diejenige in (1) ; somit ist das Lemma bewiesen.

4.11 <u>Corollar</u> (zu 4.9)

<u>Seien</u> $\lambda, \mu \in \underline{h}^*$ <u>mit</u> $R_\lambda = R_\mu$ <u>und</u> $\langle \lambda - \mu, \alpha^\vee \rangle = 0$ <u>für alle</u> $\alpha \in R_\lambda$. <u>Dann gilt</u>

$$[M(w.\lambda) : L(w'.\lambda)] = [M(w.\mu) : L(w'.\mu)] ,$$
$$(L(w.\lambda) : M(w'.\lambda)) = (L(w.\mu) : M(w'.\mu))$$

<u>und</u> $\quad \operatorname{Dim} L(w.\lambda) = \operatorname{Dim} L(w.\mu) \qquad$ <u>für alle</u> $w, w' \in W_\lambda$.

<u>Beweis</u>: Wir können λ und μ durch $w_1.\lambda$ und $w_1.\mu$ für ein beliebiges $w_1 \in W$ ersetzen. Daher können wir uns auf den Fall beschränken, daß λ und μ antidominant sind und $w \in W_\lambda$ ist. Die Multiplizitäten sind nun sicher Null, wenn $w' \notin W_\lambda$ ist, also können wir auch $w' \in W_\lambda$ annehmen. Dann folgen die beiden ersten Formeln sofort aus dem Theorem. Um die dritte Behauptung zu zeigen, betrachten wir die Funktionen $F_{L(w.\lambda)}, F_{L(w.\mu)}$ von 3.12. Für alle $\nu \in \mathbb{N}B$ gilt nun

(1) $$\dim L(w.\lambda)^{w.\lambda-\nu} = \sum_{w' \in W_\lambda} (L(w.\lambda) : M(w'.\lambda))\, P(w'.\lambda - w.\lambda + \nu)$$

und

(1') $$\dim L(w.\mu)^{w.\mu-\nu} = \sum_{w' \in W_\lambda} (L(w.\mu) : M(w'.\mu))\, P(w'.\mu - w.\mu + \nu).$$

Wegen $\langle \lambda - \mu, \alpha^\vee \rangle = 0$ für alle $\alpha \in R_\lambda$ folgt $w'.\lambda - w.\lambda = w'.\mu - w.\mu$ für alle $w, w' \in W_\lambda$; zusammen mit dem schon bewiesenen Teil des Corollars folgt daraus, daß die rechten Seiten von (1) und (1') gleich sind, mithin

$$\dim L(w.\lambda)^{w.\lambda-\nu} = \dim L(w.\mu)^{w.\mu-\nu} \qquad \text{für alle } \nu \in \mathbb{N}B$$

und

$$F_{L(w.\lambda)}(n) = \sum_{|\nu| \leq n} \dim L(w.\lambda)^{w.\lambda-\nu} = F_{L(w.\mu)}(n).$$

Dies zeigt $F_{L(w.\lambda)} = F_{L(w.\mu)}$ und

$$\operatorname{Dim} L(w.\lambda) = \operatorname{Dim} F_{L(w.\lambda)} = \operatorname{Dim} L(w.\mu),$$

was zu beweisen war.

4.12 <u>Bemerkungen</u>: 1) Aus dem Theorem 4.9 zusammen mit den Sätzen 2.14 und 4.5 b folgt: Kennt man die Multiplizitäten $[M(w.\lambda) : L(w'.\lambda)]$ (mit $w, w' \in W_\lambda$) für alle $\lambda \in \underline{h}^*$, die antidominant und regulär mit $\# B_\lambda = \# B$ sind, so auch für alle $\lambda \in \underline{h}^*$ überhaupt.

2) Man kann das Theorem 4.9 für $\# B_\lambda < \# B_\mu$ im Prinzip in zwei Richtungen anwenden: Kennt man die Multiplizitäten für μ, so kann man sie für λ ablesen. Umgekehrt erhält man aus denen für λ einige für μ. Betrachten wir, was für kleine $\# B_\lambda$ geschieht: Seien $\alpha \in B_\mu$ und $w_1 \in W$ mit $w_1^{-1}\alpha > 0$ und $\langle \mu + \rho, \alpha^\vee \rangle < 0$. Dann kann man ein λ mit $B_\lambda = w_1^{-1}\{\alpha\}$ und $\langle \lambda + \rho, w_1^{-1}\alpha^\vee \rangle = \langle \mu + \rho, \alpha^\vee \rangle$

finden. Es folgt

$$(L(s_\alpha\cdot\lambda) : M(\lambda)) = (L(w_1 s_\alpha\cdot\mu) : M(w_1\cdot\mu)).$$

Wir haben nun in 2.16 a gezeigt, daß beide Seiten $=-1$ sind , und dazu das Theorem 2.11 benutzt. Man kann nun hier recht einfach direkt sehen (vgl. [Conze-Dixmier]), daß die linke Seite gleich -1 ist und erhalten so eine Bestätigung eines Teiles von 2.16 a. (Wir haben beim Beweis von 4.9 nur den einfachen Teil des Verschiebungsprinzips benutzt, wo beide Gewichte zur selben Facette gehören.)

3) Sei $\mu \in \underline{h}^*$ antidominant und regulär, es seien $\alpha, \beta \in B_\mu$ $(\alpha \neq \beta)$ und $w \in W_\mu$ mit $w\alpha, w\beta > 0$. Man kann dann ein $\lambda \in \underline{h}^*$ mit $\langle \lambda + \rho, w\alpha^\vee \rangle = \langle \mu + \rho, \alpha^\vee \rangle$ und $\langle \lambda + \rho, w\beta^\vee \rangle = \langle \mu + \rho, \beta^\vee \rangle$ sowie $B_\lambda = \{w\alpha, w\beta\}$ finden (nach Satz 4.5 a). Für alle $w_1, w_2 \in W_\lambda$ folgt nun aus dem Theorem 4.9:

$$[M(w_1\cdot\lambda) : L(w_2\cdot\lambda)] = [M(w_1 w\cdot\mu) : L(w_2 w\cdot\mu)] .$$

Nach Satz 3.16 ist die Multiplizität links höchstens gleich Eins. Dies zeigt:

Aus Satz 3.16 folgt die Aussage (R2) in 3.6. (Wir weisen daraufhin, daß wir in diesem Kapitel keine Aussage aus Kapitel 3 benutzt haben, die nur unter der Voraussetzung bewiesen wurde, daß (R2) gilt. In der Tat: der einzige Verweis auf Kapitel 3 geschah beim Beweis von 4.11, wo wir von Dim $L(w.\mu)$ sprachen.)

4.13

Seien $\lambda, \mu \in \underline{h}^*$ antidominant und regulär mit $R_\lambda = R_\mu$. Wir sagen kurz, daß λ und μ dieselben Multiplizitäten haben, wenn

$$[M(w.\lambda) : L(w'.\lambda)] = [M(w.\mu) : L(w'.\mu)] \qquad \text{für alle } w,w' \in W$$

gilt. Nach 2.15 und 4.7 wissen wir, daß dies sicher erfüllt ist, wenn $\lambda - \mu \in P(R)$ oder $\langle \lambda - \mu, \alpha^\vee \rangle = 0$ für alle $\alpha \in R_\lambda$ gilt. Man kann daraus leicht ableiten: Zu jedem R_λ gibt es $\lambda_1,\dots,\lambda_r \in \underline{h}^*$ antidominant und regulär mit $R_{\lambda_i} = R_\lambda$ so daß es für alle $\mu \in \underline{h}^*$, antidominant und regulär mit $R_\mu = R_\lambda$, ein i gibt, für welches μ und λ_i dieselben Multiplizitäten haben. Man möchte natürlich gerne, daß man $r = 1$ setzen könnte. Zeigen wir, daß es in einem Spezialfall möglich ist.

Satz: Seien $\lambda, \mu \in \underline{h}^*$ antidominant und regulär mit $R_\lambda = R_\mu$. Gilt $\#(\mathbb{Z}R^\vee \cap \mathbb{Q}B_\lambda^\vee)/\mathbb{Z}B_\lambda^\vee \leq 2$, so haben λ und μ dieselben Multiplizitäten.

Beweis: Nach der Bemerkung zu Satz 4.5 gibt es $\lambda', \mu' \in \underline{h}^*$; antidominant und regulär mit $R_{\lambda'} = R_\mu$ und ein $w \in W$ mit $B_\lambda \subset wB_{\lambda'} = wB_{\mu'}$, mit $\langle w(\lambda' + \rho) - (\lambda + \rho), \alpha^\vee \rangle = 0 = \langle w(\mu' + \rho) - (\mu + \rho), \alpha^\vee \rangle$ für alle $\alpha \in R_\lambda$ sowie $\# B_\mu = \# B$ und

$$\# \mathbb{Z}R^\vee / \mathbb{Z}B_\mu^\vee = \#(\mathbb{Z}R^\vee \cap \mathbb{Q}B_\lambda^\vee)/\mathbb{Z}B_\lambda^\vee \leq 2.$$

Aus dem Theorem 4.9 folgt

$$[M(w_1.\lambda) : L(w_2.\lambda)] = [M(w_1 w.\lambda') : L(w_2 w.\lambda')]$$

und

$$[M(w_1.\mu) : L(w_2.\mu)] = [M(w_1 w.\mu') : L(w_2 w.\mu')]$$

für alle $w_1, w_2 \in W_\lambda$. (Offenbar können wir uns wie in 4.11 auf $w_1, w_2 \in W_\lambda$ beschränken.)

Dies zeigt, daß wir nur den Fall $\# B_\lambda = \# B$ zu betrachten brauchen. Setzen wir nun

$$P(R_\lambda) = \{\nu \in \underline{h}^* \mid \langle \nu + \rho, \alpha^\vee \rangle \in \mathbb{Z} \quad \text{für alle } \alpha \in B_\lambda\}$$

so ist $P(R_\lambda) / P(R)$ zu $\mathbb{Z}B^\vee / \mathbb{Z}B_\lambda^\vee$ dual.

Für $B_\lambda = B$ gehören λ und μ, also auch $\lambda - \mu$, sowieso zu $P(R)$, und nach 2.15 ist nichts mehr zu zeigen. Für $B_\lambda \neq B$ ist nach unserer Voraussetzung $\mathbb{Z}B^\vee / \mathbb{Z}B_\lambda^\vee$ von der Ordnung 2; daher ist $P(R_\lambda)$ die Vereinigung von $P(R)$ mit genau einer Nebenklasse, die alle $\nu \in P(R_\lambda)$ mit $R_\lambda \subset R_\nu \neq R$ enthält. Diese Nebenklasse muß gleich $\lambda + P(R)$ sein und μ enthalten, also folgt auch in diesem Fall: $\lambda - \mu \in P(R)$.

4.14

Corollar: Seien $\lambda, \mu \in \underline{h}^*$ antidominant und regulär mit $R_\lambda = R_\mu$. Sind alle einfachen Komponenten von R vom Typ A, B, C oder D, so haben λ und μ dieselben Multiplizitäten.

Beweis: Wir können uns nach 1.20 auf den Fall beschränken, daß R unzerlegbar ist. Dann wollen wir zeigen, daß in diesen Fällen stets $\#(\mathbb{Z}R^{\vee} \cap \mathbb{Q}B_{\lambda}^{\vee})/\mathbb{Z}B_{\lambda}^{\vee} \leq 2$ gilt. Nach 4.5 können wir uns dabei auf den Fall $\# B_{\lambda} = \# B$ beschränken. Nun wird in [Borho-Jantzen], Bemerkung zu 4.2 beschrieben, wie man die verschiedenen R_{λ} erhält: Man nimmt die längste kurze Wurzel α_o und läßt β die Basis durchlaufen. Die $\mathbb{Z}\alpha_o^{\vee} + \sum_{\alpha \in B\setminus\beta} \mathbb{Z}\alpha^{\vee}$ sind dann - bis auf Konjugation unter der Weylgruppe - die möglichen $\mathbb{Z}B_{\lambda}^{\vee}$. Es ist dann $\# \mathbb{Z}R^{\vee}/\mathbb{Z}B_{\lambda}^{\vee}$ gleich dem Koeffizienten m_{β} in $\alpha_o^{\vee} = \sum_{\alpha \in B} m_{\alpha}\alpha^{\vee}$. Für die Typen A, B, C und D ist $m_{\beta} \leq 2$ für alle $\beta \in B$; daraus folgt die Behauptung.

Bemerkung: 1) Bei allen Ausnahmetypen treten größere Zahlen als 2 bei den $\#(\mathbb{Z}R^{\vee} \cap \mathbb{Q}B_{\lambda}^{\vee})/\mathbb{Z}B_{\lambda}^{\vee}$ auf.

2) Wir können nach 3.16 im Corollar auch den Typ G_2 zulassen.

4.15

Wir verallgemeinern nun Lemma 4.3:

Satz: Seien $\lambda, \mu \in \underline{h}^*$ mit $\langle \mu - \lambda, \alpha^{\vee} \rangle = 0$ für alle $\alpha \in R_{\mu}$. Dann gibt es einen $\underline{g}$-Modul zum höchsten Gewicht λ mit

$$\text{ch } M = e(\lambda - \mu) \text{ ch } L(\mu) = \sum_{w \in W_{\mu}/W_{\mu}^o} (L(\mu) : M(w.\mu)) \text{ ch } M(w.\lambda).$$

Beweis: Wir können den Beweis von Lemma 4.3 fast wörtlich übernehmen: Wir betrachten den Polynomring $k[T]$ und

$$\mu' = \mu + T(\lambda - \mu).$$

Wie in 4.3 gilt $R_{\mu'} = R_{\mu}$ und $\langle \mu - \mu', \alpha^{\vee} \rangle = 0$ für alle $\alpha \in B_{\mu}$. Aus 4.11 folgt nun

$$\text{ch } L(\mu')_{k(T)} = e(\mu' - \mu) \text{ ch } L(\mu).$$

Mit $\bar{v}_{\mu'}$ wie in 4.2 bilden wir nun $U(\underline{g}_{k[T]})\bar{v}_{\mu'}$ und dann

$$M = U(\underline{g}_{k[T]})\bar{v}_{\mu'} \otimes_{k[T]} k,$$

wobei wir das Tensorprodukt über $k[T]$ mit Hilfe von $\phi \in \text{Hom}_{k\text{-Alg}}(k[T], k)$ mit

$\phi(T) = 1$ bilden. Weil $k[T]$ ein Hauptidealring ist, sind die Gewichtsräume von $U(\underline{g}_k[T])v_{\mu'}$ frei und es gilt

$$\mathrm{ch}\ U(\underline{g}_k[T])\bar{v}_{\mu'} = \mathrm{ch}\ L(\mu')_{k(T)}$$

sowie

$$\mathrm{ch}\ M = e(\lambda - \mu')\ \mathrm{ch}\ L(\mu')_{k[T]} = e(\lambda - \mu)\ \mathrm{ch}\ L(\mu).$$

Benutzt man noch $w.\lambda - \lambda = w.\mu - \mu$ für alle $w \in W_\mu$, so erhält man den letzten Teil der Behauptung.

Bemerkung: Es wäre schöner, wenn man den Ring A der polynomialen Funktionen auf $\mu + R_\mu^{\perp}$ und $L(\mu_o)_{Q(A)}$ benutzen könnte, wobei μ_o analog zu λ_o von 4.8 konstruiert wird. Dazu müßte man aber wissen, daß die $U(\underline{n}_A^-)^{-\nu}\bar{v}_{\mu_o}$ freie A-Moduln sind, was ich leider nicht weiß.

4.16

Wir wollen in den folgenden Abschnitten (4.16 - 4.21) die Methoden dieses Kapitels auf den Raum der primitiven Ideale in $U(\underline{g})$ anwenden.

Für alle Erweiterungskörper K von k und alle $\lambda \in \underline{h}_k^*$ setzen wir

$$J_{\lambda,K} = \mathrm{Ann}_{U(\underline{g}_K)} L(\lambda)_K.$$

Ist $K = k$, so lassen wir den Index k fort; für $\lambda \in \underline{h}^* \subset \underline{h}_K^*$ gilt $J_{\lambda,K} = J_\lambda \otimes K$ (vgl. [Borho-Jantzen] 2.21).

Wir erinnern an die Bezeichnungen $\bar{v}_\lambda$ (4.2) und

$$\phi_{\underline{p}} : A \to A/\underline{p} \longrightarrow Q(A/\underline{p})$$

für alle $\underline{p} \in \mathrm{Spec}\ A$ (4.6), wobei A eine k-Algebra ist.

Satz: Sei A eine nullteilerfreie k-Algebra. Es seien $\lambda \in \underline{h}_A^*$ und $w, w' \in W_\lambda$ mit

$$J_{w.\lambda,Q(A)} \not\subset J_{w'.\lambda,Q(A)}$$

Dann gibt es eine offene nicht leere Teilmenge Y von Spec A mit

$$J_{w.\phi_{\underline{p}}\lambda,Q(A/\underline{p})} \not\subset J_{w'.\phi_{\underline{p}}\lambda,Q(A/\underline{p})} \qquad \text{für alle } \underline{p} \in Y.$$

<u>Beweis</u>: Es gibt ein $\nu' \in Q(R)$ und ein $u \in U(\underline{g})^{\nu'}_{Q(A)}$ mit $u' L(w.\lambda)_{Q(A)} = 0$, aber $u'L(w'.\lambda)_{Q(A)} \neq 0$; dann können wir ein $\nu'' \in Q(R)$ und ein $u'' \in U(\underline{g}_{Q(A)})^{\nu''}$ mit $u'u''\bar{v}_{w'.\lambda} \neq 0$ wählen. Wir haben also ein $\nu \in \mathbb{N}B$ (nämlich $(\nu' + \nu'')$) und ein $u \in U(\underline{g}_{Q(A)})^{-\nu}$ (nämlich $u'u''$) mit $u\bar{v}_{w'.\lambda} \neq 0$ und $uL(w.\lambda)_{Q(A)} = 0$ gefunden. Durch Multiplikation mit einem Element aus A können wir erreichen, daß u in $U(\underline{g}_A)^{-\nu}$ liegt. Wenden wir nun Satz 4.6 auf $M = Au$ an, so finden wir eine offene, nicht leere Teilmenge Y von Spec A mit $\phi_{\underline{p}}(u)\bar{v}_{\phi_{\underline{p}} w'.\lambda} \neq 0$, also $\phi_{\underline{p}}(u) \notin J_{\phi_{\underline{p}} w'.\lambda, Q(A/\underline{p})}$. Andererseits operiert u auf $U(\underline{g}_A)\bar{v}_{w.\lambda}$ trivial, mithin auch $\phi_{\underline{p}}(u)$ auf $U(\underline{g}_A)\bar{v}_{w.\lambda} \otimes_{\phi_{\underline{p}}} Q(A/\underline{p})$. Dies ist aber ein Modul zum höchsten Gewicht $\phi_{\underline{p}} w.\lambda$ und hat deshalb $L(\phi_{\underline{p}} w.\lambda)_{Q(A/\underline{p})}$ als Restklassenmodul. Daraus folgt $\phi_{\underline{p}}(u) \in J_{\phi_{\underline{p}} w.\lambda, Q(A/\underline{p})}$. Beachten wir noch, daß $\phi_{\underline{p}} w_1.\lambda = w_1.\phi_{\underline{p}}\lambda$ für alle $w_1 \in W_\lambda$ gilt (wegen $\langle \lambda + \rho, \alpha^\vee \rangle = \langle \phi_{\underline{p}} \lambda + \rho, \alpha^\vee \rangle$ für alle $\alpha \in R_\lambda$ und somit $w_1.\lambda - \lambda = w_1.\phi_{\underline{p}}\lambda - \phi_{\underline{p}}\lambda \in Q(R)$), so erhalten wir die Behauptung.

<u>Bemerkung</u>: Ersetzt man im Satz die beiden "$\not\subset$" durch "$\subset$", so ist die Aussage nicht mehr richtig. Man nehme etwa R vom Typ A_2, für A den Polynomring $k[T]$ und für λ ein Gewicht mit $\lambda + \rho = T\omega_\alpha + (n - T)\omega_\beta$ mit $n \in \mathbb{N} \setminus 0$ und $B = \{\alpha, \beta\}$, also $W_\lambda = \{1, s_{\alpha+\beta}\}$. Es gilt $J_{s_{\alpha+\beta}.\lambda, k(T)} \subset J_{\lambda, k(T)}$, aber $J_{s_{\alpha+\beta}.\lambda'} \not\subset J_{\lambda'}$ für $\lambda' = \phi(\lambda)$, und $\phi \in \mathrm{Hom}_{k\text{-Alg}}(k[T], k)$ mit $\phi(T) \in \mathbb{Z}$ und $\phi(T) < 0$ oder $\phi(T) > n$.

4.17

Es gibt in $U(\underline{g})$ einen unter der adjungierten Darstellung invarianten Teilraum H, so daß die Abbildung $H \otimes Z(\underline{g}) \longrightarrow U(\underline{g})$ mit $a \otimes b \mapsto ab$ für $a \in H$, $b \in Z(\underline{g})$ ein Isomorphismus von $\underline{g}$-Moduln ist. Als Untermodul von $U(\underline{g})$ (bei der adjungierten Darstellung von $\underline{g}$), ist H halbeinfach und lokal endlich. Es gilt nun, daß ein $L(\nu)$ mit

$$\nu \in P(R)^+ = \{\mu \in P(R) \mid \langle \mu, \alpha^\vee \rangle \in \mathbb{N} \quad \text{für alle} \quad \alpha \in B\}$$

(also mit $\dim L(\nu) < \infty$) mit der endlichen Vielfachheit $\dim L(\nu)^0$ in H auftritt. (Dies sind Ergebnisse von Kostant; vgl. [Dixmier], 8.2.4 und 8.3.9.)

Zur Abkürzung setzen wir

$$H(\nu) = (H^{-\nu})^{\underline{n}^-} = \{ x \in H^{-\nu} \mid ad(\underline{n}^-)x = 0 \}.$$

Für alle $\nu \in P(R)^+$ ist $\dim H(\nu)$ gerade die Vielfachheit von $L(-w_B\nu)$ in H, also gleich $\dim L(-w_B\nu)^0 = \dim L(\nu)^0$. (Man beachte, daß $H(\nu)$ unter $\underline{g}$ gerade die $L(-w_B\nu)$-isotypische Komponente von H erzeugt.)

Lemma: Sei A eine nullteilerfreie k-Algebra. Seien $\lambda \in \underline{h}_A^*$ und $w \in W_\lambda$.

a) Für alle $\nu \in P(R)^+$ ist

$$Y_\nu = \{\underline{p} \in \operatorname{Spec} A \mid \dim_{Q(A/\underline{p})} H(\nu)_{Q(A/\underline{p})} \cap J_{w.\phi_{\underline{p}}\lambda, Q(A/\underline{p})} = \dim_{Q(A)} H(\nu)_{Q(A)} \cap J_{w.\lambda, Q(A)}\}$$

offen und nicht leer in Spec A.

b) Für alle $\underline{p} \in \bigcap_{\nu \in P(R)^+} Y_\nu$ gilt

$$J_{w.\phi_{\underline{p}}\lambda, Q(A/\underline{p})} = Q(A/\underline{p})\ \phi_{\underline{p}}(J_{w.\lambda, Q(A)} \cap U(\underline{g}_A)).$$

Beweis a) Für jedes $x \in H(\nu)_{Q(A/\underline{p})}$ gilt

$$xL(w.\phi_{\underline{p}}\lambda)_{Q(A/\underline{p})} = xU(\underline{n}^-_{Q(A/\underline{p})})\ \bar{v}_{w.\phi_{\underline{p}}\lambda} = U(\underline{n}^-_{Q(A/\underline{p})})\ x\bar{v}_{w.\phi_{\underline{p}}\lambda}.$$

Dies zeigt

$$H(\nu)_{Q(A/\underline{p})} \cap J_{w.\phi_{\underline{p}}\lambda, Q(A/\underline{p})} = H(\nu)_{Q(A/\underline{p})} \cap \operatorname{Ann}_{U(\underline{g}_{Q(A/\underline{p})})} \bar{v}_{w.\phi_{\underline{p}}\lambda}.$$

Jetzt folgt die Behauptung aus Satz 4.6 (4).

b) Nach 4.6 (5) gilt in diesem Fall

(1) $$H(\nu)_{Q(A/\underline{p})} \cap J_{w.\phi_{\underline{p}}\lambda, Q(A/\underline{p})} = Q(A/\underline{p})\ \phi_{\underline{p}}(H(\nu)_A \cap J_{w.\lambda, Q(A)})$$

Schreiben wir kurz $J(\underline{p})$ und J für die beiden Ideale, die wir hier betrachten. Nun ist $H_{Q(A/\underline{p})} \cap J(\underline{p})$ ein $\underline{g}_{Q(A/\underline{p})}$-Untermodul, wird also von seinen $\underline{n}^-$-invarianten Gewichtsvektoren erzeugt, das heißt von den $H(\nu)_{Q(A/\underline{p})} \cap J(\underline{p})$:

$$H_{Q(A/\underline{p})} \cap J(\underline{p}) = \sum_{\nu \in P(R)^+} Q(A/\underline{p})\ \operatorname{Ad}(U(\underline{g}))(H(\nu)_{Q(A/\underline{p})} \cap J(\underline{p}))$$

Benutzen wir (1) und die Verträglichkeit der Abbildung $\phi_{\underline{p}} : H_A \to H_{Q(A/\underline{p})}$ mit der Operation von $U(\underline{g})$, so sehen wir

$$H_{Q(A/\underline{p})} \cap J(\underline{p}) = \sum_{\nu \in P(R)^+} Q(A/\underline{p})\ \phi_{\underline{p}}(\operatorname{Ad}(U(\underline{g}))\ (H(\nu)_A \cap J))$$

$$\subset Q(A/\underline{p})\,\phi_{\underline{p}}\,(H_A \cap J).$$

Da $\phi_{\underline{p}}\,(H_A \cap J) \subset H_{Q(A/\underline{p})} \cap J(\underline{p})$ klar ist, folgt

$$(2) \qquad H_{Q(A/\underline{p})} \cap J(\underline{p}) = Q(A/\underline{p})\,\phi_{\underline{p}}(H_A \cap J).$$

Nun gilt $Z(\underline{g})_{Q(A/\underline{p})} = Q(A/\underline{p}) \oplus \operatorname{Kern} \chi_{\phi_{\underline{p}}\lambda}$

und $Z(\underline{g})_A = A \oplus \operatorname{Kern} \chi_\lambda$,

also $U(\underline{g})_{Q(A/\underline{p})} = H_{Q(A/\underline{p})} \oplus H_{Q(A/\underline{p})} \operatorname{Kern} \chi_{\phi_{\underline{p}}\lambda}$

und $U(\underline{g})_A = H_A \oplus H_A \operatorname{Kern} \chi_\lambda$,

mithin $J(\underline{p}) = (J(\underline{p}) \cap H_{Q(A/\underline{p})}) \oplus H_{Q(A/\underline{p})} \operatorname{Kern} \chi_{\phi_{\underline{p}}\lambda}$

und $J = (J \cap H_A) \oplus H_A \operatorname{Kern} \chi_\lambda$.

Nun ist offensichtlich

$$Q(A/\underline{p})\,\phi_{\underline{p}} \operatorname{Kern} \chi_\lambda = \operatorname{Kern} \chi_{\phi_{\underline{p}}\lambda}$$

also
$$H_{Q(A/\underline{p})} \operatorname{Kern} \chi_{\phi_{\underline{p}}\lambda} = Q(A/\underline{p})\,\phi_{\underline{p}}\,(H_A \operatorname{Kern} \chi_\lambda).$$

Dies ergibt zusammen mit (2) die Behauptung.

4.18

Wir möchten zeigen, daß wir in Spezialfällen hinreichend viele $\underline{p}$ finden können, die in Lemma 4.17 b die Voraussetzung $\underline{p} \in \bigcap_\nu Y_\nu$ erfüllen. Dazu betrachten wir für alle $\lambda \in \underline{h}^*$ die Summe

$$\sum_{\nu \in P(R)^+} \dim\,(H(\nu) \cap J_\lambda)\; e(\nu) \;\in\; \mathbb{Z}[[\underline{h}^*]]$$

und wollen zeigen, daß für gegebenes λ die Summe durch endlich viele Werte festgelegt ist.

Dazu definieren wir zunächst etwas allgemeiner. Ist M ein $\underline{g}$-Modul, der halbeinfach und lokal endlich ist, wobei jede einfache Darstellung $L(\nu)$ nur mit einer endlichen Multiplizität $[M : L(\nu)]$ auftritt, so setzen wir

$$\mathrm{Kh}\, M = \sum_{\nu \in P(R)^+} [M : L(\nu)]\; e(\nu).$$

Für eine exakte Sequenz von solchen Moduln

$$0 \to M' \to M \to M'' \to 0$$

gilt offensichtlich

$$\mathrm{Kh}\, M = \mathrm{Kh}\, M' + \mathrm{Kh}\, M''.$$

Ist M ein $\underline{g}$-Modul, so können wir eine neue Operation von $\underline{g}$ durch $X * m = (-\sigma X)m$ für alle $m \in M$, $x \in \underline{g}$ definieren; wir bezeichnen diesen Modul mit $\hat{M}$. Für alle $\lambda \in \underline{h}^*$ ist dann $(\hat{M})^\lambda$ als Vektorraum gleich $M^{-\lambda}$; insbesondere sieht man so, daß $\widehat{L(\nu)}$ zu $L(-w_B\nu)$ für ein $\nu \in P(R)^+$ isomorph ist. Für einen halbeinfachen und lokal endlichen $\underline{g}$-Modul M mit endlichen Multiplizitäten hat auch $\hat{M}$ diese Eigenschaften und es gilt

$$\mathrm{Kh}\, \hat{M} = \sum_{\nu \in P(R)^+} [M : L(\nu)]\; e(-w_B\nu).$$

Für jeden $\underline{g}$-Untermodul I von H (unter der adjungierten Darstellung) ist

$$\dim H(\nu) \cap I = [I : L(-w_B\nu)] \qquad \text{für alle} \quad \nu \in P(R)^+.$$

Daher gilt

(1) $$\mathrm{Kh}\, \widehat{H \cap I_\lambda} = \sum_{\nu \in P(R)^+} \dim (H(\nu) \cap J_\lambda)\; e(\nu) \qquad \text{für alle} \quad \lambda \in \underline{h}^*.$$

Nun haben wir direkte Zerlegungen

$$U(\underline{g}) = H \oplus H \cdot \mathrm{Kern}\; \chi_\lambda$$

und $$J_\lambda = (H \cap J_\lambda) \oplus H\, \mathrm{Kern}\; \chi_\lambda$$

Daher ist $U(\underline{g})/J_\lambda$ zu $H/(H \cap J_\lambda)$ isomorph, und es folgt:

(2) $$\mathrm{Kh}\, \widehat{U(\underline{g})/J_\lambda} = \mathrm{Kh}\, \hat{H} - \mathrm{Kh}\, \widehat{H \cap J_\lambda}\,.$$

Wir setzen für alle $\mu \in P(R)$

$$\mathrm{kh}(\mu) = \sum_{\nu \in P(R)^+} \dim L(\nu)^\mu\; e(\nu) \in \mathbb{Z}[[\underline{h}^*]]\,.$$

Aus dem zu Anfang von 4.17 zitierten Theorem von Kostant folgt

(3) $$\mathrm{Kh}\, H = \mathrm{Kh}\, \hat{H} = \mathrm{kh}\,(0).$$

Nun ist allgemein klar:

$$kh(\mu) = kh(w\mu) \qquad \text{für alle} \quad w \in W \quad \text{und} \quad \mu \in P(R).$$

Für $\mu \in P(R)^+$ ist $kh(\mu)$ von der Form

$$kh(\mu) = e(\mu) + \sum_{\substack{\nu > \mu \\ \nu \in P(R)^+}} \dim L(\nu)^{\mu}\, e(\nu).$$

Deshalb sind die $kh(\mu)$ mit $\mu \in P(R)^+$ linear unabhängig. Außerdem sieht man: Ist $Q \subset P(R)^+$ endlich und haben wir eine Gleichung der Form

$$(4) \qquad \sum_{\mu \in Q} a_\mu\, kh(\mu) = \sum_{\nu \in P(R)^+} b(\nu)\, e(\nu),$$

so sind die a_μ durch die $b(\nu)$ mit $\nu \in Q$ eindeutig bestimmt.

Wir sind davon ausgegangen, daß wir zeigen wollen: Für ein $\lambda \in \underline{h}^*$ sind alle $\dim H(\nu) \cap J_\lambda$ durch endlich viele bestimmt. Nach der letzten Bemerkung und (1) - (3) folgt dies für reguläres λ aus:

4.19

<u>Lemma</u>: <u>Sei</u> $\lambda \in \underline{h}^*$ <u>antidominant und regulär. Für alle</u> $w \in W_\lambda$ <u>gilt:</u>

$$Kh\, \widehat{U(\underline{g})/J_{w.\lambda}} \in \sum_{w' \in W_\lambda} \mathbb{Z}\, kh(\lambda - w'.\lambda)$$

<u>Beweis</u>: Um dies zu zeigen, müssen wir gewisse Darstellungen der Lie-Algebra $\underline{g} \times \underline{g}$ betrachten. Wir betten $\underline{g}$ in $\underline{g} \times \underline{g}$ durch $i : \underline{g} \to \underline{g} \times \underline{g}$, $i(X) = (X, -\sigma X)$ ein. Nun lassen wir $\underline{g} \times \underline{g}$ auf $U(\underline{g})$ durch

$$(X, Y)u = -\sigma(X)u - uY \qquad \text{für} \quad X, Y \in \underline{g},\ u \in U(\underline{g})$$

operieren. Die $(\underline{g} \times \underline{g})$-Untermoduln von $U(\underline{g})$ sind dann genau die zweiseitigen Ideale von $U(\underline{g})$. Ein $X \in \underline{g}$, eingebettet durch i in $\underline{g} \times \underline{g}$, operiert nun durch

$$i(X)u = -\sigma(X)u + u\sigma(X) = ad\,(-\sigma X)u,$$

das heißt: die durch i induzierte $\underline{g}$-Modulstruktur ist die von $\widehat{U(\underline{g})}$. Dies gilt natürlich auch für alle $(\underline{g} \times \underline{g})$-Restklassenmoduln wie $U(\underline{g})/J_{w.\lambda}$ und $U(\underline{g})/J_\lambda$.

Nach Duflo (vgl. [Dixmier], 8.4.3) gilt

$$J_\lambda = U(\underline{g})\ \text{Kern}\ \chi_\lambda, \quad \text{also} \quad J_\lambda \subset J_{w.\lambda}.$$

Daher müssen wir zeigen: Für jeden $(\underline{g} \times \underline{g})$-Restklassenmodul M von $U(\underline{g})/J_\lambda$ ist

(1) $$\mathrm{Kh}\, M \in \sum_{w \in W_\lambda} \mathbb{Z}\, \mathrm{kh}\,(\lambda - w.\lambda)$$

(wobei die Struktur als $\underline{g}$-Modul stets über i eingeführt wird.)

Der nächste Schritt zum Beweis besteht nun darin, $U(\underline{g})/J_\lambda$ als $\underline{g} \times \underline{g}$-Modul mit Darstellungen in der Hauptserie von $\underline{g} \times \underline{g}$ zu identifizieren. Für alle $\mu, \mu' \in \underline{h}^*$ mit $\mu - \mu' \in P(R)$ setzen wir $\underline{\underline{L}}(\mu, \mu')$ gleich dem Raum der $i(\underline{g})$-endlichen Elemente in $(M(-\mu) \otimes M(-\mu'))^*$. (Wir folgen hier der Darstellung der Theorie in [Duflo], mit dem Unterschied in der Notation, daß unser $M(\mu)$ dort $M(\mu + \rho)$ und unser $\underline{\underline{L}}(\mu, \mu')$ dort $\underline{\underline{L}}(\mu - \rho, \mu' - \rho)$ heißt.)

Nun hat jedes $\underline{\underline{L}}(\lambda, \mu)$ eine endliche Kompositionsreihe (als $(\underline{g} \times \underline{g})$-Modul). Nach [Dixmier], 9.6.6 gibt es einen Isomorphismus

$$U(\underline{g})/J_\lambda \xrightarrow{\sim} \underline{\underline{L}}(-\lambda, -\lambda).$$

Deshalb müssen wir zeigen, daß (1) für alle einfachen Faktoren M von $\underline{\underline{L}}(-\lambda, -\lambda)$ gilt.

Als $\underline{g}$-Modul ist jedes $\underline{\underline{L}}(\mu, \mu')$ mit $\mu - \mu' \in P(R)$ halbeinfach und lokal endlich mit endlichen Multiplizitäten. Genauer gilt wegen Frobeniusscher Reziprozität (siehe [Dixmier], 9.6.2):

(2) $$\mathrm{Kh}\ \underline{\underline{L}}(\mu, \mu') = \mathrm{kh}(\mu - \mu')$$

Insbesondere tritt das $L(\nu)$ mit $\nu \in P(R)^+ \cap W(\mu - \mu')$ genau einmal als $\underline{g}$-Untermodul auf; es gibt also genau einen einfachen Kompositionsfaktor $\underline{\underline{V}}(\mu, \mu')$ von $\underline{\underline{L}}(\mu, \mu')$, in dem dies $L(\nu)$ als $\underline{g}$-Untermodul auftritt.

Nun hat Hirai gezeigt (vgl. [Duflo], Prop. 4): Für alle $w \in W_\lambda$ sind die Kompositionsfaktoren von $\underline{\underline{L}}(-w.\lambda, -\lambda)$ bis auf Isomorphie genau die $\underline{\underline{V}}(-w'.\lambda, -\lambda)$ mit $-w' \in W_\lambda$ und $w \uparrow w'$.

Wir bilden nun den Grothendieck-Ring einer geeigneten Kategorie von $\underline{g} \times \underline{g}$-Moduln, zu der alle die $\underline{\underline{L}}(\mu, \mu')$ und $\underline{\underline{V}}(\mu, \mu')$ gehören (vgl. 1.11) und wo $\mathrm{Kh}\, M$ für jedes Objekt M definiert ist. Für jeden $\underline{g} \times \underline{g}$-Modul M in dieser Kategorie bezeichnen wir seine Klasse in diesem Ring mit $[M]$. Aus dem Satz von Hirai folgt nun, daß es Zahlen $a(w,w') \in \mathbb{N}$ für alle $w,w' \in W_\lambda$ mit

$$[\underline{\underline{V}}(-w.\lambda,\ -\lambda)] = \sum_{w \uparrow w'} a(w,w')\ [\underline{\underline{L}}(-w'.\lambda,\ -\lambda)]$$

und $a(w,w') = 1$ gibt. Dann finden wir sofort $b(w,w') \in \mathbb{Z}$ für alle $w,w' \in W_\lambda$ mit

$$[\underline{\underline{V}}(-w.\lambda,\ -\lambda)] = \sum_{w \uparrow w'} b(w,w')\ [\underline{\underline{L}}(-w'.\lambda,\ -\lambda)] .$$

Ähnlich wie in 1.11 gibt es einen Homomorphismus von der Grothendieck-Gruppe in $\mathbb{Z}[[\underline{h}^*]]$ mit $[M] \mapsto \mathrm{Kh}\ M$, also gilt

$$\mathrm{Kh}\ \underline{\underline{V}}(-w.\lambda,\ -\lambda) = \sum_{w \uparrow w'} b(w,w')\ \mathrm{Kh}\ \underline{\underline{L}}(-w'.\lambda,\ -\lambda).$$

Aus (2) folgt nun

$$\mathrm{Kh}\ \underline{\underline{V}}(-w.\lambda,\ -\lambda) \in \sum_{w \uparrow w'} \mathbb{Z}\ \mathrm{kh}(\lambda - w'.\ \lambda);$$

also ist (1) (wieder nach dem Satz von Hirai) für alle Restklassenmoduln M von $\underline{\underline{L}}(-\lambda,\ -\lambda)$ erfüllt, was zu beweisen war.

4.20

Für alle $\lambda \in \underline{h}^*$ setzen wir $\underline{\underline{X}}_\lambda = \{ J_{w.\lambda} | w \in W_\lambda \}$. Nach [Duflo], Thm. 1 ist dies die Menge aller primitiven Ideale I von $U(\underline{g})$ mit $I \cap Z(\underline{g}) = \mathrm{Kern}\ \chi_\lambda$.

<u>Satz</u>: <u>Seien</u> $\lambda,\ \mu \in \underline{h}^*$ <u>mit</u> $R_\lambda = R_\mu$ <u>und</u> $\langle \lambda - \mu, \alpha^\vee \rangle = 0$ <u>für alle</u> $\alpha \in R_\lambda$. <u>Dann gibt es einen Isomorphismus geordneter Mengen</u>

$$\underline{\underline{X}}_\lambda \longrightarrow \underline{\underline{X}}_\mu$$

<u>mit</u>

$$J_{w.\lambda} \longmapsto J_{w.\mu}$$

<u>und</u>

$$\mathrm{Dim}\ U(\underline{g})/ J_{w.\lambda} = \mathrm{Dim}\ U(\underline{g})/J_{w.\mu} \qquad \underline{\text{für alle}}\ w \in W_\lambda .$$

<u>Beweis</u>: Wir können nach [Borho-Jantzen], 2.12 annehmen, daß λ und μ antidominant und regulär sind. Außerdem können wir uns auf den Fall beschränken, daß k algebraisch abgeschlossen ist (vgl. [Borho-Jantzen], 2.21). Die Aussage über die Dimensionen folgt aus 4.11 und 3.10 b.

Betrachten wir nun $Y = \lambda + R_\lambda^\perp$ und den Ring A der polynomialen Funktionen auf Y und (wie in 4.8) das Gewicht $\lambda_o \in \underline{h}_A^*$, das von der zusammengesetzten Abbildung $\underline{h} \to S(\underline{h}) \to A$ kommt. Wir wollen zeigen

(1) $$J_{w.\lambda} \subset J_{w'.\lambda} \Leftrightarrow J_{w.\lambda_o, Q(A)} \subset J_{w'.\lambda_o, Q(A)} \qquad \text{für alle } w,w' \in W_\lambda .$$

Dann können wir nämlich aus Symmetriegründen dasselbe von μ wegen $\lambda + R_{\lambda}^{\perp} = \mu + R_{\mu}^{\perp}$ beweisen.

In (1) folgt die eine Richtung " $\Rightarrow$ " mit Hilfe von Satz 4.16: Danach gibt es eine offene, nicht leere Teilmenge Y_o von Y mit $J_{w.\lambda_1} \not\subset J_{w'.\lambda_1}$, für $\lambda_1 \in Y_o$ wenn $J_{w.\lambda_o,Q(A)} \not\subset J_{w'.\lambda_o,Q(A)}$ gilt. Nach Lemma 4.10 gibt es ein $\nu \in P(R)$ mit $\lambda + \nu \in Y_o$, also $J_{w.(\lambda+\nu)} \not\subset J_{w'.(\lambda+\nu)}$. Nach [Borho-Jantzen] 2.12 gilt nun auch $J_{w.\lambda} \not\subset J_{w'.\lambda}$ und die Behauptung ist bewiesen.

Um die andere Richtung zu beweisen, betrachten wir die (endliche) Menge

$$Q = P(R)^+ \cap \bigcup_{w \in W_\lambda} W(\lambda - w.\lambda) .$$

Nach Lemma 4.17 gibt es eine offene, nicht leere Teilmenge Y_o von Y mit

(1) $\dim H(\nu) \cap J_{w.\lambda'} = \dim_{Q(A)} H(\nu)_{Q(A)} \cap J_{w.\lambda_o,Q(A)}$ für alle $w \in W_\lambda$, $\nu \in Q$ und $\lambda' \in Y_o$.

Wir können, wieder wegen [Borho-Jantzen] 2.12 und Lemma 4.10, annehmen, daß λ in Y_o liegt. Aus der Wahl von Q, aus 4.18 (1) - (3) und Lemma 4.19 folgt

(2) $$\sum_{\nu \in P(R)^+} e(\nu) \dim H(\nu) \cap J_{w.\lambda} \in \sum_{\nu \in Q} \mathbb{Z}\, kh(\nu).$$

Wenden wir alles dieses auf $Q(A)$ an und bedenken stets $w.\lambda - \lambda = w.\lambda_o - \lambda_o$ für alle $w \in W_\lambda$, so folgt

(2') $$\sum_{\nu \in P(R)^+} e(\nu) \dim_{Q(A)} H(\nu)_{Q(A)} \cap J_{w.\lambda_o,Q(A)} \in \sum_{\nu \in Q} \mathbb{Z}\, kh(\nu).$$

Wie wir zu 4.18 (4) bemerken, ist ein Element aus $\sum_{\nu \in Q} \mathbb{Z}\, kh(\nu)$ durch die Koeffizienten der $e(\nu)$ mit $\nu \in Q$ eindeutig bestimmt. Aus (2), (2') und (1) folgt daher

(3) $\dim H(\nu) \cap J_{w.\lambda} = \dim_{Q(A)} H(\nu)_{Q(A)} \cap J_{w.\lambda_o,Q(A)}$ für alle $\nu \in P(R)^+$ und $w \in W_\lambda$.

Bezeichnen wir den Homomorphismus $f \mapsto f(\lambda)$ von A nach k mit ϕ_λ; es gilt also $\phi_\lambda(w.\lambda_o) = w.\lambda$ für alle $w \in W_\lambda$.

Aus (3) und Lemma 4.17 können wir nun

$$J_{w.\lambda} = \phi_\lambda (J_{w.\lambda_o},\, Q(A) \cap U(\mathfrak{g}_A))$$

schließen. Nun ist aber klar:

$$J_{w.\lambda_o,Q(A)} \subset J_{w'.\lambda_o,Q(A)} \quad \Longrightarrow \quad J_{w.\lambda} \subset J_{w'.\lambda} \ ,$$

was noch zu beweisen war.

4.21

<u>Theorem: Seien</u> $\lambda, \mu \in \underline{h}^*$ <u>regulär. Ist</u> R_λ <u>unter</u> W <u>zu</u> R_μ <u>konjugiert, so sind</u> $\underline{\underline{X}}_\lambda$ <u>und</u> $\underline{\underline{X}}_\mu$ <u>isomorph als geordnete Mengen.</u>

<u>Beweis:</u> Wegen $\underline{\underline{X}}_\mu = \underline{\underline{X}}_{w.\mu}$ für alle $w \in W$ können wir uns auf den Fall beschränken, daß $R_\lambda = R_\mu$ ist und λ,μ antidominant sind. Es gibt eine Basis S von $R \cap \mathbb{Q}R_\lambda$ die in R_+ enthalten ist. Unter W ist S zu einer Teilmenge von B konjugiert; wir können also annehmen, daß $S \subset B$ ist. Nun zerlegen wir S in Zusammenhangskomponenten B_i $(1 \leq i \leq r)$ und setzen $B_o = B \setminus S$.

Für alle i sei $R_i = R \cap \mathbb{Z}B_i$ und $V_i = \sum_{\alpha \in B_i} k\alpha$; wir führen die Abbildung $p_i : \underline{h}^* \in V_i$ ein, die durch $\langle p_i\nu, \alpha^\vee\rangle = \langle \nu, \alpha^{i\vee}\rangle$ für alle $\nu \in \underline{h}^*$ und $\alpha \in B_i$ festgelegt ist. Nehmen wir an, es gebe für $1 \leq i \leq s$ ein $w_i \in W_{B_i}$ mit

$$\langle p_i(\lambda + \rho) - w_i p_i(\mu + \rho), \alpha^\vee\rangle \in \mathbb{Z}$$

für alle $\alpha \in B_i$. Nun gilt offensichtlich $w_i' p_i(\mu + \rho) - p_i(\mu + \rho) = w_i'(\mu + \rho) - (\mu + \rho) \in \mathbb{Z}B_i$ für alle $w_i' \in W_{B_i}$, insbesondere also $p_i w_i(\mu + \rho) = w_i p_i(\mu + \rho)$. Daraus folgt

$$\langle \lambda + \rho - w_i(\mu + \rho), \alpha^\vee\rangle \in \mathbb{Z} \qquad \text{für alle } \alpha \in B_i.$$

Setzen wir nun $w = \prod_{i=1}^{s} w_i$; dann gilt $(\prod_{j=1}^{s} w_j)\alpha = w_i\alpha$ für ein $\alpha \in B_i$, also (1) $\langle \lambda + \rho - w(\mu + \rho), \alpha^\vee\rangle \in \mathbb{Z}$ für alle $\alpha \in \bigcup_{1 \leq i \leq s} B_i = S$.

Ändern wir w notfalls um ein Element aus $W_{w.\mu}$ ab, so bleibt (1) erhalten und wir können zusätzlich annehmen, daß $w.\mu$ antidominant ist. Wegen $\underline{\underline{X}}_\mu = \underline{\underline{X}}_{w.\mu}$ können wir uns auf den Fall $w = 1$ beschränken. (Da $R_\lambda^\vee \subset \mathbb{Z}S^\vee$ gilt, ist R_λ nach (1) in $R_{w.\mu}$ enthalten; wegen $R_\lambda = R_\mu$ gilt $\# R_\lambda = \# R_{w.\mu}$, also $R_\lambda = R_{w.\mu}$; daher ist auch für $w = 1$ noch $R_\lambda = R_\mu$). Es gelte also

$$\langle \lambda - \mu, \alpha^\vee\rangle \in \mathbb{Z} \qquad \text{für alle } \alpha \in S,$$

Setzen wir nun $\nu = \sum_{\alpha \in S} \langle \lambda - \mu, \alpha^\vee \rangle \omega_\alpha$, so folgt $\langle \lambda - (\mu + \nu), \alpha^\vee \rangle = 0$ für alle $\alpha \in R_\lambda = R_\mu \subset \mathbb{Z}S$. Nun ist auch $\mu+\nu$ antidominant und regulär mit $R_\lambda = R_{\mu+\nu}$. Nach 4.20 ist $\underline{\underline{X}}_\lambda$ zu $\underline{\underline{X}}_{\mu+\nu}$, nach [Borho-Jantzen] 2.12 ist $\underline{\underline{X}}_{\mu+\nu}$ zu $\underline{\underline{X}}_\mu$ als geordnete Menge isomorph, es folgt also die Behauptung.

Nun müssen wir aber noch zeigen, daß es die w_i wie oben gibt. Es gilt offensichtlich im Wurzelsystem R_i, daß $R_{i,p_i(\lambda)} = R_\lambda \cap \mathbb{Z}B_i = R_\mu \cap \mathbb{Z}B_i = R_{i,p_i(\mu)}$ ist und daß diese Wurzelsysteme denselben Rang wie R_i haben. Also folgt die Existenz der w_i aus

4.22

Satz: Seien $\lambda, \mu \in \underline{h}^*$ mit $R_\lambda = R_\mu$. Ist R unzerlegbar und gilt $\# B_\lambda = \# B$, so gibt es ein $w \in W$ und $\nu \in P(R)$ mit

$$\lambda = w\mu + \nu .$$

Beweis: Wegen $\# B_\lambda = \# B$ gehört λ zu $\mathbb{Q}R$. Betrachten wir die affine Weylgruppe W_a, die von W und den Translationen mit Elementen von $Q(R)$ erzeugt wird. Wir können λ (bzw. μ) durch ein beliebiges Element aus $W_a\lambda$ (bzw. $W_a\mu$) ersetzen, also annehmen, daß λ und μ zu dem abgeschlossenen Simplex

$$C_1 = \{x \in \mathbb{Q}R \mid 0 \leq \langle x, \alpha^\vee \rangle \leq 1 \quad \text{für alle } \alpha \in R_+\}$$

gehören, das ein Fundamentalbereich ist. Die einzigen Punkte $\nu \in C_1$ mit $\# B_\nu = \# B$ sind die Eckpunkte $\omega'_\alpha = m_\alpha^{-1} \omega_\alpha$ $(\alpha \in B)$ und 0, wobei m_α durch die Gleichung

$$\alpha_0^\vee = \sum_{\alpha \in B} m_\alpha \alpha^\vee \quad \text{mit } \alpha_0 \text{ als der größten kurzen Wurzel von R}$$

definiert ist. Ist $\lambda = 0$ oder $\mu = 0$, so ist $R_\lambda = R_\mu = R$, also liegen λ, μ und damit auch $\mu-\lambda$ in $P(R)$, und nichts ist zu zeigen. Wir können also annehmen, daß $\lambda = \omega'_\alpha$ und $\mu = \omega'_\beta$ für geeignete $\alpha, \beta \in B$ sind und daß $R_{\omega'_\alpha}$ und $R_{\omega'_\beta}$ unter W konjugiert sind.

Nun gibt es für alle $\nu \in P(R)$ eine Permutation σ_ν von $B \cup \{\alpha_0\}$ mit $\omega'_\alpha + \nu \in W_a \omega'_{\sigma_\nu \alpha}$, wobei wir $\omega'_{\alpha_0} = 0$ setzen. Diese Permutation ist ein Automorphismus des erweiterten Dynkin-Diagramms (von $R^\vee$), man erhält so eine Einbettung von $P(R)/Q(R)$ in die Gruppe der Automorphismen dieses erweiterten Dynkin-Diagramms.

Man prüft leicht nach: Sind $R_{\omega'_\alpha}$ und $R_{\omega'_\beta}$ isomorphe Wurzelsysteme, so gibt es ein $\nu \in P(R)$ mit $\sigma_\nu \alpha = \beta$, also ist

$$\lambda = \omega'_\alpha \in W_a \omega'_\beta - \nu \subset W_\mu + P(R),$$

was zu beweisen war.

Kapitel 5 Filtrierungen der Moduln - Multiplizität Eins

5.1

Bisher haben wir kontravariante Formen in erster Linie zur Beschreibung des größten echten Untermoduls eines Moduls mit einem höchsten Gewicht benutzt. Wir wollen nun diese Form in speziellen Fällen dazu benutzen eine Kette von Untermoduln zu konstruieren. Grundlegend dafür ist ein einfaches Lemma. Bevor wir es formulieren, vereinbaren wir die folgende Notation:

Ist A ein Ring, in dem sich jedes Element eindeutig (bis auf Reihenfolge und Einheiten) in ein Produkt von Primelementen zerlegen läßt, und ist $p \in A$ ein solches Primelement, so bezeichnen wir die p-adische Bewertung von A mit ν_p. (Es gilt also $\nu_p(p^n q) = n$, wenn p das q nicht teilt.)

Lemma: Es sei A ein Hauptidealring, p ein Primelement von A, und $K = A/Ap$ der zugehörige Restklassenkörper. Ferner sei M ein endlich erzeugter freier A-Modul und $\phi : M \to M/pM$ die kanonische Abbildung von M auf den K-Vektorraum M/pM. Es gebe eine symmetrische Bilinearform $(,)$ auf M, so daß die Determinante D von $(,)$ für eine Basis von M ungleich Null ist. Für alle $n \in \mathbb{N}$ setzen wir

$$M(n) = \{x \in M \mid (x, M) \subset Ap^n\}$$

Dann ist jedes $\phi M(n)$ ein K-Teilraum von M/pM und es gilt

$$\nu_p(D) = \sum_{n>0} \dim_K \phi M(n)$$

Beweis: Wir betrachten den zu M dualen Modul M^* und darin den Untermodul N Linearformen $m \mapsto (m', m)$ für die verschiedenen $m' \in M$. Nach dem Elementarteilersatz gibt es eine Basis $(e_i^*)_{1 \leq i \leq r}$ von M^* (mit $r = \mathrm{rang}_A M$) und $a_i \in A \setminus 0$ $(1 \leq i \leq r)$, so daß die $a_i e_i^*$ eine Basis von N bilden. Wir nehmen nun die zu $(e_i^*)_i$ duale Basis $(e_i)_{1 \leq i \leq r}$ von M und wählen Elemente $f_i \in M$ $(1 < i \leq r)$ mit $(f_i, m) = a_i e_i^*(m)$ für alle $m \in M$. Es gilt also $(e_i, f_j) = a_i \delta_{ij}$ für $1 \leq i,j \leq r$.

Nun bilden auch die f_i eine Basis von M, weil die Abbildung $M \to M^*$ mit $m \mapsto (m, ?)$ injektiv ist. Folglich können wir die beiden Basen durch eine Matrix aus $GL_r A$ ineinander überführen. Daher ist D bis auf eine Einheit von A das Produkt der a_i, es gilt also $\nu_p(D) = \sum_{i=1}^{r} \nu_p(a_i)$.

Nun gehört ein Element $\sum_{i=1}^{r} b_i f_i$ mit $b_i \in A$ genau dann zu $M(n)$, wenn $\nu_p(e_j, \sum_{i=1}^{r} b_i f_i) \geqslant n$ für $1 \leqslant j \leqslant r$ ist, wenn also $\nu_p(a_j b_j) \geqslant n$, das heißt $\nu_p(b_j) \geqslant n - \nu_p(a_j)$ ist. Daher wird $M(n)$ über A von den f_i mit $n \leqslant \nu_p(a_i)$ und den $p^{n-\nu_p(a_i)} f_i$ mit $n > \nu_p(a_i)$ erzeugt. Dann ist klar, daß $\phi M(n)$ von den $\phi(f_i)$ mit $\nu_p(a_i) \geqslant n$ aufgespannt wird. Es folgt

$$\sum_{n>0} \dim_K \phi M(n) = \sum_{n>0} \#\{i \mid n \leqslant \nu_p(a_i)\} = \sum_{i=1}^{r} \nu_p(a_i) = \nu_p(D),$$

was zu beweisen war.

<u>Bemerkung</u>: Betrachten wir - in der Situation des Lemmas - auf $M(n)$ die symmetrische Bilinearform $(\ ,\ )_n$ mit

$$(a, b)_n = p^{-n} (a, b) \qquad \text{für alle } a, b \in M(n).$$

Nach Konstruktion nimmt $(\ ,\ )_n$ Werte in A an. Für alle $a \in M(n) \cap pM$ gilt

$$(a, M(n))_n \subset p^{-n}(pM, M(n)) \subset p^{-n+1}(M, M(n)) \subset p^{n-n+1} A = Ap.$$

Daher können wir auf $\phi M(n)$ eine Bilinearform $(\ ,\ )_n$ durch

$$(\phi a, \phi b)_n = \phi(a, b)_n \qquad \text{für alle } a, b \in M(n)$$

einführen. Für alle $a \in M(n+1)$ gilt

$$(a, M(n))_n = p^{-n}(a, M(n)) \subset p^{-n}(a, M) \subset Ap^{-n+n+1} = Ap,$$

also $(\phi a, \phi M(n))_n = 0$. Deshalb ist $\phi M(n+1)$ im Radikal von $(\ ,\ )_n$ auf $\phi M(n)$ enthalten.

Nun sieht man wie im Beweis des Lemmas leicht, daß auch die ϕe_i mit $n \leqslant \nu_p(a_i)$ eine Basis von $\phi M(n)$ bilden, es gilt

$$(\phi e_i, \phi f_j)_n = \delta_{ij}\, \phi(a_i p^{-n}) \qquad \text{für } \nu_p(a_i), \nu_p(a_j) \geqslant n.$$

Daher wird das Radikal von $(\ ,\ )_n$ auf $\phi M(n)$ genau von den ϕe_i (bzw. ϕf_i) mit $n < \nu_p(a_i)$ erzeugt, ist also gleich $\phi M(n+1)$. Es folgt, daß $(\ ,\ )_n$ eine nicht ausgeartete, symmetrische Bilinearform auf $\phi M(n)/\phi M(n+1)$ induziert.

5.2

Sei A eine k-Algebra, die ein Hauptidealring ist. Wir nehmen ein $\lambda \in \underline{h}_A^*$ und betrachten den einfachen Modul $L(\lambda)_{Q(A)}$ mit seinem erzeugenden primitiven Element $\bar{v}_\lambda$ (4.2). In $L(\lambda)_{Q(A)}$ wählen wir das Gitter

$$L(\lambda)_A = U(\underline{g})_A \bar{v}_\lambda.$$

Wir wissen, daß alle Gewichtsräume $L(\lambda)_A^\mu = L(\lambda)_A \cap L(\lambda)_{Q(A)}^\mu$ frei und endlich erzeug als A-Moduln sind (vgl. 4.3) und daß $L(\lambda)_A$ die direkte Summe dieser $L(\lambda)_A^\mu$ ist. Es gibt auf $L(\lambda)_{Q(A)}$ eine nicht ausgeartete kontravariante Form (,) mit $(\bar{v}_\lambda, \bar{v}_\lambda) = 1$; sie nimmt auf $L(\lambda)_A$ Werte in A an. Die Determinante $D_\lambda(\mu)$ von (,) für eine Basis von $L(\lambda)_A^\mu$ ist bis auf eine Einheit in A wohl bestimmt.

Sei $p \in A$ ein Primelement. Wir betrachten den Restklassenkörper $K = A/Ap$ und die kanonische Projektion $\phi: A \to K$. Bilden wir mit Hilfe von ϕ das Tensorprodukt, so wird $M = L(\lambda)_A \otimes_A K$ ein $\underline{g}_K$-Modul zum höchsten Gewicht $\phi(\lambda)$ mit

$$\operatorname{ch} M = e(\phi(\lambda) - \lambda) \operatorname{ch} L(\lambda)_{Q(A)} .$$

Durch ϕ wird eine (ebenfalls mit ϕ bezeichnete) Abbildung $L(\lambda)_A \to M$ induziert, die mit $\underline{g}_\phi : \underline{g}_A \to \underline{g}_K$ verträglich ist.

<u>Satz:</u> <u>Für alle</u> $n \in \mathbb{N}$ <u>sei</u>

$$L(\lambda)_A(n) = \{x \in L(\lambda)_A \mid (x, L(\lambda)_A) \subset Ap^n\}$$

<u>und</u> $$M_n = \phi L(\lambda)_A(n).$$

a) <u>Die</u> M_n <u>sind</u> $\underline{g}_K$-<u>Untermoduln von</u> M.

b) <u>Für alle</u> $n \in \mathbb{N}$ <u>gibt es auf</u> M_n/M_{n+1} <u>eine nicht ausgeartete kontravariante Form.</u>

c) <u>Es ist</u> M_1 <u>der größte Untermodul von</u> $M = M_0$.

d) <u>Es gilt</u> $$\sum_{n>0} \operatorname{ch} M_n = \sum_{\nu \in \mathbb{N}B} \nu_p(D_\lambda(\lambda - \nu))\, e(\phi(\lambda) - \nu).$$

<u>Beweis:</u> a) folgt sofort aus der Kontravarianz von (,) und der Verträglichkeit von ϕ mit $\underline{g}_\phi$.

b) In der Bemerkung zu 5.1 haben wir gesehen, daß die Bilinearform $(X, Y)_n = (X,Y)$ auf $L(\lambda)_A^{\lambda-\nu}(n)$ für alle $\nu \in \mathbb{N}B$ eine nicht ausgeartete Bilinearform auf $(M_n / M_{n+1})^{\lambda-\nu}$ induziert. Weil $L(\lambda)_A$ und M_n/M_{n+1} direkte Summen von Gewichtsräumen sind und diese für kontravariante Formen orthogonal sind, können wir den Exponenten $\lambda - \nu$ vergessen. Offensichtlich ist die so auf M_n/M_{n+1} konstruierte Form wieder kontravariant.

c) Nach Konstruktion ist M_1 das Radikal einer kontravarianten Form auf M; also folgt die Behauptung aus Satz 1.6 b.

d) Weil verschiedene Gewichtsräume orthogonal sind, ist dies eine unmittelbare Folgerung aus Lemma 5.1.

Bemerkung: Es ist klar, daß es für alle $\mu \in \underline{h}_K^*$ ein $n \in \mathbb{N}$ mit $M_n^\mu = 0$ gibt. Weil jedes M_i eine endliche Kompositionsreihe hat, deren einfache Faktoren gewisse $L(w.\phi(\mu))_K$ mit $w \in W_{\phi(\mu)}$ sind, folgt: Es gibt ein $n \in \mathbb{N}$ mit $M_n = 0$.

5.3

Für alle $\lambda \in \underline{h}^*$ setzen wir

$$R_+(\lambda) = \{\alpha \in R_+ \mid <\lambda + \rho, \alpha^\vee> \in \mathbb{N} \setminus 0\}.$$

Es ist also λ genau dann antidominant, wenn $R_+(\lambda)$ leer ist.

Satz: Für alle $\lambda \in \underline{h}^*$ gibt es in $M(\lambda)$ eine Kette von Untermoduln

$$M(\lambda) = M(\lambda)_0 \supset M(\lambda)_1 \supset M(\lambda)_2 \supset \dots ,$$

so daß $M(\lambda)_1$ der größte echte Untermodul von $M(\lambda)$ ist, sodaß es für alle $n \in \mathbb{N}$ auf $M(\lambda)_n/M(\lambda)_{n+1}$ eine nichtausgeartete kontravariante Form gibt, und so daß

$$\sum_{n>0} \operatorname{ch} M(\lambda)_n = \sum_{\alpha \in R_+(\lambda)} \operatorname{ch} M(s_\alpha.\lambda) \qquad \text{ist.}$$

Beweis: Wir wenden Satz 5.2 auf den Polynomring $k[T]$ in einer Veränderlichen über k und auf $\lambda + T\rho$ an. Es ist $R_+(\lambda + T\rho) = \emptyset$, also $M(\lambda + T\rho)_{Q(k[T])}$ einfach und somit

$$L(\lambda + T\rho)_{k[T]} = M(\lambda + T\rho)_{k[T]}.$$

Nehmen wir für p das Primelement T, so können wir $K = k[T]/Tk[T]$ mit k identifizieren und ϕ mit dem Homomorphismus $\phi : k[T] \to k$ mit $\phi(T) = 0$. Es ist

$$L(\lambda + T\rho)_{k[T]} \otimes_{k[T]} k = M(\lambda + T\rho)_{k[T]} \otimes_{k[T]} k \simeq M(\lambda).$$

Die Konstruktion von 5.2 liefert also eine Kette der geschilderten Art mit

(1) $$\sum_{n>0} \operatorname{ch} M(\lambda)_n = \sum_{\nu \in \mathbb{N}B} \nu_T\,(D_{\lambda+T\rho}(\lambda + T\rho - \nu))\; e(\lambda - \nu).$$

Nun gilt (nach den Berechnungen von [Šapovalov] oder auch [Jantzen 1], Satz II 1) bis auf eine Konstante ungleich Null:

(2) $$D_{\lambda+T\rho}(\lambda + T\rho - \nu) = \prod_{\alpha\in R_+} \prod_{r>0} (\langle\lambda+\rho+T\rho,\alpha^\vee\rangle - r)^{P(\nu - r\alpha)}$$

Nun ist $\nu_T(\langle\lambda + T\rho, \alpha^\vee\rangle - r) = 0$ (bzw. $= 1$) für $r \neq \langle\lambda + \rho, \alpha^\vee\rangle$ (bzw. $\langle\lambda + \rho, \alpha^\vee\rangle = r$), und $r = \langle\lambda + \rho, \alpha^\vee\rangle$ tritt genau dann auf, wenn $\alpha \in R_+(\lambda)$ ist. Aus (1) und (2) folgt also

$$\sum_{n>0} \operatorname{ch} M(\lambda)_n = \sum_{\nu\in\mathbb{N}B} \sum_{\alpha\in R_+(\lambda)} P(\nu - \langle\lambda + \rho,\alpha^\vee\rangle\, \alpha)\, e(\lambda - \nu)$$
$$= \sum_{\alpha\in R_+(\lambda)} \sum_{\nu\in\mathbb{N}B} P(\nu)\, e(\lambda - \langle\lambda + \rho, \alpha^\vee\rangle\alpha - \nu)$$
$$= \sum_{\alpha\in R_+(\lambda)} \operatorname{ch} M(\lambda - \langle\lambda + \rho,\alpha^\vee\rangle\, \alpha) = \sum_{\alpha\in R_+(\lambda)} \operatorname{ch} M(s_\alpha\cdot\lambda),$$

was zu beweisen war.

Bemerkungen: 1) Für alle $\lambda, \mu \in \underline{h}^*$ sind nun offensichtlich die folgenden Aussagen äquivalent:

$$[M(\lambda) : L(\mu)] \neq 0 \text{ und } \lambda \neq \mu$$
$$\Leftrightarrow [M(\lambda)_1 : L(\mu)] \neq 0$$
$$\Leftrightarrow \sum_{n>0} [M(\lambda)_n : L(\mu)] \neq 0$$
$$\Leftrightarrow \sum_{\alpha\in R_+(\lambda)} [M(s_\alpha\cdot\lambda) : L(\mu)] \neq 0$$
$$\Leftrightarrow \text{Es gibt } \alpha\in R_+(\lambda) \text{ mit } [M(s_\alpha\cdot\lambda) : L(\mu)] \neq 0.$$

Durch Induktion erhält man so:

(3) $$[M(\lambda) : L(\mu)] \neq 0 \iff \mu\uparrow\lambda,$$

also 2.21. Zum Beweis benutzten wir nur die Theorie von 5.1/2 und die Formel (2). Um (2) zu zeigen brauchte man nur die Richtung $\Leftarrow$ von (3) zu kennen, also haben wir hier einen anderen Beweis des Theorems 2.20 erhalten. Für dieses Ziel reicht sogar die schwächere Aussage, daß es $n(\alpha) \in \mathbb{N}$ mit

(4) $$\sum_{n>0} \operatorname{ch} M(\lambda)_n = \sum_{\alpha\in R_+(\lambda)} n(\alpha) \operatorname{ch} M(s_\alpha\cdot\lambda)$$

gibt. Wie man dies einfach erhält, zeigen wir in 5.7.

2) Wie V.V. Deodhar bemerkt hat, könnten wir anstelle von ρ ein beliebiges $\eta \in \underline{h}^*$ mit $M(\lambda + T\eta)_{k(T)} = L(\lambda + T\eta)_{k(T)}$ nehmen und so eine Kette von Untermoduln $M(\lambda)_{n,\eta}$ mit

$$\sum_{n>0} \mathrm{ch}\, M(\lambda)_n = \sum_{n>0} \mathrm{ch}\, M(\lambda)_{n,\eta}$$

erhalten. In diesem Zusammenhang stellt V.V. Deodhar die Frage ob $M(\lambda)_n = M(\lambda)_{n,\eta}$ für alle $n \in \mathbb{N}$ gilt. Für $n = 1$ ist dies klar, daß es für das größte n mit $M(\lambda) = 0$ gilt, folgt aus Bemerkung 3 unten.

3) Sei $n \in \mathbb{N}$ mit $M(\lambda)_n \neq 0$, aber $M(\lambda)_{n+1} = 0$. Es sei λ' das Gewicht in $W_\lambda . \lambda$ das antidominant ist. Aus dem Satz von Verma (1.9) und dessen Beweis durch Borho (siehe [Lepowsky 2]) folgt, daß $M(\lambda)$ einen kleinsten Untermodul ungleich Null besitzt und daß wir ihn mit $M(\lambda')$ identifizieren können. Daraus folgt nun $M(\lambda') \subset M(\lambda)_n$. Wir behaupten:

$$M(\lambda') = M(\lambda)_n.$$

Nach dem Satz gibt es auf $M(\lambda)_n$ eine nicht ausgeartete kontravariante Form (,); zu dem erzeugenden primitiven Element $v_{\lambda'}$ von $M(\lambda')$ gibt es daher ein $v \in M(\lambda)_n^{\lambda'}$ mit $(v_{\lambda'}, v) \neq 0$. Nun ist

$$(v_{\lambda'}, \sum_{\nu>0} U(\underline{g})\, M(\lambda)_n^{\lambda+\nu}) = \sum_{\nu>0} (U(\underline{g}) v_{\lambda'}, M(\lambda)_n^{\lambda+\nu})$$

$$= \sum_{\nu>0} (M(\lambda)^{\lambda'+\nu}, M(\lambda)_n^{\lambda'+\nu}) = 0,$$

wegen $M(\lambda')^{\lambda'+\nu} = 0$ für $\nu > 0$. Daraus folgt $v \notin \sum_{\nu>0} U(\underline{g})\, M(\lambda)_n^{\lambda+\nu}$; also ist v ein primitives Element zum Gewicht λ' in

$$M(\lambda)_n / \sum_{\nu>0} U(\underline{g})\, M(\lambda)_n^{\lambda+\nu}$$

und es muß

$$[M(\lambda)_n : L(\lambda')] > [\sum_{\nu>0} U(\underline{g})\, M(\lambda)_n^{\lambda'+\nu} : L(\lambda')] \geq 0.$$

sein. Nach Satz 2.33b gilt aber $[M(\lambda) : L(\lambda')] = 1$, also erhalten wir

$$[\sum_{\nu>0} U(\underline{g})\, M(\lambda)_n^{\lambda'+\nu} : L(\lambda')] = 0.$$

Nun ist $M(\lambda') = L(\lambda')$ in jedem Untermodul ungleich Null von $M(\lambda)$ enthalten. Deshalb ist $M(\lambda)_n^{\lambda'+\nu} = 0$ für alle $\nu > 0$.

Jeder Kompositionsfaktor von $M(\lambda)_n$ ist von der Form $L(\mu)$ mit $\mu \in W_{\lambda'} . \lambda'$, insbesondere also mit $\mu \geqslant \lambda'$. Für $\mu > \lambda'$ gilt aber $M(\lambda)_n^\mu = 0$ wie wir gerade sahen, also $[M(\lambda)_n : L(\mu)] = 0$. Deshalb sind alle einfachen Faktoren von $M(\lambda)_n$ zu $L(\lambda')$ isomorph; wegen $[M(\lambda) : L(\lambda')] = 1$ muß $M(\lambda)_n$ zu $L(\lambda')$, also zu $M(\lambda')$ isomorph sein.

Offensichtlich gilt hier $[M(\lambda)_i : L(\lambda')] = [M(s_\alpha.\lambda) : L(\lambda')] = 1$ für $1 \leqslant i \leqslant n$ und alle $\alpha \in R_+(\lambda)$. Dies zeigt wegen (2)

$$n = \# R_+(\lambda).$$

5.4

Es sei $\lambda \in \underline{h}^*$. Die Gruppe W_λ wird von den s_α mit $\alpha \in B_\lambda$ erzeugt; für jedes $w \in W_\lambda$ sei $l_\lambda(w)$, die Länge von w (relativ B_λ), als kleinste Zahl r definiert, für die sich w in der Form $w = s_{\alpha_1} s_{\alpha_2} \dots s_{\alpha_r}$ mit $\alpha_i \in B_\lambda$ für $1 \leqslant i \leqslant$ schreiben läßt. Es gilt

$$l_\lambda(w) = \#\{\alpha \in R_\lambda \cap R_+ \mid w\alpha < 0\} \qquad \text{für alle } w \in W_\lambda.$$

Ist λ regulär und antidominant, so folgt $l_\lambda(w) = \# R_+(w.\lambda)$ für alle $w \in W_\lambda$. Für alle $\alpha \in R_\lambda \cap R_+$ und $w \in W_\lambda$ sind äquivalent (vgl. 2.19)

$$l_\lambda(s_\alpha w) < l_\lambda(w) \iff s_\alpha w \uparrow w$$

und

$$l_s(ws_\alpha) < l_\lambda(w) \iff ws_\alpha \uparrow w.$$

Daraus folgt insbesondere:

$$w \uparrow w' \text{ und } w \neq w' \implies l_\lambda(w) < l_\lambda(w') \quad \text{für alle } w, w' \in W_\lambda.$$

Man kann genauer zeigen (vgl. [Dixmier], 7.7.7): Sind $w, w' \in W_\lambda$ mit $w \uparrow w'$, so gibt es $w_1, w_2, \dots, w_n \in W_\lambda$ mit

$$w = w_1 \uparrow w_2 \uparrow \dots \uparrow w_n = w'$$

und $l_\lambda(w_i) = l_\lambda(w) + i - 1$ für $1 \leqslant i \leqslant n$; dann ist notwendigerweise jedes $w_i^{-1} w_{i-1}$ $(1 \leqslant i \leqslant n)$ eine Spiegelung s_α mit $\alpha \in R_\lambda$.

<u>Satz:</u> <u>Sei</u> $\lambda \in \underline{h}^*$ <u>antidominant und regulär</u>. <u>Für alle</u> $\alpha \in R_\lambda$ <u>und</u> $w \in W_\lambda$ <u>mit</u> $l_\lambda(s_\alpha w) = l_\lambda(w) - 1$ <u>gilt</u>

$$[M(w.\lambda) : L(s_\alpha w.\lambda)] = 1 .$$

<u>Beweis</u>: Für alle $\beta \in R_+(w.\lambda)$ mit $\beta \neq \pm\alpha$ kann $s_\alpha w \uparrow s_\beta w$ nicht gelten, weil dann

$$l_\lambda(w) - 1 = l_\lambda(s_\alpha w) < l_\lambda(s_\beta w) < l_\lambda(w)$$

wäre. Daraus folgt $[M(s_\beta w.\lambda) : L(s_\alpha w.\lambda)] = 0$ für diese β, mithin

$$\sum_{n>0} [M(w.\lambda)_n : L(s_\alpha w.\lambda)] = \sum_{\beta \in R_+(w.\lambda)} [M(s_\beta w.\lambda) : L(s_\alpha w.\lambda)]$$

$$= [M(s_\alpha w.\lambda) : L(s_\alpha w.\lambda)] = 1.$$

Wegen $s_\alpha w.\lambda \neq w.\lambda$ ist $[M(w.\lambda) : L(s_\alpha w.\lambda)] = [M(w.\lambda)_1 : L(s_\alpha w.\lambda)]$. Weil $[M(w.\lambda)_n : L(s_\alpha w.\lambda)] \leq [M(w.\lambda)_1 : L(s_\alpha w,\lambda)]$ für alle $n \in \mathbb{N}$ gilt, erhalten wir

$$[M(w.\lambda)_1 : L(s_\alpha w.\lambda)] = 1 \quad \text{und} \quad [M(w.\lambda)_i : L(s_\alpha w.\lambda)] = 0 \quad \text{für} \quad i > 0,$$

und damit die Behauptung.

<u>Bemerkungen</u>: 1) Es sei λ weiterhin antidominant und regulär. Seien $w, w' \in W_\lambda$ mit $w \uparrow w'$ und $l_\lambda(w) = l_\lambda(w') - 2$. Es gibt (vgl. [Dixmier], 7.7.7 (iii)) genau zwei Wurzeln $\alpha, \beta \in R_+(w'.\lambda)$ mit

$$w \uparrow s_\alpha w', \; s_\beta w' \uparrow w'.$$

Es gilt dann $l_\lambda(s_\alpha w') = l_\lambda(w) + 1 = l_\lambda(s_\beta w')$, also

$$[M(s_\alpha w'.\lambda) : L(w.\lambda)] = 1 = [M(s_\alpha w'.\lambda) : L(w.\lambda)]$$

(nach dem Satz) und aus 5.3 folgt

$$\sum_{n>0} [M(w'.\lambda)_n : L(w.\lambda)] = 2,$$

mithin $$[M(w'.\lambda) : L(w.\lambda)] \leq 2.$$

2) Wir werden später (5.23) sehen, daß der Satz 5.4 Spezialfall eines allgemeineren Ergebnisses ist, aus dem auch folgt, daß im Fall der ersten Bemerkung die Vielfachheit stets gleich Eins ist.

5.5

Mit den Ergebnissen des letzten Abschnitts haben wir den Beweis von Satz 3.17 abgeschlossen, der die Multiplizitäten in dem Fall beschreibt, daß R_λ vom Rang 2 ist.

Wir wollen in diesem Fall die $M(w.\lambda)_i$ genau angeben. Es sei λ zunächst antidominant und regulär (mit $\# B_\lambda = 2$). Man zeigt für alle $w, w' \in W_\lambda$ mit $w \uparrow w'$:

$$\#\{\alpha \in R_\lambda \cap R_+ \mid w \uparrow s_\alpha w' \uparrow w'\} = l_\lambda(w') - l_\lambda(w);$$

dazu beachte man, daß

$$\{s_\alpha w \mid \alpha \in R_\lambda \cap R_+,\ s_\alpha w \uparrow w\} = \{w' \in W_\lambda \mid w' \uparrow w,\ l_\lambda(w) - l_\lambda(w') \text{ ungrade }\}$$

ist und benutze das Ordnungsdiagramm in 3.6. Nun folgt aus den Sätzen 5.3 und 3.17

$$\sum_{n>0} \operatorname{ch} M(w.\lambda)_n = \sum_{l_\lambda(w') < l_\lambda(w)} (l_\lambda(w) - l_\lambda(w')) \operatorname{ch} L(w'.\lambda).$$

Weil $[M(w.\lambda)_n : L(w'.\lambda)] \leq 1$ nach 3.17 für alle $n \in \mathbb{N}$ und $w, w' \in W_\lambda$ gilt, folgt

$$[M(w.\lambda)_i : L(w'.\lambda)] = \begin{cases} 1 & \text{für } 1 \leq i \leq l_\lambda(w) - l_\lambda(w') \\ 0 & \text{für } i > l_\lambda(w) - l_\lambda(w') \end{cases}$$

und
$$M(w.\lambda)_i = \sum_{\substack{w' \in W_\lambda \\ l_\lambda(w') = l_\lambda(w) - i}} M(w'.\lambda).$$

Nun sei λ antidominant mit $\# B_\lambda^0 = 1$. Es gibt Elemente w_i $(1 \leq i < r = \frac{1}{2}\# W_\lambda)$ mit $l_\lambda(w_i) = i$ und $W_\lambda.\lambda = \{\lambda\} \cup \{w_i.\lambda \mid 1 \leq i < r\}$. Es gilt dann $\lambda \uparrow w_1.\lambda \uparrow w_2.\lambda \uparrow \ldots \uparrow w_{r-1}.\lambda$. Für alle i $(1 \leq i \leq r)$ ist

$$\{s_\alpha w_i.\lambda \mid \alpha \in R_+(w_i.\lambda)\} = \{w_j.\lambda \mid 1 \leq j < i\} \cup \{\lambda\}$$

Es folgt
$$\sum_{n>0} \operatorname{ch} M(w_i.\lambda)_n = \sum_{j=1}^{i} (i-j) \operatorname{ch} L(w_j.\lambda) + i \operatorname{ch} L(\lambda)$$

und $M(w_i.\lambda)_j = M(w_{i-j}.\lambda)$ für $1 \leq j < i$

sowie $M(w_i.\lambda)_i = M(\lambda)$.

5.6

Es sei A eine (nullteilerfreie) k-Algebra, in der sich jedes Element (bis auf Reihenfolge und Einheiten) eindeutig als Produkt von Primelementen schreiben läßt. Wie in 5.2 betrachten wir ein $\lambda \in \underline{h}_A^*$ und in dem einfachen $\underline{g}_{Q(A)}$-Modul $L(\lambda)_{Q(A)}$ das Gitter $L(\lambda)_A = U(\underline{g}_A)\bar{v}_\lambda$. Wir wollen annehmen, daß alle $L(\lambda)_A^{\lambda-\nu}$ mit $\nu \in \mathbb{N}B$ freie A-Moduln sind; endlich erzeugt sind sie automatisch. Die (nicht ausgeartete) kontravariante Form (,) auf $L(\lambda)_{Q(A)}$ mit $(\bar{v}_\lambda, \bar{v}_\lambda) = 1$ nimmt auf $L(\lambda)_A$ Werte in A an. Für alle $\mu \in \underline{h}_A^*$ bezeichnen wir die Determinante von (,) für eine Basis von $L(\lambda)_A^\mu$ mit $D_\lambda(\mu)$; dieses Element von A ist eindeutig bis auf das Quadrat einer

Einheit in A.

Es sei $k[T]$ der Polynomring in einer Veränderlichen über k mit dem Quotientenkörper $k(T)$ und $\psi : k[T] \to k$ der k-Algebrenhomomorphismus mit $\psi T = 0$. Es gebe zwei Homomorphismen $\phi : A \to k$ und $\phi' : A \to k[T]$ mit $\phi = \psi \circ \phi'$ und $\phi' D_\lambda(\lambda - \nu) \neq 0$ für alle $\nu \in \mathbb{N}B$. Wir setzen

$$M' = L(\lambda)_A \otimes_A k[T] \quad \text{und} \quad M = L(\lambda)_A \otimes_A k,$$

wobei wir die Tensorprodukte mit Hilfe von ϕ' bzw. ϕ bilden. Dann ist M' (bzw. M) ein $\underline{g}_{k[T]}$-Modul (bzw. $\underline{g}$-Modul) zum höchsten Gewicht $\phi'(\lambda)$ (bzw. $\phi(\lambda)$) und es gilt

$$M \simeq M' \otimes_{k[T]} k,$$

wobei das Tensorprodukt mit ψ gebildet wird. Weiter ist $M' \otimes_{k[T]} k(T)$ ein $\underline{g}_{k(T)}$-Modul zum höchsten Gewicht $\phi'(\lambda)$ mit einer kontravarianten Form, die wegen $\phi' D_\lambda(\lambda - \nu) \neq 0$ für alle $\nu \in \mathbb{N}B$ nicht ausgeartet ist. Also können wir $M' \otimes_{k[T]} k(T)$ mit $L(\phi'(\lambda))_{k(T)}$ identifizieren; betten wir M' als $M' \otimes 1$ hierin ein, so erhalten wir eine Isomorphie von M' mit $L(\phi'(\lambda))_{k[T]}$, wobei wir die Notation von 5.2 übernehmen. Nach Satz 5.2 können wir eine Kette von Untermoduln

$$M = M_0 \supset M_1 \supset M_2 \supset \ldots ,$$

konstruieren, wobei es auf allen M_i/M_{i+1} eine nicht ausgeartete kontravariante Form gibt und wo

$$\sum_{n>0} \operatorname{ch} M_n = \sum_{\nu \in \mathbb{N}B} \nu_T\, (\phi' D_\lambda(\lambda - \nu)) \quad e(\phi(\lambda) - \nu)$$

gilt. Für alle $a \in A$ ist

$$\nu_T\, (\phi' a) = \sum_p \nu_p(a)\ \nu_T(\phi' p),$$

wobei p ein Repräsentantensystem von Klassen assoziierter Primelemente durchläuft. Es folgt

$$(1) \quad \sum_{n>0} \operatorname{ch} M_n = e(\phi(\lambda)) \sum_p \nu_T(\varphi' p) \sum_{\nu \in \mathbb{N}B} \nu_p\ (D_\lambda(\lambda - \nu))\ e(-\nu).$$

5.7

Wir wollen später die Konstruktion des letzten Abschnitts auf den Fall anwenden, wo M von der Form $M(\lambda)/M(s_\alpha . \lambda)$ mit $\alpha \in R_+(\lambda)$ ist. Zunächst jedoch zeigen wir, wie sich diese Ideen für $M = M(\lambda)$ dazu benutzen lassen, um 5.4 (4) zu zeigen. Wir nehmen $A = S(\underline{h})$ und betrachten das Gewicht $\lambda_0 \in \underline{h}^*_A$, das von der Einbettung $\underline{h} \hookrightarrow S(\underline{h})$ induziert wird. Für alle $\lambda \in \underline{h}^*$ seien $\phi_\lambda \in \mathrm{Hom}_{k\text{-Alg}}(A, k)$ und $\phi'_\lambda \in \mathrm{Hom}_{k\text{-Alg}}(A, k[T])$ durch

$$\phi_\lambda H = \lambda(H) \quad \text{und} \quad \phi'_\lambda H = \lambda(H) + T\rho(H)$$

für alle $H \in \underline{h}$ definiert; dann gilt $\phi_\lambda = \psi \circ \phi'_\lambda$ und $\phi_\lambda(\lambda_0) = \lambda$ sowie $\phi'_\lambda(\lambda_0) = \lambda + T\rho$.

Ist $\lambda \in \underline{h}^*$ und gilt $\langle \lambda + \rho, \alpha^\vee \rangle \in \mathbb{N} \setminus 0$ für alle $\alpha \in R_+$, so ist $M(\lambda)$ nach Satz 1.8 einfach, also müssen alle $\phi_\lambda D_{\lambda_0}(\lambda_0 - \nu)$ mit $\nu \in \mathbb{N}B$ von Null verschieden sein. Daher sind die einzigen Primteiler eines $D_{\lambda_0}(\lambda_0 - \nu)$ von der Form $\langle \lambda_0 + \rho, \alpha^\vee \rangle - r$ mit $\alpha \in R_+$ und $r \in \mathbb{N} \setminus 0$. Setzen wir

$$\nu_{\alpha,r} = \sum_{\nu \in \mathbb{N}B} \nu_{\langle \lambda_0 + \rho, \alpha^\vee \rangle - r}(D_{\lambda_0}(\lambda_0 - \nu))\, e(-\nu).$$

Für ein beliebiges $\lambda \in \underline{h}^*$ ist

$$\phi_\lambda(\langle \lambda_0 + \rho, \alpha^\vee \rangle - r) = \langle \lambda + \rho, \alpha^\vee \rangle - r + T\langle \rho, \alpha^\vee \rangle \neq 0.$$

In den Notationen von 5.6 ist deshalb $M' = M(\lambda + T\rho)$ und $M = M(\lambda)$. Für $r \neq \langle \lambda + \rho, \alpha^\vee \rangle$ ist $\nu_T(\phi'_\lambda(\langle \lambda_0 + \rho, \alpha^\vee \rangle - r)) = 0$; diese Bewertung ist dagegen gleic 1, wenn $r = \langle \lambda + \rho, \alpha^\vee \rangle$ ist. Damit $\langle \lambda_0 + \rho, \alpha^\vee \rangle - \langle \lambda + \rho, \alpha^\vee \rangle$ als Teiler ein $D_{\lambda_0}(\lambda_0 - \nu)$ in Frage kommt, muß $\alpha \in R_+(\lambda)$ sein. Nun folgt

$$\sum_{i > 0} \mathrm{ch}\, M(\lambda)_i = \sum_{\alpha \in R_+(\lambda)} \nu_{\alpha, \langle \lambda + \rho, \alpha^\vee \rangle}\, e(\lambda).$$

Seien $\alpha \in R_+$ und $n \in \mathbb{N} \setminus 0$. Wählen wir ein $\lambda \in \underline{h}^*$ mit $\langle \lambda + \rho, \alpha^\vee \rangle = n$ und $\langle \lambda + \rho, \beta^\vee \rangle \notin \mathbb{Z}$ für alle $\beta \in R_+ \setminus \{\alpha\}$. Es ist dann $R_\lambda = \{\pm\alpha\}$ und $W_\lambda . \lambda = \{\lambda, s_\alpha . \lambda\}$. Nun sehen wir einerseits

$$\sum_{i > 0} \mathrm{ch}\, M(\lambda)_i = \nu_{\alpha,n}\, e(\lambda);$$

andererseits kann jedes $M(\lambda)_i$ mit $i > 0$ nur $M(s_\alpha . \lambda) = L(s_\alpha . \lambda)$ als einfachen Faktor haben; daher gibt es ein $m(\alpha,n) \in \mathbb{N}$ mit

$$\sum_{i > 0} \mathrm{ch}\, M(\lambda)_i = m(\alpha,n)\, \mathrm{ch}\, M(s_\alpha . \lambda) = \underline{P}m(\alpha,n)\, e(\lambda - n\alpha).$$

Daraus folgt

$$\nu_{\alpha,n} = m(\alpha,n)\ \underline{P}\ e(-n\alpha).$$

Für ein wieder beliebiges $\lambda \in \underline{h}^*$ erhalten wir nun

$$\sum_{n>0} M(\lambda)_n = \sum_{\alpha \in R_+(\lambda)} m(\alpha, <\lambda + \rho, \alpha^\vee>)\ \text{ch}\ M(s_\alpha . \lambda)\ ,$$

also 5.4 (4). Wir sehen auch:

$$D_{\lambda_0}(\lambda_0 - \nu) = \prod_{\alpha \in R_+} \prod_{r>0} (<\lambda_0 + \rho, \alpha^\vee> - r)^{m(\alpha,r)\ P(\nu - r\alpha)}$$

(bis auf eine Konstante). Um den Beweis von 5.3 (2) zu vollenden, um also $m(\alpha, r) = 1$ für alle $\alpha \in R_+$ und $r \in \mathbb{N} \setminus 0$ zu zeigen, kann man den Grad von $D_{\lambda_0}(\lambda_0 - \nu)$ berechnen und dann durch Vergleich $m(\alpha, r) = 1$ erhalten.

<u>Bemerkung</u>: Im Gegensatz zum ursprünglichen Beweis der Formel 5.3 (2) in [Šapovalov] oder [Jantzen 1] benutzt der hier skizzierte nicht die Existenz von Einbettungen $M(s_\alpha.\lambda) \hookrightarrow M(\lambda)$ für alle $\alpha \in R_+(\lambda)$. Man kann sogar umgekehrt schließen: Weil wir aus der Gradabschätzung $m(\alpha, r) = 1$ erhalten, muß es für alle λ mit $<\lambda + \rho, \alpha^\vee> = r$ und $R_\lambda = \{\pm\alpha\}$ einen Homomorphismus ungleich Null : $M(s_\alpha.\lambda) \to M(\lambda)$ geben. Mit einem Argument wie in [Dixmier], 7.6.12/13 erhält man nun eine derartige Einbettung für alle $\lambda \in \underline{h}^*$ mit $<\lambda + \rho, \alpha^\vee> = r$, also Teil c) von Verma's Theorem (1.9.)

5.8

In seinem Beweis der Formel 5.3 (2) hat Šapovalov nicht nur die Existenz einer Einbettung $M(s_\alpha.\lambda) \subset M(\lambda)$ für $\alpha \in R_+(\lambda)$ benutzt, sondern auch ein Element, das eine solche Einbettung vermittelt, näher beschrieben. Sein Ergebnis wird uns für ein etwas anderes Problem nützlich sein; es lautet:

<u>Satz</u>: (Šapovalov) <u>Es seien</u> $\alpha \in R_+$ <u>und</u> $n \in \mathbb{N} \setminus 0$; <u>wir schreiben</u> $\alpha = \sum_{\beta \in B} r(\beta)\beta$ <u>und setzen</u> π_0 <u>gleich der Partition mit</u> $\pi_0(\beta) = nr(\beta)$ <u>für</u> $\beta \in B$ <u>und</u> $\pi_0(\beta) = 0$ <u>für</u> $\beta \in R_+ \setminus B$. <u>Es gibt dann ein</u> $Y_{\alpha,n} \in U(\underline{n}^- \oplus \underline{h})^{-n\alpha}$ <u>mit</u>

(1) $X_\beta Y_{\alpha,n} \in U(\underline{g})\ (H_\alpha + \rho(H_\alpha) - n) + U(\underline{g})\underline{n}$ <u>für alle</u> $\beta \in R_+$, <u>und es gibt</u> $h_\pi \in U(\underline{h})$ <u>für die</u> $\pi \in \underline{\underline{P}}(n\alpha) \setminus \pi_0$ <u>mit</u>

(2) $$Y_{\alpha,n} = X_{-\pi_0} + \sum_{\pi \in \underline{\underline{P}}(n\alpha) \setminus \pi_0} X_{-\pi}\, h_\pi\ .$$

(Wir erinnern an die Notationen H_α, $X_{-\pi}$, $\underline{\underline{P}}(\nu)$ aus 1.2).

<u>Bemerkung</u>: Durch diese Bedingungen wird $Y_{\alpha,n}$ eindeutig festgelegt. Daß (2) erfüllt ist, ist unabhängig davon, durch welche Anordnung von R_+ die Produkte $X_{-\pi}$ definiert werden.

5.9

Sei A eine k-Algebra; wir betrachten ein Gewicht $\lambda \in \underline{h}_A^*$ und ein erzeugendes primitives Element v_λ von $M(\lambda)_A$. Für alle $\alpha \in R_+$ und $n \in \mathbb{N} \setminus 0$ mit $\langle\lambda+\rho, \alpha^\vee\rangle = n$ ist nun $Y_{\alpha,n} v_\lambda$ ein primitives Element zum Gewicht $\lambda - n\alpha$ in $M(\lambda)_A$, insbesondere gilt $U(\underline{g}_A) Y_{\alpha,n} v_\lambda = U(\underline{n}_A^-) Y_{\alpha,n} v_\lambda$. Wir nehmen nun ein solches α, setzen

$$M'(\lambda)_A = M(\lambda)_A / U(\underline{g}_A) Y_{\alpha,n} v_\lambda$$

und bezeichnen das Bild von v_λ in $M'(\lambda)_A$ unter der kanonischen Abbildung mit v'_λ. Offenbar ist $M'(\lambda)_A$ ein $\underline{g}_A$-Modul zum höchsten Gewicht λ, erzeugt vom primitiven Element v'_λ und direkte Summe seiner Gewichtsräume. Wir wollen zeigen, daß $M'(\lambda)_A$ ein freier A-Modul ist, genauer:

<u>Satz: Für alle</u> $\nu \in \mathbb{N}B$ <u>ist</u> $M'(\lambda)_A^{\lambda-\nu}$ <u>ein freier A-Modul mit Basis</u>

$$\{X_{-\pi} v'_\lambda \mid \pi \in \underline{\underline{P}}(\nu), \text{ es gibt } \beta \in B \text{ mit } \pi(\beta) < nr(\beta)\},$$

<u>wobei die</u> $r(\beta)$ <u>durch</u> $\alpha = \sum_{\beta \in B} r(\beta)\beta$ <u>definiert sind.</u>

<u>Beweis</u>: Offensichtlich gilt

$$M'(\lambda)_A^{\lambda-\nu} = M(\lambda)_A^{\lambda-\nu} / U(\underline{n}_A^-)^{\nu-n\alpha} Y_{\alpha,n} v_\lambda .$$

Die Behauptung wird daher folgen, wenn wir zeigen, daß die $X_{-\pi} v_\lambda$ mit $\pi \in \underline{\underline{P}}(\nu)$ für die es ein $\beta \in B$ mit $\pi(\beta) < nr(\beta)$ gibt, und die $X_{-\pi} Y_{\alpha,n} v_\lambda$ mit $\pi \in \underline{\underline{P}}(\nu - n\alpha)$ zusammen eine Basis von $M(\lambda)_A^{\lambda-\nu}$ bilden.

Für jede Partition $\pi = (\pi(\beta))_{\beta \in R_+} \in \underline{\underline{P}}$ setzen wir $|\pi| = \sum_{\beta \in R_+} \pi(\beta)$. Für ein $\pi \in \underline{\underline{P}}(\nu)$ gilt nun $|\nu| = \sum_{\beta \in R_+} \pi(\beta)|\beta|$ (vgl. 3.12), also ist $|\pi| \leq |\nu|$, und $|\pi| = |\nu|$ gilt nur, wenn $\pi(\beta) = 0$ für $\beta \in R_+ \setminus B$ ist. Für jedes $\nu \in \mathbb{N}B$ gibt es offensichtlich genau ein $\pi \in \underline{\underline{P}}(\nu)$ mit $|\pi| = |\nu|$; für $\nu = n\alpha$ ist dies genau die Partition π_o von 5.8; aus dem Satz folgt also

(1) $$Y_{\alpha,n} v_\lambda \in X_{-\pi_o} v_\lambda + \sum_{|\pi| < |\pi_o|} A X_{-\pi} v_\lambda .$$

Zu zwei Partitionen $\pi, \pi' \in \underline{\underline{P}}$ definieren wir eine Partition $\pi + \pi' \in \underline{\underline{P}}$ durch

$(\pi + \pi')(\beta) = \pi(\beta) + \pi'(\beta)$ für alle $\beta \in R_+$. Nun haben wir auf $U(\underline{n}^-)$ die natürliche Filtrierung

$$k = U_0(\underline{n}) \subset U_1(\underline{n}^-) = k \oplus \underline{n}^- \subset U_2(\underline{n}) \subset U_3(\underline{n}) \subset \ldots ,$$

und die $X_{-\pi}$ mit $|\pi| \leqslant n$ bilden eine Basis von $U_n(\underline{n}^-)$. Weil die assoziierte graduierte Algebra kommutativ ist, gilt

$$X_{-\pi} X_{-\pi'} \in (\mathbb{Q} \setminus 0)\, X_{-(\pi + \pi')} + U_{|\pi + \pi'|-1}(\underline{n}^-),$$

also $X_{-\pi}X_{-\pi'} \in (\mathbb{Q} \setminus 0)\, X_{-(\pi+\pi')} + \sum_{|\pi_1|<|\pi+\pi'|} k\, X_{-\pi_1}$ für alle $\pi, \pi' \in \underline{\underline{P}}$.

Aus (1) folgt nun

(2) $$X_{-\pi} Y_{\alpha,n}\, v_\lambda \in (\mathbb{Q} \setminus 0)\, X_{-(\pi+\pi_0)}\, v_\lambda + \sum_{|\pi'|<|\pi+\pi_0|} A X_{-\pi'} v_\lambda \qquad \text{für alle } \pi \in \underline{\underline{P}}(\nu - n\alpha).$$

Eine Partition $\pi_1 \in \underline{\underline{P}}(\nu)$ ist genau dann von der Form $\pi + \pi_0$ mit $\pi \in \underline{\underline{P}}(\nu - n\alpha)$, wenn alle $\pi_1(\beta) \geqslant nr(\beta)$ für $\beta \in B$ sind. Bei einer geeigneten Anordnung von $\underline{\underline{P}}(\nu)$ wird daher der Übergang von der Basis $(X_{-\pi}v_\lambda)_{\pi \in \underline{\underline{P}}(\nu)}$ von $M(\lambda)_A^{\lambda-\nu}$ zu den $X_{-\pi}Y_{\alpha,n}\, v_\lambda$ mit $\pi \in \underline{\underline{P}}(\nu - n\alpha)$ und den $X_{-\pi}v_\lambda$ mit $\pi \in \underline{\underline{P}}(\nu)$ und $\pi(\beta) \leqslant nr(\beta)$ für mindestens ein $\beta \in B$ durch eine Matrix gegeben, die obere Dreiecksgestalt hat und deren Eintragungen auf der Diagonale invertierbar in A sind. Also bilden auch die an zweiter Stelle genannten Elemente eine Basis von $M(\lambda)_A^{\lambda-\nu}$; dies war nur noch zu beweisen.

5.10

Wir halten für die folgenden Abschnitte (bis 5.17) eine positive Wurzel $\alpha \in R_+$ fest. Für alle k-Algebren A und Gewichte $\lambda \in \underline{h}_A^*$ mit $\langle \lambda + \rho, \alpha^\vee \rangle \in \mathbb{N} \setminus 0$ definieren wir $M'(\lambda)_A$ wie in 5.9 relativ α. Ist dann $\phi : A \to A'$ ein Homomorphismus von k-Algebren, so ist $\langle \phi(\lambda) + \rho, \alpha^\vee \rangle = \langle \lambda + \rho, \alpha^\vee \rangle$ und ϕ induziert einen Homomorphismus $M'(\lambda)_A \longrightarrow M'(\phi(\lambda))_{A'}$. Ist A nullteilerfrei und v_λ' ein erzeugendes primitives Element von $M'(\lambda)_{Q(A)}$, so können wir $M'(\lambda)_A$ mit $U(\underline{g})_A\, v_\lambda$ identifizieren.

Ist $\lambda \in \underline{h}^*$ mit $\langle \lambda + \rho, \alpha^\vee \rangle \in \mathbb{N} \setminus 0$, so ist $U(\underline{g})\, Y_{\alpha,\langle \lambda + \rho, \alpha^\vee \rangle}\, v_\lambda$ isomorph zu $M(s_\alpha . \lambda)$, also

$$M'(\lambda) = M'(\lambda)_k \simeq M(\lambda) \,/\, M(s_\alpha . \lambda).$$

Satz: Sei $\lambda \in \underline{h}^*$ mit $<\lambda + \rho, \alpha^\vee> \in \mathbb{N} \setminus 0$. Gilt $<\lambda + \rho, \beta^\vee> \notin \mathbb{N} \setminus 0$ für alle $\beta \in R_+ \setminus \{\alpha\}$, so ist $M'(\lambda)$ einfach.

Beweis: Wir wählen ein reguläres Gewicht $\lambda' \in \lambda + P(R)$, so daß $\underline{\underline{R}}\lambda$ im oberen Abschluß der Kammer von $\underline{\underline{R}}\lambda'$ liegt (vgl. 2.7 (2)). Für alle $\beta \in R_+ \cap R_\lambda \setminus \{\alpha\}$ gilt $<\lambda+\rho, \beta^\vee> \leq 0$, also $<\lambda' + \rho, \beta^\vee> < 0$ nach Definition des oberen Abschlusses, während $<\lambda' + \rho, \alpha^\vee> \in \mathbb{N} \setminus 0$ sein muß. Dies zeigt $R_+(\lambda') = \{\alpha\}$. Nehmen wir nun das Element $w \in W_\lambda$, für das $w^{-1}.\lambda'$ antidominant ist. Nach 5.4 gilt $l_\lambda(w) = \# R_+(\lambda') = 1$, also ist $w = s_\beta$ für ein $\beta \in B_\lambda$. Offensichtlich ist dann $R_+(\lambda') = \{\beta\}$, mithin $\beta = \alpha$. Aus 2.23 folgt

$$\mathrm{ch}\, L(\lambda') = \mathrm{ch}\, M(\lambda') - \mathrm{ch}\, M(s_\alpha.\lambda'),$$

aus 2.14 daher

$$\mathrm{ch}\, L(\lambda) = \mathrm{ch}\, M(\lambda) - \mathrm{ch}\, M(s_\alpha.\lambda) = \mathrm{ch}\, M'(\lambda).$$

Dann muß $M'(\lambda)$ einfach sein.

Bemerkung: Für nicht reguläre Gewichte gilt die Umkehrung nicht, wie die Fälle für $\# B_\lambda = 2$ zeigen. Für reguläre Gewichte gilt die Umkehrung dagegen. Man benutze dafür: Ist $\# R_+(\lambda) > 1$, so gibt es (nach [Dixmier] 7.7.6) mindestens zwei $\mu < \lambda$, die maximal für $\mu \uparrow \lambda$ sind.

5.11

Sei $\lambda \in \underline{h}^*$ mit $\langle\lambda+\rho, \alpha^\vee\rangle \in \mathbb{N} \setminus 0$. Es sei $(\,|\,)$ eine symmetrische, unter W invariante Bilinearform auf $\underline{h}^*$, die auf $P(R) \otimes \mathbb{Q}$ positiv definit ist. Wir können offensichtlich ein $\rho' \in \underline{h}^*$ wählen mit $(\rho'|\alpha) = 0$ und $(\rho'|\beta) \neq 0$ für alle $\beta \in R_+, \beta \neq \alpha$ sowie $(\lambda - w.\lambda|\rho') \neq 0$ für alle $w \in W$ mit $\lambda - w.\lambda \notin \mathbb{Q}\alpha$. (Diese Bedingung an w ist offensichtlich zu $w.\lambda \notin \{\lambda, s_\alpha.\lambda\}$ äquivalent.)

Es sei wieder $k[T]$ der Polynomring in einer Veränderlichen über k und $k(T)$ sein Quotientenkörper. Nun gilt $R_{\lambda+T\rho'} = \{\pm\alpha\}$; nach Satz 5.10 ist daher $M'(\lambda+T\rho')_{k(T)}$ einfach. In den Notationen von 5.2 gilt nun

$$L(\lambda + T\rho')_{k[T]} \cong M'(\lambda + T\rho')_{k[T]} ;$$

nach 5.10 können wir $M'(\lambda + T\rho')_{k[T]} \otimes_{k[T]} k$ mit $M'(\lambda)$ identifizieren, wenn wir das Tensorprodukt mit Hilfe von dem $\psi \in \mathrm{Hom}_{k\text{-Alg}}(k[T],k)$ mit $\psi T = 0$ bilden.

Nach Satz 5.2 gibt es also eine Kette von Untermoduln

$$M'(\lambda) = M'(\lambda)_0 \supset M'(\lambda)_1 \supset M'(\lambda)_2 \supset \dots ,$$

so daß $M'(\lambda)_1$ der größte echte Untermodul ist, so daß es auf allen $M'(\lambda)_i/M'(\lambda)_{i+1}$ nicht ausgeartete kontravariante Formen gibt und so daß

$$\sum_{i>0} \mathrm{ch}\, M'(\lambda)_i = e(\lambda) \sum_{\nu \in \mathbb{N}B} e(-\nu)\, \nu_T\, D'_{\lambda+T\rho'}(\lambda + T\rho' - \nu)$$

ist, wobei $D'_{\lambda+T\rho'}(\lambda + T\rho' - \nu)$ die Determinante von (,) für eine $k[T]$-Basis von $M'(\lambda + T\rho')^{\lambda+T\rho'-\nu}_{k[T]}$ ist.

Wir werden diese Determinanten (bis auf Konstanten) ausrechnen. Dazu bestimmen wir zuerst $\sum_{i>0} \mathrm{ch}\, M'(\lambda_i)$ für $\# B_\lambda = 2$ und bauen daraus den allgemeinen Fall auf, ähnlich wie in 5.7 aus dem Fall $\# B_\lambda = 1$.

5.12

Wir nehmen also an, es gelte $\# B_\lambda = 2$ und $\langle\lambda+\rho,\alpha^\vee\rangle \in \mathbb{N}\setminus 0$. Sei $\lambda' \in W_\lambda.\lambda$ antidominant und es sei $w \in W_\lambda$ mit $\lambda = w.\lambda'$ und $\# R_+(\lambda) = l_\lambda(w)$. (Die letzte Forderung bedeutet, daß wir ein Element minimaler Länge in einer Nebenklasse modulo W_λ^0 wählen.) Es gibt nach 3.17 (vgl. 5.5) eine Teilmenge W_1 vom W_λ mit

$$\mathrm{ch}\, M(\lambda) = \mathrm{ch}\, L(\lambda) + \sum_{w_1 \in W_1} \mathrm{ch}\, L(w_1.\lambda').$$

Wir wollen auch für alle $w_1 \in W_1$ annehmen, daß $\# R_+(w_1.\lambda') = l_\lambda(w_1)$ ist. Setzen wir $W_2 = \{w_1 \in W_1 \mid w_1.\lambda' \uparrow s_\alpha.\lambda\}$, so gilt wieder nach 3.17

$$\mathrm{ch}\, M(s_\alpha.\lambda) = \sum_{w_2 \in W_2} \mathrm{ch}\, L(w_2.\lambda').$$

Aus 5.5 folgt

(1) $$\sum_{n>0} \mathrm{ch}\, M(\lambda)_n = \sum_{w_1 \in W_1} (l_\lambda(w) - l_\lambda(w_1))\, \mathrm{ch}\, L(w_1.\lambda')$$

und

$$(1') \qquad \sum_{n>0} \operatorname{ch} M(s_\alpha.\lambda)_n = \sum_{w_2 \in W_2} (1_\lambda(s_\alpha w) - 1_\lambda(w_2)) \operatorname{ch} L(w_2.\lambda').$$

Offensichtlich ist

$$\operatorname{ch} M'(\lambda) = \operatorname{ch} L(\lambda) + \sum_{w_1 \in W_1 \setminus W_2} \operatorname{ch} L(w_1.\lambda'),$$

es gibt also $a(w_1) \in \mathbb{N} \setminus 0$ für $w_1 \in W_1 \setminus W_2$ mit

$$\sum_{n>0} \operatorname{ch} M'(\lambda)_n = \sum_{w_1 \in W_1 \setminus W_2} a(w_1) \operatorname{ch} L(w_1.\lambda').$$

Wir werden in den folgenden Abschnitten zeigen:

$$(2) \qquad a(w_1) = 1_\lambda(w) - 1_\lambda(w_1) \qquad \text{für alle } w_1 \in W_1 \setminus W_2.$$

Dann wird folgen:

$$\sum_{n>0} \operatorname{ch} M'(\lambda)_n = \sum_{n>0} \operatorname{ch} M(\lambda)_n - \sum_{w_2 \in W_2} (1_\lambda(w) - 1_\lambda(w_2)) \operatorname{ch} L(w_2.\lambda')$$

$$= \sum_{n>0} M(\lambda)_n - \sum_{n>0} M(s_\alpha.\lambda)_n - (1_\lambda(w) - 1_\lambda(s_\alpha w)) \sum_{w_2 \in W_2} \operatorname{ch} L(w_2.\lambda')$$

$$= \sum_{n>0} M(\lambda)_n - \sum_{n>0} M(s_\alpha.\lambda)_n - (1_\lambda(w) - 1_\lambda(s_\alpha w)) \operatorname{ch} M(s_\alpha.\lambda).$$

Benutzen wir nun 5.3, so erhalten wir:

$$(3) \qquad \sum_{n>0} \operatorname{ch} M'(\lambda)_n = \sum_{\beta \in R_+(\lambda) \setminus \alpha} \operatorname{ch} M(s_\beta.\lambda) - \sum_{\beta \in R_+(s_\alpha.\lambda)} \operatorname{ch} M(s_\beta s_\alpha.\lambda)$$

$$- (\# R_+(\lambda) - \# R_+(s_\alpha.\lambda) - 1) \operatorname{ch} M(s_\alpha.\lambda).$$

Wenden wir uns also (2) zu. Für alle $\mu \in \mathbb{N}B$ mit $\lambda - \mu \nleq s_\alpha.\lambda$ gilt

$$M'(\lambda + T\rho')_{k[T]}^{\lambda+T\rho'-\mu} = M(\lambda+T\rho')_{k[T]}^{\lambda+T\rho'-\mu},$$

also auch $\nu_T D'_{\lambda+T\rho'}(\lambda+T\rho'-\mu) = \nu_T D_{\lambda+T\rho'}(\lambda+T\rho'-\mu)$, wobei mit $D_{\lambda+T\rho'}$ Determinanten für $M(\lambda+T\rho')_{k[T]}$ bezeichnet werden. Die Formel (2) in 5.3 zeigt aber

$$\nu_T D_{\lambda+T\rho'}(\lambda+T\rho'-\mu) = \nu_T D_{\lambda+T\rho}(\lambda+T\rho-\mu)$$

für solche μ. Daher folgt (2) für die w_1 mit $w_1.\lambda' \not\leq s_\alpha.\lambda$ durch Induktion, wenn wir mit (1) vergleichen. Im nächsten Abschnitt untersuchen wir, wie viele w_1 diese Bedingung erfüllen.

5.13

Ist λ nicht regulär, so ist (siehe 3.18) die Menge $W.\lambda'$ unter $\uparrow$ linear geordnet. Für alle $w_1 \in W_1 \setminus W_2$ gilt daher $s_\alpha.\lambda \uparrow w_1.\lambda'$ und $s_\alpha.\lambda \neq w_1.\lambda'$, mithin $s_\alpha.\lambda < w_1.\lambda'$. Also haben wir 5.12 (2) in diesem Fall bewiesen.

Wir nehmen nun an, daß λ regulär ist. Wie wir in 3.6 sahen, gilt für alle $w' \in W_\lambda$ mit $l_\lambda(w') > l_\lambda(s_\alpha w)$ (bzw. mit $l_\lambda(w') < l_\lambda(s_\alpha w)$), daß $s_\alpha.\lambda \uparrow w'.\lambda'$ (bzw. $w'.\lambda' \uparrow s_\alpha.\lambda$) ist, und für diese w' ist 5.12 (2) gezeigt oder gar nichts zu zeigen. Es bleibt also nur noch ein $w' \in W_\lambda$ mit $l_\lambda(w') = l_\lambda(s_\alpha w)$ und $w' \neq s_\alpha w$ zu untersuchen. Wir wollen annehmen, daß es ein solches Element w' gibt; das ist genau dann der Fall, wenn $w \neq s_\alpha$ ist.

Zunächst zeigen wir (in den Notationen von 5.12);

$$a(w') \geq r = l_\lambda(w) - l_\lambda(s_\alpha w).$$

Für $r = 1$ ist dies klar. Sei $r > 1$; dann gibt es genau zwei Elemente $w_1, w_2 \in W_\lambda$ mit $l_\lambda(w_1) = l_\lambda(w_2) = l_\lambda(s_\alpha w) + 1 = l_\lambda(w) - (r-1)$. Aus 3.18 und den schon bewiesenen Teilen von 5.12 (2) folgt

$$M'(\lambda)_{r-1} = (M(w_1.\lambda') + M(w_2.\lambda'))/M(s_\alpha.\lambda),$$

und $M'(\lambda)_r$ muß zu 0 oder $L(w'.\lambda')$ isomorph sein. Im ersten Fall gäbe es nach Satz 5.2 b auf $M'(\lambda)_{r-1}$ eine nicht ausgeartete kontravariante Form (,). Wählen wir primitive Elemente $v_1, v_2 \in M'(\lambda)_{r-1}$ zu den Gewichten $w_1.\lambda', w_2.\lambda'$. Offensichtlich gilt

$$(U(\underline{g})v_1, U(\underline{g})v_2) = (v_1, U(\underline{g})v_2) = (U(\underline{g})v_1, v_2) = 0,$$

also $$(U(\underline{g})v_1 \cap U(\underline{g})v_2, U(\underline{g})v_1 + U(\underline{g})v_2) = (U(\underline{g})v_1 \cap U(\underline{g})v_2, M'(\lambda)_{r-1}) = 0.$$

Weil $(\ ,\ )$ nicht ausgeartet ist, folgt $U(\underline{g})v_1 \cap U(\underline{g})v_2 = 0$; andererseits ist dieser Durchschnitt nach 3.18 zu $L(w'.\lambda')$ isomorph. Wir erhalten also einen Widerspruch, es ist $M'(\lambda)_r$ zu $L(w'.\lambda')$ isomorph und $a(w') \geq r$.

5.14

Es seien λ', w' und r wie eben. Wir wählen ein primitives Element $m \in M'(\lambda)$ zum Gewicht $w'.\lambda'$. Um 5.12 (2) zu beweisen, müssen wir nur noch $m \notin M'(\lambda)_{r+1}$ zeigen, nachdem wir $m \in M'(\lambda)_r$ in 5.13 sahen.

Nehmen wir an, es sei doch $m \in M'(\lambda)_{r+1}$, es gäbe also ein Element $m' \in M'(\lambda+T\rho')^{w'.\lambda+T\rho'}_{k[T]}(r+1)$, dessen Reduktion modulo T gleich m ist. (Zur Notation sei an 5.2 erinnert.) Für alle Gewichte $\mu > w'.\lambda'$ ist $M'(\lambda)^{\mu}_{r} = 0$, also

$$M'(\lambda+T\rho')^{\mu+T\rho'}_{k[T]}(r) \subset T\, M'(\lambda+T\rho')^{\mu+T\rho'}_{k[T]}$$

und $$M'(\lambda+T\rho')^{\mu+T\rho'}_{k[T]}(r+1) \subset T^2\, M'(\lambda+T\rho')^{\mu+T\rho'}_{k[T]} \quad .$$

Für alle $\gamma \in R_+$ ist

$$X_\gamma\ m' \in M'(\lambda+T\rho')^{w'.\lambda'+T\rho'+\gamma}_{k[T]};$$

aus $w'.\lambda'+\gamma > w'.\lambda'$ folgt nun

$$(U(\underline{g})\underline{n})\ m' \subset T^2\, M'(\lambda+T\rho')_{k[T]} \ .$$

Es sei nun $u = u_1 + u_2 \in U(\underline{g})$ das Casimir- Element, das zu der invarianten Form auf $\underline{g}$ gehört, die $(\ |\ )$ auf $\underline{h}^*$ induziert. Dabei seien $u_2 \in U(\underline{g})\underline{n}$, $u_1 \in U(\underline{h})$; für alle $\mu \in \underline{h}^*$ ist $\mu(u_1) = (\mu+\rho|\mu+\rho) - (\rho|\rho)$. Weil u im Zentrum von $U(\underline{g})$ liegt, operiert es auf $M'(\lambda+T\rho')_{k[T]}$ als Multiplikation mit $(\lambda+\rho+T\rho'|\lambda+\rho+T\rho') - (\rho|\rho)$, nämlich genau so, wie auf einem erzeugenden primitiven Element. Wenden wir es andererseits direkt auf m' an, so sehen wir:

$$(\lambda+\rho+T\rho'|\lambda+\rho+T\rho')m' = (u+(\rho|\rho))m' \in$$

$$(w'(\lambda'+\rho)+T\rho'|w'(\lambda'+\rho)+T\rho')m'+T^2M'(\lambda+T\rho')_{k[T]}$$

$$\Longrightarrow \quad 2(\lambda+\rho - w'(\lambda'+\rho)|\rho')T\, m' \in T^2\, M'(\lambda+T\rho')_{k[T]}$$

$$\Longrightarrow \quad (\lambda+\rho - w'(\lambda'+\rho)|\rho')\, m' \in T\, M'(\lambda+T\rho')_{k[T]}$$

$$\Longrightarrow \quad (\lambda+\rho - w'(\lambda'+\rho)|\rho')\, m = 0$$

$$\Longrightarrow \quad (\lambda+\rho - w'(\lambda+\rho)|\rho') = 0.$$

Dies widerspricht der Wahl von ρ' und damit ist auch die Annahme $m \in M'(\lambda)_{r+1}$ ad absurdum geführt worden. Damit ist 5.12 (3) bewiesen.

Im übrigen zeigen die expliziten Beschreibungen der Untermoduln von $M(\lambda)$ in 3.17 und der $M'(\lambda)_n$ in den letzten Abschnitten, daß $M'(\lambda)_n$ für $\# B_\lambda = 2$ das Bild von $M(\lambda)_n$ unter der kanonischen Abbildung $M(\lambda) \to M'(\lambda)$ ist.

5.15

Wir wollen 5.12 (3) auf beliebige $\lambda \in \underline{h}^*$ mit $\langle\lambda+\rho,\alpha^\vee\rangle \in \mathbb{N}\setminus 0$ verallgemeinern.

Sei $n \in \mathbb{N}\setminus 0$. Wir betrachten die Hyperebene

$$Y = \{\lambda \in \underline{h}^* \mid \langle\lambda + \rho, \alpha^\vee\rangle = n\}$$

und den Ring A der polynomialen Funktionen auf Y sowie das Gewicht $\lambda_o \in \underline{h}^*_A$, das von den kanonischen Abbildungen

$$\underline{h} \hookrightarrow S(\underline{h}) \to A$$

herkommt.

Betten wir α in eine Basis $\widetilde{B}$ von R ein, so können wir A mit dem Polynomring $k[(T_\beta)_{\beta \in \widetilde{B}\setminus\alpha}]$ in $\#(\widetilde{B}\setminus\alpha)$ Veränderlichen über k identifizieren. Dabei fassen wir T_β als die Funktion

$$T_\beta(\lambda) = \lambda(H_\beta) = \langle\lambda\,,\,\beta^\vee\rangle \qquad \text{für alle } \lambda \in Y$$

auf. Die Fundamentalgewichte relativ $\widetilde{B}$ mögen mit $\widetilde{\omega}_\beta$ $(\beta \in \widetilde{B})$ bezeichnet werden.

Es gilt

$$\langle \lambda_o, \beta^\vee \rangle = \lambda_o(H_\beta) = T_\beta \quad \text{und} \quad \langle \lambda_o + \rho, \alpha^\vee \rangle = n,$$

also
$$\lambda_o = \sum_{\beta \in \tilde{B} \setminus \alpha} T_\beta \tilde{\omega}_\beta + (n - \langle \rho, \alpha^\vee \rangle) \tilde{\omega}_\alpha .$$

Wegen $\langle \rho', \alpha^\vee \rangle = 0$ (vgl. 5.11) gehört ρ' zu $\sum_{\beta \in \tilde{B} \setminus \alpha} k \tilde{\omega}_\beta$; daraus folgt

$$\rho' = \sum_{\beta \in \tilde{B} \setminus \alpha} \langle \rho', \beta^\vee \rangle \tilde{\omega}_\beta .$$

Für alle $\lambda \in Y$ gibt es nun Homomorphismen $\phi_\lambda \in \mathrm{Hom}_{k\text{-Alg}}(A,k)$ und $\phi'_\lambda \in \mathrm{Hom}_{k\text{-Alg}}(A, k[T])$ mit

$$\phi_\lambda T_\beta = \langle \lambda, \beta^\vee \rangle \quad \text{und} \quad \phi'_\lambda T_\beta = \langle \lambda, \beta^\vee \rangle + T \langle \rho', \beta^\vee \rangle ,$$

also $\phi_\lambda(\lambda_o) = \lambda$ und $\phi'_\lambda(\lambda_o) = \lambda + T\rho'$ sowie $\phi_\lambda \lambda = \psi \circ \phi'_\lambda$.

Wegen $\langle \lambda_o + \rho, \alpha^\vee \rangle = n$ ist $M'(\lambda_o)_A$ definiert. Für alle $\nu \in \mathbb{N}B$ sei $D_{\lambda_o}(\lambda_o - \nu)$ die Determinante einer durch $(v'_{\lambda_o}, v'_{\lambda_o}) = 1$ normierten kontravarianten Form auf $M'(\lambda_o)_A$ für eine Basis von $M'(\lambda_o)_A^{\lambda_o - \nu}$ über A.

Nun können wir die Theorie von 5.6 auf diese Situation anwenden. In dem Polynomring A läßt sich jedes Element eindeutig bis auf Reihenfolge und Einheiten als Produkt von Primelementen schreiben. Nach 5.10 ist $M'(\lambda_o)_{Q(A)}$ einfach, also sind alle $D_{\lambda_o}(\lambda_o - \nu)$ ungleich Null. Für ein $\lambda \in Y$ gilt $\phi_\lambda D_{\lambda_o}(\lambda_o - \nu) \neq 0$ für alle $\nu \in \mathbb{N}B$ genau dann, wenn $M'(\lambda)$ einfach ist, wenn also $\langle \lambda + \rho, \beta^\vee \rangle \notin \mathbb{N} \setminus 0$ für alle $\beta \in R_+ \setminus \alpha$ ist (5.10). Die Primteiler von $D_{\lambda_o}(\lambda_o - \nu)$ müssen daher von der Form $\langle \lambda_o + \rho, \beta^\vee \rangle - r$ mit $\beta \in R_+ \setminus \alpha$ und $r \in \mathbb{N} \setminus 0$ sein. Für alle $\beta \in R_+ \setminus \alpha$ und $r \in \mathbb{Q}$ setzen wir

$$\nu_{\beta,r} = \sum_{\nu \in \mathbb{N}B} e(\nu)\, v_{\langle \lambda_o + \rho, \beta^\vee \rangle - r}\, D_{\lambda_o}(\lambda_o - \nu).$$

Nun können die Polynome $\langle \lambda_o + \rho, \beta^\vee \rangle - r$ und $\langle \lambda_o + \rho, \beta'^\vee \rangle - r'$ für verschiedene β, β' und r, r' im allgemeinen assoziiert sein. Genauer: Die homogenen Anteile vom Grad 1 von $\langle \lambda_o + \rho, \beta^\vee \rangle$ und $\langle \lambda_o + \rho, \beta'^\vee \rangle$ für $\beta, \beta' \in R_+ \setminus \alpha$ sind genau dann proportional, wenn $\mathbb{Q}\beta + \mathbb{Q}\alpha = \mathbb{Q}\beta' + \mathbb{Q}\alpha$ ist. Wenn dies erfüllt ist, so gibt es zu jedem $r \in \mathbb{Q}$ genau ein $r' \in \mathbb{Q}$, so daß $\langle \lambda_o + \rho, \beta^\vee \rangle - r$ und $\langle \lambda_o + \rho, \beta'^\vee \rangle - r'$ proportional sind.

Weil $M'(\lambda + T\rho')_{k(T)}$ einfach ist, sind alle $\phi'_\lambda D_{\lambda_o}(\lambda_o - \nu) \neq 0$. Wir können aus 5.6 (1) nun schließen:

$$\sum_{n>0} \operatorname{ch} M'(\lambda)_n = e(\lambda) \sum_p \nu_p(D_{\lambda_o}(\lambda_o - \nu))\, e(-\nu)$$

wobei p ein Repräsentantensystem proportionaler Polynome der Form $\langle \lambda_o + \rho, \beta^\vee\rangle - \langle \lambda + \rho, \beta^\vee\rangle$ mit $\beta \in R_+$ durchläuft. Wir können ein solches Repräsentantensystem explizit angeben: Wir wählen eine Teilmenge $S \subset R_+ \setminus \alpha$, so daß es für alle $\beta \in R_+ \setminus \alpha$ genau ein $\beta' \in S$ mit

$$\mathbb{Q}\alpha + \mathbb{Q}\beta = \mathbb{Q}\alpha + \mathbb{Q}\beta'$$

gibt. In dieser Situation sind

$$\langle \lambda_o + \rho, \beta^\vee\rangle - \langle \lambda + \rho, \beta^\vee\rangle \quad \text{und} \quad \langle \lambda_o + \rho, \beta'^\vee\rangle - \langle \lambda + \rho, \beta'^\vee\rangle$$

proportional; wir könnten nämlich zu einem der Polynome eine Konstante addieren, um sie proportional zu machen; weil aber beide Polynome die gemeinsame Nullstelle λ haben, muß diese Konstante Null sein. Es folgt also:

$$\sum_{n>0} \operatorname{ch} M'(\lambda)_n = e(\lambda) \sum_{\beta \in S} \nu_{\beta, \langle \lambda+\rho, \beta^\vee\rangle}$$

Nun kann man für alle $\beta \in S$ ein Gewicht $\mu_\beta \in \underline{h}^*$ mit

$$\langle \lambda + \rho, \alpha^\vee\rangle = \langle \mu_\beta + \rho, \alpha^\vee\rangle = n,$$
$$\langle \lambda + \rho, \beta^\vee\rangle = \langle \mu_\beta + \rho, \beta^\vee\rangle$$

und

$$R_{\mu_\beta} = R_\lambda \cap (\mathbb{Q}\alpha + \mathbb{Q}\beta)$$

finden. (Man muß in $\lambda + (\mathbb{Q}\alpha + \mathbb{Q}\beta)$ eine diskrete Familie von Hyperebenen vermeiden.) Dann gilt genauso

$$\sum_{n>0} \operatorname{ch} M'(\mu_\beta)_n = e(\mu_\beta)\, \nu_{\beta, \langle \lambda+\rho, \beta^\vee\rangle}$$

Also folgt

$$\sum_{n>0} \operatorname{ch} M'(\lambda)_n = \sum_{\beta \in S} e(\lambda - \mu_\beta) \sum_{n>0} \operatorname{ch} M'(\mu_\beta)_n .$$

Hier können wir nun 5.12 (3) wegen $\# B_{\mu_\beta} \leq 2$ einsetzen. Berücksichtigen wir nun, daß $R_+ \setminus \alpha$ die disjunkte Vereinigung der $R_+ \cap (\mathbb{Q}\alpha + \mathbb{Q}\beta) \setminus \alpha$ mit $\beta \in S$ und $R_+(\lambda) \setminus \alpha$ bzw. $R_+(s_\alpha . \lambda))$ die der $R_+(\lambda) \cap (\mathbb{Q}\alpha + \mathbb{Q}\beta) \setminus \alpha$ (bzw. $R_+(s_\alpha . \lambda) \cap (\mathbb{Q}\alpha + \mathbb{Q}\beta)$) mit

$\beta \in S$ ist. Außerdem gilt (für alle $\beta \in S$)

(1) $R_+(\lambda) \cap (\mathbb{Q}\alpha + \mathbb{Q}\beta) \setminus \alpha = R_+(\mu_\beta) \setminus \alpha$

(1') und $R_+(s_\alpha.\lambda) \cap (\mathbb{Q}\alpha + \mathbb{Q}\beta) = R_+(s_\alpha.\mu_\beta)$

sowie $s_\gamma.\lambda - \lambda = s_\gamma.\mu_\beta - \mu_\beta$ für alle $\gamma \in R_+(\mu_\beta)$

(also $e(\lambda - \mu_\beta)\,\mathrm{ch}\,M(s_\gamma.\mu_\beta) = \mathrm{ch}\,M(s_\gamma.\lambda))$

und $s_\gamma s_\alpha.\lambda - \lambda = s_\gamma s_\alpha.\mu_\beta - \mu_\beta$ für alle $\gamma \in R_+(s_\alpha.\mu_\beta)$

(also $e(\lambda - \mu_\beta)\,\mathrm{ch}\,M(s_\gamma s_\alpha.\mu_\beta) = \mathrm{ch}\,M(s_\gamma s_\alpha.\lambda))$.

Nun folgt

$$\sum_{n>0} \mathrm{ch}\,M'(\lambda)_n = \sum_{\gamma \in R_+(\lambda)\setminus\alpha} \mathrm{ch}\,M(s_\gamma.\lambda) - \sum_{\gamma \in R_+(s_\alpha.\lambda)} \mathrm{ch}\,M(s_\beta s_\alpha.\lambda)$$
$$- \sum_{\beta \in S} (\# R_+(\mu_\beta) - \# R_+(s_\alpha.\mu_\beta) - 1)\,\mathrm{ch}\,M(s_\alpha.\lambda).$$

Wegen (1) und (1') gilt:

$$\sum_{\beta \in S} (\# R_+(\mu_\beta) - \# R_+(s_\alpha.\mu_\beta) - 1) = \# R_+(\lambda) - \# R_+(s_\alpha.\lambda) - 1$$

5.16

Das Ergebnis der Abschnitte 5.11 - 5.15 läßt sich nun so zusammenfassen:

Satz: Seien $\alpha \in R_+$ und $\lambda \in \underline{h}^*$ mit $\langle \lambda + \rho, \alpha^\vee \rangle \in \mathbb{N} \setminus 0$. Dann gibt es in $M'(\lambda) = M(\lambda)/M(s_\alpha.\lambda)$ eine Kette von Untermoduln

$$M'(\lambda) = M'(\lambda)_0 \supset M'(\lambda)_1 \supset M'(\lambda)_2 \supset \dots$$

mit den folgenden Eigenschaften:

a) $M'(\lambda)_1$ ist der größte echte Untermodul von $M'(\lambda)$.

b) Auf $M'(\lambda)_i/M'(\lambda)_{i+1}$ gibt es für alle i eine nicht ausgeartete kontravariante Form.

c) Es gilt

(1) $$\sum_{i>0} \mathrm{ch}\,M'(\lambda)_i = \sum_{\beta \in R_+(\lambda)} \mathrm{ch}\,M(s_\beta.\lambda) - \sum_{\beta \in R_+(s_\alpha.\lambda)} \mathrm{ch}\,M(s_\beta s_\alpha.\lambda) -$$
$$- (\# R_+(\lambda) - \# R_+(s_\alpha.\lambda))\,\mathrm{ch}\,M(s_\alpha.\lambda).$$

5.17

Bevor wir dieses Ergebnis anwenden, ist es angebracht, einige Bemerkungen zu machen und offene Fragen zu den Untermoduln $M(\lambda)_i$ und $M'(\lambda)_i$ zu erwähnen.

Zunächst könnte man einen sehr einfachen Beweis von 5.16 (1) geben, wenn die beiden folgenden Fragen mit Ja beantwortet werden könnten:

(1) Ist $M'(\lambda)_i$ das Bild von $M(\lambda)_i$ unter der natürlichen Surjektion $M(\lambda) \to M'(\lambda)$?

(2) Es sei $\mu \in \underline{h}^*$ mit $\mu \uparrow \lambda$; wir setzen $r = \# R_+(\lambda) - \# R_+(\mu)$.

Gilt $M(\mu) \subset M(\lambda)_i$ für $1 \leq i \leq r$,

und $M(\mu) \cap M(\lambda)_i = M(\mu)_{i-r}$ für $r \leq i$?

(Um 5.16 (1) zu erhalten, müßte man (2) auf $\mu = s_\alpha . \lambda$ anwenden.) Ist R_λ vom Rang höchstens 2, so können wir beide Fragen positiv beantworten, wie 5.5 und 5.12 - 5.14 zeigen. Ein anderes Indiz für eine bejahende Antwort ist die Bestimmung des Endes der Kette der $M(\lambda)_i$ in Bemerkung 3 zu 5.3: Ist $\lambda' \in W_\lambda . \lambda$ antidominant und $n = \# R_+(\lambda)$, so gilt $M(\lambda)_n = M(\lambda') = M(\mu)_{n-r}$ für alle μ mit $\mu \uparrow \lambda$ und $n - r = \# R_+(\mu)$.

Angesichts der bedeutenden Rolle, die diese Ketten von Untermoduln spielen, wäre es nützlich zu wissen, ob man sie direkt durch Eigenschaften der Modulstruktur von $M(\lambda)$ charakterisieren kann, ohne den Umweg über den Polynomring $k[T]$. Mögliche Ansatzpunkte bieten vielleicht die Rang-2-Fälle.

(3) Ist R_λ vom Rang höchstens 2, so ist jeweils

$M(\lambda)_{i-1}/M(\lambda)_i$ der Sockel von $M(\lambda)/M(\lambda)_i$

bzw. $M'(\lambda)_{i-1}/M'(\lambda)_i$ der Sockel von $M'(\lambda)/M'(\lambda)_i$.

Wäre dies allgemein der Fall, so könnte man (1) mit Ja beantworten und zu (2) könnte man zumindest sagen: Das erzeugende primitive Element v_μ von $M(\mu)$ liegt in $M(\lambda)_r$, aber nicht in $M(\lambda)_{r+1}$. (Man benutze dazu, daß es nach [Deodhar 1], 3.8 eine Kette

$$\mu = \mu_0 \uparrow \mu_1 \uparrow \mu_2 \uparrow \dots \uparrow \mu_r = \lambda$$

mit $\# R_+(\mu_i) = \# R_+(\mu) + i$ gibt.)

Eine weitere Eigenschaft der Ketten ist, daß es auf $M(\lambda)_i/M(\lambda)_{i+1}$ und $M'(\lambda)_i/M'(\lambda)_{i+1}$ nicht ausgeartete kontravariante Formen gibt. Nun gibt es sehr viele Ketten mit dieser Eigenschaft, etwa jede Jordan-Hölder-Reihe. In den Rang-2-Fällen sind die Ketten der $M(\lambda)_i$ und $M'(\lambda)_i$ auch dadurch ausgezeichnet, die kürzesten Ketten mit dieser Eigenschaft zu sein.

Seien schließlich $\lambda, \lambda' \in \underline{h}^*$ mit $\lambda - \lambda' \in P(R)$, sodaß $\underline{\underline{R}}\lambda$ und $\underline{\underline{R}}\lambda'$ zur selben Facette gehören.

(4) Gilt nun $T_\lambda^{\lambda'} M(\lambda)_i \simeq M(\lambda')_i$ und (für $\alpha \in R_+(\lambda)$)

$T_\lambda^{\lambda'} M'(\lambda)_i \simeq M'(\lambda')_i$ für alle $i \in \mathbb{N}$?

Man kann offensichtlich die $T_\lambda^{\lambda'} M(\lambda)_i$ als Kette von Untermoduln in $M(\lambda')$ einbetten und es gibt auf $T_\lambda^{\lambda'} M(\lambda)_i / T_\lambda^{\lambda'} M(\lambda)_{i+1} \simeq T_\lambda^{\lambda'} (M(\lambda)_i/M(\lambda)_{i+1})$ eine nicht ausgeartete kontravariante Form (wie in 2.3d); aus 2.11 folgt außerdem $T_\lambda^{\lambda'} M(\lambda)_1 \simeq M(\lambda')_1$.

5.18

Um eine erste Anwendung von 5.16 zu geben, knüpfen wir an 3.19 - 3.21 an. Wir hatten dort für reguläres, antidominantes $\lambda \in \underline{h}^*$ zunächst die $w_1 \in W_\lambda$ mit $\operatorname{Dim} L(w_1.\lambda) = \# R_+ - 1$ bestimmt und dann unter gewissen Umständen alle $[M(w.\lambda) : L(w_1.\lambda)]$ angegeben.

Erinnern wir uns: jedes solche w_1 gehörte zu einer Menge

$$W(\alpha,\beta) = \{w \in W_\lambda \mid l_\lambda(s_\gamma w) < l_\lambda(w) \Longleftrightarrow \gamma=\alpha \quad \text{für alle } \gamma \in B_\lambda ,$$

$$l_\lambda(ws_\gamma) < l_\lambda(w) \Longleftrightarrow \gamma=\beta \quad \text{für alle } \gamma \in B_\lambda\}$$

mit $\alpha,\beta \in B_\lambda$. Nehmen wir an, daß B_λ in B enthalten ist. (Diese Annahme ließe sich wie in 3.21 dadurch vermeiden, daß wir Vogans Bernštein-Grad benutzten.) Wir konnten uns darauf beschränken, die Multiplizitäten $[M'(w.\lambda) : L(w_1.\lambda)]$ mit $w \in W(\alpha,\beta)$ zu finden, wobei $M'(w.\lambda) = M(w.\lambda)/M(s_\alpha w.\lambda)$ ist. Dazu wählten wir $\mu \in \lambda + P(R)$ antidominant mit $B_\mu^o = B_\mu \setminus \{\beta\}$ und $\langle \mu+\rho, \beta^\vee \rangle$ durch N teilbar und sahen (siehe 3.21, (1) und (2)):

(1) $\langle w(\mu+\rho),\alpha^\vee\rangle /N = \sum_{w_1} [M'(w.\lambda) : L(w_1.\lambda)] \quad c'(L(w_1.\mu)),$

wobei über die $w_1 \in W(\alpha,\beta)$ mit $\operatorname{Dim} L(w_1.\lambda) = \# R_+ - 1$ summiert wird. (Zu den Notationen N und c' vergleiche man 3.13 und 3.15, Bem. 4.) In 3.21 hatten wir es mit dem Fall zu tun, wo es genau ein $w_1 \in W(\alpha,\beta)$ mit $\operatorname{Dim} L(w_1.\lambda) = \# R_+ - 1$ (kurz: $w_1 \in W(\alpha,\beta)^1$) gibt: Da konnten wir $c'(L(w_1.\mu))$ aus (1) für $w = w_1$ berechnen und sonst alle Multiplizitäten ablesen.

Jetzt wollen wir den Fall betrachten, daß es genau zwei Elemente in $W(\alpha,\beta)^1$ gibt, und daß α,β nicht zu einer Komponente vom Typ G_2 gehören. Nach 3.20 gibt es dann eine Teilmenge $\{\alpha_1,\alpha_2,\ldots,\alpha_n\}$ von B_λ, für die das Dynkin-Diagramm (in dieser Numerierung) vom Typ B_n oder C_n ist und so daß $\alpha,\beta \in \{\alpha_1,\ldots,\alpha_{n-1}\}$ sind. Für

$\alpha = \alpha_i$ und $\beta = \alpha_j$ mit $i,j < n-1$ und etwa $i < j$ sind

$$w_1 = s_{\alpha_i} s_{\alpha_{i+1}} \cdots s_{\alpha_j}$$

$$w_2 = s_{\alpha_i} s_{\alpha_{i+1}} \cdots s_{\alpha_{n-1}} s_{\alpha_n} s_{\alpha_{n-1}} \cdots s_{\alpha_{j+1}} s_{\alpha_j}$$

die beiden Elemente von $W(\alpha,\beta)^1$; für $i > j$ ist

$$w_1 = s_{\alpha_i} s_{\alpha_{i-1}} \cdots s_{\alpha_j}$$

und w_2 wie eben. In jedem Fall gilt $w_1 \uparrow w_2$.

Wie in 3.21 führen wir Zahlen $e_\gamma(w)$ für $w \in W_\lambda$ und $\gamma \in B_\lambda$ durch $w^{-1}\alpha^\vee = -\sum_{\gamma \in B_\lambda} e_\gamma(w)\gamma^\vee$ ein; es ist also $\langle w(\mu+\rho),\alpha^\vee\rangle = -e_\beta(w)\langle \mu+\rho,\beta^\vee\rangle$.

Man sieht leicht: $e_\beta(w_1) = 1,$

$$e_\beta(w_2) = \begin{cases} 1 & \text{für } i \geq j, \\ 2 & \text{für } i < j. \end{cases}$$

Wenden wir (1) auf $w = w_1, w_2$ an, so erhalten wir

$$-\langle \mu+\rho,\beta^\vee\rangle /N = c'(L(w_1.\mu))$$

und

(2) $$e_\beta(w_2) = [M'(w_2.\lambda) : L(w_1.\lambda)] + c'(L(w_2.\mu))N/(-\langle \mu+\rho,\beta^\vee\rangle).$$

Der zweite Summand rechts ist hier positiv; daher folgt für

$$e_\beta(w_2) = 1 \quad \text{sofort} \quad [M'(w_2.\lambda) : L(w_1.\lambda)] = 0 \quad \text{und}$$

$$c'(L(w_2.\mu)) = -\langle \mu+\rho,\beta^\vee\rangle /N.$$

(Das ist dasselbe Argument wie in 3.16.). Für $e_\beta(w_2) = 2$, also $i < j$ gilt $w_1 \uparrow s_\alpha w_2$ nicht und daher ist

$$[M'(w_2.\lambda) : L(w_1.\lambda)] = [M(w_2.\lambda) : L(w_1.\lambda)] > 0 .$$

Mit derselben Begründung wie eben kann diese Multiplizität nicht echt größer als 1 sein; sie ist also gleich 1, und wieder folgt

$$c'(L(w_2.\mu)) = -\langle \mu+\rho,\beta^\vee\rangle /N.$$

Setzen wir alles in (1) ein, so erhalten wir für alle $w \in W(\alpha,\beta)$:

(3) $$e_\beta(w) = [M'(w.\lambda) : L(w_1.\lambda)] + [M'(w.\lambda) : L(w_2.\lambda)].$$

Nehmen wir an, wir hätten (durch Induktion etwa) alle Multiplizitäten $[M(w'.\lambda) : L(w_i.\lambda)]$ mit $i = 1.2$ und $w'.\lambda < w.\lambda$ ausgerechnet. Nach Satz 5.16 können wir nun entscheiden, welche Multiplizitäten in (3) ungleich Null sind. Ist es nur eine, so ist sie gleich $e_\beta(w)$. Sind beide von Null verschieden, so muß $e_\beta(w) \geq 2$ sein; ist dabei $e_\beta(w) = 2$, so sind beide Multiplizitäten gleich 1. Wenn α,β zu einer Komponente gehören, die nicht vom Typ F_4 ist (also vom Typ B_n oder C_n), so gilt $e_\beta(w) \leq 2$ für alle w und wir können daher alle Multiplizitäten $[M(w'.\lambda) : L(w_i.\lambda)]$ mit $i = 1,2$ und $w' \in W_\lambda$ berechnen.

Geben wir nun die expliziten Ergebnisse an; wir nehmen der Einfachheit halber an, daß R_λ vom Typ C_n oder B_n ist. Wir numerieren $B_\lambda = \{\alpha_1,\alpha_2,\ldots,\alpha_n\}$ wie in [Bourbaki], Chap. VI, pl. II, III. Wir schreiben $s_i = s_{\alpha_i}$ und $W(i,j) = W(\alpha_i,\alpha_j)$ und interpretieren Elemente von W_λ als gewisse Permutationen von $\{\pm 1, \pm 2,\ldots, \pm n\}$. Für $0\leq s\leq t\leq j$ mit $j+s \leq i+t \leq n+s$ sei $w(i,j;s,t)$ das Element von W_λ, das als Permutation wie folgt aussieht:

$$\begin{array}{lll} r \mapsto r & \text{für} & 0<r\leq s \text{ und } i+t-s<r\leq n, \\ s+r \mapsto i+r & \text{für} & 0<r\leq t-s, \\ t+r \mapsto (i-r+1) & \text{für} & 0<r\leq j-t, \\ j+r \mapsto s+r & \text{für} & 0<r\leq i+t-(j+s). \end{array}$$

Für $t = j$ und $s = \min(i,j)$ ist $w(i,j;s,t) = 1$.

Sei zunächst $1\leq i,j<n$; dann besteht $W(i,j)$ genau aus den $w(i,j;s,t) \neq 1$. Mit den Bezeichnungen von oben ist $w_1 = w(i,j;\ \min(i,j)-1,j)$ und $w_2 = w(i,j;\ \min(i,j)-1, j-1)$.

Wir behaupten:

$$(4)\qquad \begin{aligned} [M(w(i,j;s,t).\lambda) : L(w_1.\lambda)] &= \min(i,j) - s, \\ [M(w(i,j;s,t).\lambda) : L(w_2.\lambda)] &= j - t. \end{aligned}$$

Wegen

$$e_\beta(w(i,j;s,t)) = \begin{cases} 2 & \text{für } s < t < j \\ 1 & \text{für } s = t \text{ oder } t = j \end{cases}$$

und

$$\begin{aligned} w(i,j;s,t) &= s_i s_{i-1}\cdots s_{s+1} s_{i+1}\cdots s_{n-1} s_n s_{n-1}\cdots s_{i+t-s} w(i,j;s+1,t+1) \text{ für } s<t<j, \\ w(i,j;s,s) &= s_i s_{i-1}\cdots s_{i+s-j+1} s_{i+1}\cdots s_{n-1} s_n s_{n-1}\cdots s_{i+1} w(i,j;s,s+1) \text{ für } s<j, \\ w(i,j;s,j) &= s_i s_{i-1}\cdots s_{s+1} s_{i+1}\cdots s_{i+t-s+1} w(i,j;s+1,j) \text{ für } s<\min(i,j). \end{aligned}$$

folgt (4) durch Induktion, wenn wir zeigen:

$$(4')\qquad \begin{aligned} [M'(w(i,j;s,t).\lambda) : L(w_1.\lambda)] > 0 &\iff s < t, \\ [M'(w(i,j;s,t).\lambda) : L(w_2.\lambda)] > 0 &\iff t < j. \end{aligned}$$

Dies erhalten wir nun aus Satz 5.16, wobei wir (4) für kleinere Gewichte als $w(i,j;s,t).\lambda$ voraussetzen. Wir verzichten darauf, genauere Rechnungen anzugeben. Die größte Multiplizität ist nach (4) übrigens

$$[M(w_\lambda.\lambda) : L(w_r.\lambda)] = \min(i,j) \quad \text{für} \quad r = 1,2.$$

Für $i=j=n$ gilt

$$W(n,n) = \{w(n,n;s,s) \mid 0 \leq s < n\}$$

und $w_1 = w(n,n;n-1,n-1)$, $w_2 = w(n,n;n-2,n-2)$. Hier ist $e_\beta(w(n,n;s,s)) = 1$ und $w(n,n;s,s) = s_n s_{n-1} \dots s_{s+1} w(n,n;s+1,s+1)$ für alle s ; mit Hilfe von Satz 5.16 zeigt man für $0 \leq s < n$ und $s' \in \{n-2,n-1\}$:

$$[M'(w(n,n;s,s).\lambda) : L(w(n,n;s',s').\lambda)] > 0 \iff s \equiv s' \bmod 2.$$

Schließlich erhält man

$$[M(w(n,n;s,s).\lambda) : L(w(n,n;n-1,n-1).\lambda)] = \left[\frac{n-s+1}{2}\right],$$

$$[M(w(n,n;s,s).\lambda) : L(w(n,n;n-2,n-2).\lambda)] = \left[\frac{n-s}{2}\right].$$

Hier ist $[x]$ für $x \in \mathbb{R}$ wie üblich die größte ganze Zahl $m \leq x$.

Die Fälle $i<j=n$ und $j<i=n$ gehören zu denen mit $\# W(i,j)^1 = 1$, die sich schon in 3.21 behandeln ließen. Wir erwähnen der Vollständigkeit halber die Ergebnisse:

Für $i<j=n$ ist $W(i,n) = \{w(i,n;s,n+s-i) \mid 0 \leq s < i\}$, und $w_{i,n} = w(i,n;i-1,n-1)$ ist das einzige Element von $W(i,n)^1$. Für R_λ vom Typ B_n ist $e_\beta(w) = 1$ für alle $w \in W(i,n)$, für R_λ vom Typ C_n dagegen $e_\beta(w) = 2$. Da es aber in 3.21 (3) nur auf das Verhältnis $e_\beta(w)/e_\beta(w_{i,n})$ ankommt, das in jedem Fall gleich 1 ist, hat dieser Unterschied keine Auswirkung. (Ebenso sieht es unten für $j<i=n$ aus.). Aus

$$w(i,n;s,n+s-i) = s_i s_{i-1} \dots s_{s+1} s_{i+1} \dots s_{n-1} s_n w(i;n;s+1,n+s-i+1)$$

folgt dann $\quad [M(w(i,n;s,n+s-i).\lambda) : L(w_{i,n}.\lambda)] = i-s.$

Für $j<i=n$ ist $W(n,j) = \{w(n,j;s,s) \mid 0 \leq s < j\}$, und $w_{n,j} = w(n,j;j-1,j-1)$ ist einziges Element von $W(i,j)^1$. Für alle $w \in W(n,j)$ nimmt $e_\beta(w)$ den Wert 2 (bzw. 1) an, wenn R_λ vom Typ B_n (bzw. C_n) ist. Wegen

$$w(n,j;s,s) = s_n s_{n-1} \cdots s_{s+1} w(n,j;s+1,s+1)$$

gilt

$$[M(w(n,j;s,s).\lambda) : L(w_{n,j}.\lambda)] = j-s.$$

5.19

Mit Hilfe von 5.16 können wir die folgende Verallgemeinerung von 1.19 beweisen:

Satz: Seien $\lambda \in \underline{h}^*$ und $\alpha \in B_\lambda$ mit $\langle \lambda + \rho, \alpha^\vee \rangle < 0$. Für alle $\mu \in \underline{h}^*$ gilt dann:

$$[M(\mu) : L(\lambda)] = [M(s_\alpha.\mu) : L(\lambda)] .$$

Beweis: Wir können uns auf den Fall $\mu \in W_\lambda.\lambda$ und $\langle \mu + \rho, \alpha^\vee \rangle > 0$ beschränken. Setzen wir nun $M'(\mu) = M(\mu)/M(s_\alpha.\mu)$, so müssen wir $[M'(\mu) : L(\lambda)] = 0$ zeigen. Weil λ und μ verschieden sind, ist diese Aussage zu $\sum_{n>0} [M'(\mu)_n : L(\lambda)] = 0$ äquivalent.

Für alle $\beta \in R$ ist $\langle \mu + \rho, \beta^\vee \rangle \in \mathbb{N} \setminus 0$ natürlich zu $\langle s_\alpha(\mu + \rho), s_\alpha \beta^\vee \rangle \in \mathbb{N} \setminus 0$ gleichwertig. Wegen $\alpha \in B_\lambda$ gilt nun auch $s_\alpha(R_+ \cap R_\lambda \setminus \alpha) = R_+ \cap R_\lambda \setminus \alpha$, also folgt $R_+(s_\alpha.\mu) = s_\alpha(R_+(\lambda) \setminus \alpha)$. Satz 5.16 sagt uns nun

$$(1) \quad \sum_{n>0} \operatorname{ch} M'(\mu)_n = \sum_{\beta \in R_+(\lambda) \setminus \alpha} (\operatorname{ch} M(s_\beta.\lambda) - \operatorname{ch} M(s_\alpha s_\beta.\lambda)) .$$

Ein $\beta \in R_+(\lambda) \setminus \alpha$ hat nun drei Möglichkeiten: Es gehört $\langle s_\beta(\lambda + \rho), \alpha^\vee \rangle$ zu $\mathbb{N} \setminus 0$ (bzw. $-\mathbb{N} \setminus 0$, bzw. $\{0\}$), dann ist $\operatorname{ch} M(s_\beta.\lambda) - \operatorname{ch} M(s_\alpha s_\beta.\lambda)$ gleich $\operatorname{ch} M'(s_\beta.\lambda)$ (bzw. $-\operatorname{ch} M'(s_\alpha s_\beta.\lambda)$, bzw. 0). Daher ist $\sum_{n>0} \operatorname{ch} M'(\mu)_n$ eine $\mathbb{Z}$-Linearkombination gewisser $\operatorname{ch} M'(\mu')$ mit $\mu' < \mu$. Benutzen wir nun Induktion über $\leq$, so erhalten wir $[M'(\mu') : L(\lambda)] = 0$ für $\mu' < \mu$, also auch $[M'(\mu) : L(\lambda)] = 0$, was zu zeigen war.

Bemerkungen: 1) Ebenso kann man die andere Formel von 1.19 verallgemeinern.

2) Für $\alpha \in B$ ist (1) der Spezialfall $\# B' = 1$ von [Jantzen 4], Satz 2.

3) Man kann mit ähnlichen Argumenten auch Satz 2.16 aus Satz 5.16 herleiten.

5.20

<u>Theorem:</u> <u>Seien</u> $\lambda, \mu \in \underline{h}^*$ <u>mit</u> $\mu \uparrow \lambda$. <u>Dann ist äquivalent</u>

(i) $[M(\lambda) : L(\mu)] = 1$

(ii) <u>Für alle</u> $\mu' \in \underline{h}^*$ <u>mit</u> $\mu' \neq \lambda$ <u>und</u> $\mu \uparrow \mu' \uparrow \lambda$ <u>gilt</u>

$[M(\mu') : L(\mu)] = 1$ <u>und es ist</u>

$\# R_+(\lambda) - \# R_+(\mu) = \# \{\alpha \in R_+(\lambda) \mid \mu \uparrow s_\alpha . \lambda\}$.

<u>Beweis:</u> Wir benutzen Induktion über $\lambda - \mu$; für $\lambda = \mu$ ist nichts zu zeigen. Sonst gibt es ein $\alpha \in R_+(\lambda)$ mit $\mu \uparrow s_\alpha.\lambda$; wir behaupten, daß wir ein α mit $\# R_+(s_\alpha.\lambda) = \# R_+(\lambda) - 1$ wählen können. Ist nämlich $\# R_+(s_\alpha.\lambda) < \# R_+(\lambda) - 1$, so gibt es ein $\beta \in R_+ \setminus \alpha$ mit $\#(R_+(s_\alpha.\lambda) \cap (\mathbb{Q}\alpha + \mathbb{Q}\beta)) < \#(R_+(\lambda) \cap (\mathbb{Q}\alpha + \mathbb{Q}\beta)) - 1$.

Wie unsere ausführlichen Betrachtungen im Rang-2-Fall zeigten, gibt es ein $\gamma \in R_+(\lambda) \cap (\mathbb{Q}\alpha + \mathbb{Q}\beta)$ mit $s_\alpha.\lambda \uparrow s_\gamma.\lambda \uparrow \lambda$ und $\alpha \neq \gamma$. Nun folgt $\# R_+(s_\gamma.\lambda) > \# R_+(s_\alpha.\lambda)$ und Induktion führt zum Ziel.

Wir können also annehmen, daß $\# R_+(s_\alpha.\lambda) = \# R_+(\lambda) - 1$ ist. Bilden wir nun $M'(\lambda) = M(\lambda)/M(s_\alpha.\lambda)$, so erhalten wir nach Satz 5.16 eine Kette von Untermoduln $M'(\lambda)_i$ mit

$$(1) \quad \sum_{i>0} \mathrm{ch}\, M'(\lambda)_i = \sum_{\beta \in R_+(\lambda)\setminus\alpha} \mathrm{ch}\, M(s_\beta.\lambda) - \sum_{\beta \in R_+(s_\alpha.\lambda)} \mathrm{ch}\, M(s_\beta s_\alpha.\lambda).$$

Nun können wir uns auf den Fall beschränken, daß $[M(\mu') : L(\mu)] = 1$ für alle $\mu' \neq \lambda$ mit $\mu \uparrow \mu' \uparrow \lambda$ gilt; denn sonst sind (i) wegen $M(\mu') \subset M(\lambda)$ und (ii) sicher nicht erfüllt. Insbesondere ist $[M(s_\alpha.\lambda) : L(\lambda)] = 1$; daher ist (i) zu

$$[M'(\lambda) : L(\mu)] = 0$$

und daher auch zu

$$\sum_{i>0} [M'(\lambda)_i : L(\mu)] = 0$$

äquivalent.

Aus (1) folgt aber (wieder wegen unsere Annahme über die μ' mit $\mu \uparrow \mu' \uparrow \lambda$)

$$\sum_{i>0} [M'(\lambda)_i : L(\mu)] = \#\{\beta \in R_+(\lambda) \mid \mu \uparrow s_\beta.\lambda\} - \#\{\beta \in R_+(s_\alpha.\lambda) \mid \mu \uparrow s_\beta s_\alpha.\lambda\}$$

Nun können wir auf $s_\alpha.\lambda$ wegen $s_\alpha.\lambda - \mu < \lambda - \mu$ die Induktionsvoraussetzung anwenden und erhalten so

$$\#\{\beta \in R_+(s_\alpha.\lambda) \mid \mu \uparrow s_\beta s_\alpha.\lambda\} = \#R_+(s_\alpha.\lambda) - \#R_+(\mu) = \#R_+(\lambda) - \#R_+(\mu) - 1.$$

Daher ist (i) zu

$$0 = \#\{\beta \in R_+(\lambda) \mid \mu \uparrow s_\beta.\lambda\} - \#R_+(\lambda) + \#R_+(\mu)$$

äquivalent, also zu (ii).

Bemerkung: Die Wahl eines α mit $\#R_+(s_\alpha.\lambda) = \#R_+(\lambda) - 1$ vereinfacht die die weiteren Argumente nicht wesentlich. Für reguläres λ hätten wir übrigens für den Existenzbeweis auf [Dixmier], 7.7.7 verweisen können, im allgemeinen Fall auf [Deodhar 1], Cor. 3.8. (Aus unserem Argument hier erhält man auch Beweise der eben zitierten Sätze.)

5.21

Für $w, w' \in W_\lambda$ mit $w' \uparrow w$ setzen wir

$$r_\lambda(w, w') = \#\{\alpha \in R_+ \cap R_\lambda \mid w' \uparrow s_\alpha w \uparrow w\}.$$

Corollar: Sei $\lambda \in \underline{h}^*$ antidominant und regulär. Für $w, w' \in W_\lambda$ mit $w' \uparrow w$ ist dann äquivalent:

(i) $[M(w.\lambda) : L(w'.\lambda)] = 1$

(ii) Für alle $w'' \in W_\lambda$ mit $w' \uparrow w'' \uparrow w$ gilt

(1) $$l_\lambda(w'') - l_\lambda(w') = r_\lambda(w'', w').$$

Zum Beweis benutzt man

$$l_\lambda(w) = \#R_+(w.\lambda)$$

und

$$r_\lambda(w', w) = \#\{\alpha \in R_+(w.\lambda) \mid w'.\lambda \uparrow s_\alpha w.\lambda\}$$

und wendet noch einmal vollständige Induktion an, um die Bedingung $[M(w''.\lambda) : L(w'.\lambda)] = 1$ für alle $w'' \neq w$ mit $w' \uparrow w'' \uparrow w$ von 5.20 (ii) durch eine Gleichung wie in (1) zu ersetzen.

5.22

Sei $\lambda \in \underline{h}^*$. Betrachten wir den Fall, daß R_λ disjunkte Vereinigung von zwei Teilmengen R_1, R_2 mit $\langle\alpha, \beta^\vee\rangle = 0$ für alle $\alpha \in R_1$, $\beta \in R_2$ ist. Man kann dann $\lambda_i \in \underline{h}^*$ $(i = 1,2)$ mit $R_i = R_{\lambda_i}$ und $\langle\lambda_i - \lambda, \alpha^\vee\rangle = 0$ für alle $\alpha \in R_i$ finden.

Nun muß

$$R_+(\lambda) = R_+(\lambda_1) \cup R_+(\lambda_2)$$

und $\qquad R_+(\lambda_1) \cap R_+(\lambda_2) = \emptyset \qquad$ sein.

Jedes $w \in W_\lambda$ läßt sich eindeutig in der Form $w = w_1 w_2 = w_2 w_1$ mit $w_1 \in W_{\lambda_1}$, $w_2 \in W_{\lambda_2}$ schreiben; für $\alpha \in R_+(\lambda) \cap R_1$ gilt dann

$$w.\lambda \uparrow s_\alpha.\lambda \iff w_1.\lambda_1 \uparrow s_\alpha.\lambda_1 \text{ und } w_2.\lambda_2 \uparrow \lambda_2.$$

Weil man eine entsprechende Äquivalenz für $\alpha \in R_+(\lambda) \cap R_2$ erhält, folgt für $w.\lambda \uparrow \lambda$

$$\#\{\alpha \in R_+(\lambda) \mid w.\lambda \uparrow \lambda\} = \#\{\alpha \in R_+(\lambda_1) \mid w_1.\lambda_1 \uparrow s_\alpha.\lambda_1\} + \#\{\alpha \in R_+(\lambda_2) \mid w_2.\lambda_2 \uparrow s_\alpha.\lambda_2$$

Aus dem Theorem folgt nun

$$[M(\lambda) : L(w.\lambda)] = 1 \iff [M(\lambda_1) : L(w_1.\lambda_1)] = 1 = [M(\lambda_2) : L(w_2.\lambda_2)].$$

Benutzen wir nun Induktion über die Anzahl der Komponenten und wenden 3.17 an, so erhalten wir

<u>Satz</u>: <u>Sei</u> $\lambda \in \underline{h}^*$. <u>Haben alle Komponenten von</u> R_λ <u>höchstens Rang</u> 2, <u>so gilt</u>

$$[M(\lambda) : L(\mu)] = 1 \qquad \underline{\text{für alle}}\ \mu \in \underline{h}^*\ \underline{\text{mit}}\ \mu \uparrow \lambda.$$

<u>Bemerkungen</u>: 1) Ist λ regulär, so folgt aus diesem Satz und 4.4: Es gibt genau dann $w, w' \in W_\lambda$ mit $[M(w.\lambda) : L(w'.\lambda)] \geq 2$, wenn eine Komponente vom R_λ als Rang mindestens 3 hat. (Man vergleiche das analoge Ergebnis für $(\underline{g} \times \underline{g})$-Moduln in der Hauptserie bei [Duflo], Cor. 1 de la Prop. 11.)

2) Man erwartet, daß in der oben diskutierten Lage stets

$$[M(\lambda) : L(w.\lambda)] = [M(\lambda_1) : L(w_1.\lambda_1)]\ [M(\lambda_2) : L(w_2.\lambda_2)]$$

gilt.

5.23

Sei $\lambda \in \underline{h}^*$ antidominant und regulär und es seien $w, w' \in W_\lambda$ mit $w' \uparrow w$. Wir wollen für kleines $l_\lambda(w) - l_\lambda(w')$ sehen, wann $[M(w.\lambda) : L(w'.\lambda)] \geq 2$ ist. Für $l_\lambda(w) - l_\lambda(w') \leq 1$ folgt aus dem Corollar

$$[M(w.\lambda) : L(w'.\lambda)] = 1;$$

für $w = w'$ ist dies sowieso klar und für $l_\lambda(w) - l_\lambda(w') = 1$ haben wir dies auch schon in 5.4 gesehen.

Betrachten wir nun den Fall, daß $l_\lambda(w) - l_\lambda(w') = 2$ ist. Nach Bernštein-Gel'fand-Gel'fand (vgl. [Dixmier], 7.7.6) gibt es genau zwei Elemente $w_1, w_2 \in W_\lambda$ mit $w' \uparrow w_i \uparrow w$ $(i = 1,2)$. Wegen $l_\lambda(w_i) = l_\lambda(w') - 1$ sind die w_i von der Form $s_\alpha w$ mit $\alpha \in R_+ \cap R_\lambda$. Daher sieht das Ordnungsdiagramm des Intervalls von w' nach w so aus:

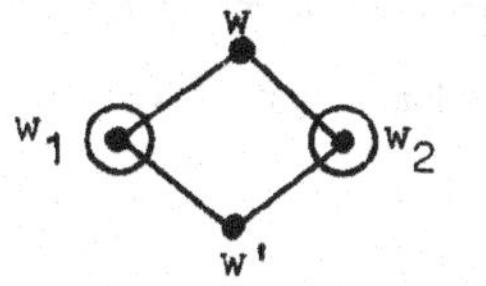

Dabei haben wir Elemente von der Form $s_\alpha w$ durch ⊙ gekennzeichnet; so werden wir auch in den folgenden Diagrammen verfahren. Nun gilt offensichtlich $r_\lambda(w, w') = 2 = l_\lambda(w) - l_\lambda(w')$, also

$$[M(w.\lambda) : L(w'.\lambda)] = 1$$

Es sei nun $l_\lambda(w) - l_\lambda(w') = 3$. In diesem Fall ist es nicht schwierig, alle möglichen Ordnungsdiagramme für das Intervall von w' nach w zu bestimmen. Dazu schreibt man $w' = s_{\alpha_3} s_{\alpha_2} s_{\alpha_1} w$ mit $l_\lambda(s_{\alpha_i} \ldots s_{\alpha_1} w) = l_\lambda(w) - i$ für $i = 1, 2, 3$; man überlegt sich nun, daß $\sum_{i=1}^{3} \mathbb{Q}\alpha_i$, nur von $w'w^{-1}$ abhängt, nicht von der speziellen Wahl der α_i. Dann sieht man leicht, daß man sich auf die Weylgruppe des Wurzelsystems $R_\lambda \cap \sum_{i=1}^{3} \mathbb{Q}\alpha_i$ beschränken kann, also auf den Fall, daß der Rang höchstens drei ist. Man findet für das Diagramm so drei Typen (das Element ganz oben (bzw. unten) ist jeweils w (bzw. w')):

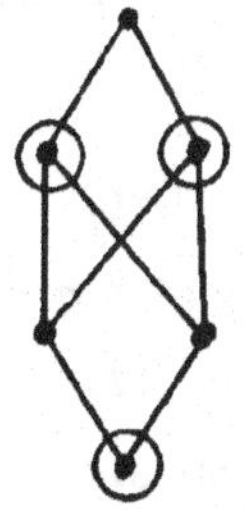

I

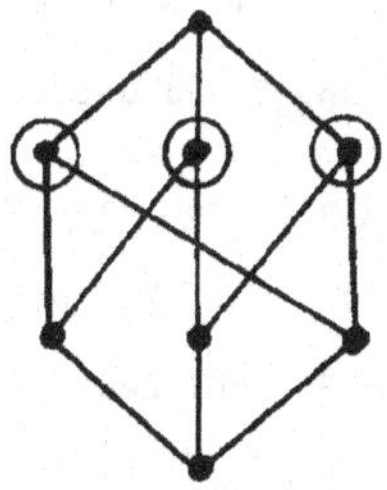

II

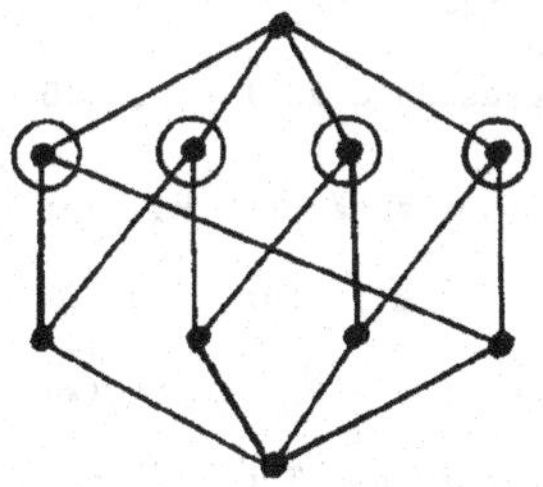

III

Dabei erhalten wir Typ I genau dann, wenn $\sum_{i=1}^{3} \mathbb{Q}\alpha_i$ zweidimensional ist. Nun lesen wir ab

$$r_\lambda(w, w') = \begin{cases} 3 & \text{für Typ I, II} \\ 4 & \text{für Typ III.} \end{cases}$$

Es folgt

$$[M(w.\lambda) : L(w'.\lambda)] = 1 \quad \text{für Typ I, II;}$$

beim Typ III ist diese Multiplizität dagegen mindestens 2. Es gilt genauer

$$[M(w.\lambda) : L(w'.\lambda)] = 2 \quad \text{für Typ III.}$$

Dies erhalten wir aus folgender allgemeiner Überlegung: Nehmen wir an, es gelte $w' \uparrow s_\alpha w \uparrow w$ für ein $\alpha \in R_\lambda$. Dann können wir $M'(w.\lambda) = M(w.\lambda)/M(s_\alpha w.\lambda)$ bilden. Setzen wir

$$m = \sum_{i>0} [M'(w.\lambda)_i : L(w'.\lambda)] .$$

Ist $m \in \{0, 1\}$, so folgt nun:

(1) $[M(w.\lambda) : L(w'.\lambda)] = [M(s_\alpha w.\lambda) : L(w'.\lambda)] + m$

Es muß nämlich jetzt

$$[M'(w.\lambda) : L(w'.\lambda)] = [M'(w.\lambda)_1 : L(w'.\lambda)] = m$$

und $[M'(w.\lambda)_i : L(w'.\lambda)] = 0$ für $i > 1$ sein. (Für beliebige m können wir in (1) nur "$\leq$" schließen.) Oben beim Typ III kann man diese Methode anwenden: Man erhält $m = 1$ aus Satz 5.16 für jedes α mit $w' \uparrow s_\alpha w \uparrow w$, also

$$[M(w.\lambda) : L(w'.\lambda)] = [M(s_\alpha w.\lambda) : L(w'.\lambda)] + 1 = 1 + 1 = 2,$$

wie oben behauptet.

5.24

Sei $\lambda \in \underline{h}^*$ antidominant und regulär. Angesichts von Satz 5.22 ist der nächste interessante Fall der, daß R_λ vom Rang 3 und unzerlegbar ist.

1) Sei zunächst R_λ vom Typ A_3: In diesem Fall folgt aus 5.21 daß $[M(w.\lambda) : L(w'.\lambda)] \leq 1$ für alle Paare $(w, w') \in W_\lambda \times W_\lambda$ bis auf 6 gilt. Es gibt zwei Paare (w, w') mit $l_\lambda(w) - l_\lambda(w') = 3$, bei denen das Intervall vom in 5.23 beschriebenen Typ III ist und daher $[M(w.\lambda) : L(w'.\lambda)] = 2$ gilt. Für die noch übrig gebliebenen 4 Paare (w, w') folgt $[M(w.\lambda) : L(w'.\lambda)] = 2$ etwa aus Satz 2.16 b. In $M(w_\lambda.\lambda)$ treten 22 Kompositionsfaktoren mit der Vielfachheit 1 auf und 2 mit der Multiplizität 2.

2) Betrachten wir nun R_λ vom Typ B_3 oder C_3. (In beiden Fällen erhalten wir

dieselben Multiplizitäten, wenn wir die Weylgruppen in der offensichtlichen Weise identifizieren.) Mit Hilfe von 5.21, 5.16 und 2.20 kann man die meisten Multiplizitäten bestimmen. Man findet dabei 12 Paare (w,w') mit $w' \uparrow w$ und $l_\lambda(w) - l_\lambda(w') = 3$, wo das Intervall vom Typ III (5.23) ist. Außerdem gibt es zwei Paare (w, w') mit $w' \uparrow w$ und $l_\lambda(w) - l_\lambda(w') = 5$, bei denen das Ordnungsdiagramm des Intervalls von w' nach w die folgende Form hat:

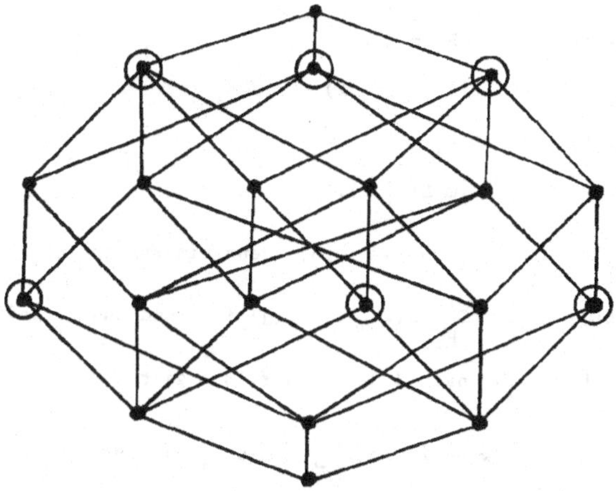

Hier folgt aus 5.21, daß $[M(w''.\lambda) : L(w'.\lambda)] = 1$ für alle w'' mit $w' \uparrow w'' \uparrow w$, $w'' \neq w$ gilt: wegen $r_\lambda(w, w') = 6$ folgt nun (wie in 5.23 im Fall III) $[M(w.\lambda) : L(w'.\lambda)] = 2$. Führt man alle diese Rechnungen durch, so sieht man, daß im wesentlichen zwei Multiplizitäten offen bleiben:

Numerieren wir die Basiswurzeln, so daß

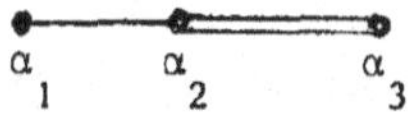

die Gestalt des Coxeter-Diagramms ist. Wir setzen nun $s_i = s_{\alpha_i}$ und

$$w_1' = s_1 s_3 , \qquad w_1 = s_2 w_\lambda ,$$
$$w_2' = s_2 s_3 s_2 , \qquad w_2 = s_1 s_3 w_\lambda .$$

Aus 2.20 folgt für alle w (bzw. w') mit $w_1 \uparrow w$ (bzw. $w_2 \uparrow w'$):

$$[M(w_1.\lambda) : L(w_1'.\lambda)] = [M(w.\lambda) : L(w_1'.\lambda)]$$

und

$$[M(w_2.\lambda) : L(w_2'.\lambda)] = [M(w'.\lambda) : L(w_2'.\lambda)] .$$

Es sind genau diese beiden Multiplizitäten, die sich nicht mit unseren oben geschilderten Methoden bestimmen lassen. Um sie dennoch zu berechnen, greifen wir Ideen aus Kapitel 3 auf. Wir wählen antidominante Gewichte $\mu_i \in \lambda + P(R)$ mit $B^0_{\mu_i} = \{\alpha_i\}$ für $i = 1,2$. Nun gilt $w_i s_i \uparrow w_i$, also liegt $\underline{\underline{R}}w_i.\mu_i$ im oberen Abschluß der Kammer von $\underline{\underline{R}}w_i s_i.\lambda$. Aus [Joseph 2] folgt

$$\begin{aligned}
\text{Dim } L(w_1.\mu_1) &= \text{Dim } L(w_1 s_1.\lambda) = \#R_+ - 4,\\
\text{Dim } L(w_1'.\lambda) &= \#R_+ - 2,\\
\text{Dim } L(w_2.\mu_2) &= \text{Dim } L(w_2 s_2.\lambda) = \#R_+ - 3,\\
\text{Dim } L(w_2'.\lambda) &= \#R_+ - 1,
\end{aligned}$$

mithin $\quad \text{Dim } L(w_i.\mu_i) < \text{Dim } L(w_i'.\lambda)$.

Dann muß $[T^\lambda_{\mu_i} L(w_i.\mu_i) : L(w_i'.\lambda)] = 0$ sein; denn einerseits ist $\text{Dim } T^\lambda_{\mu_i} L(w_i.\mu_i)$ das Maximum der $\text{Dim } L(\mu)$ mit $[T^\lambda_{\mu_i} L(w_i.\mu) : L(\mu)] \neq 0$ und andererseits ist $\text{Dim } T^\lambda_{\mu_i} L(w_i.\mu_i) \leq \text{Dim } L(w_i.\mu_i)$ nach 3.3. Nach 2.18 a gilt

$$\text{ch } T^\lambda_{\mu_i} L(w_i.\mu_i) = \text{ch } L(w_i s_i.\lambda) + \sum_{w \in W_\lambda} (L(w_i s_i.\lambda) : M(w.\lambda)) \text{ ch } M(ws_\alpha.\lambda);$$

es folgt somit

$$0 = \sum_w (L(w_i s_i.\lambda) : M(ws_i.\lambda)) [M(w.\lambda) : L(w_i'.\lambda)].$$

Hier sind alle Summanden außer $[M(w_i.\lambda) : L(w_i'.\lambda)]$ aus schon durchgeführten Rechnungen bekannt, also können wir die noch fehlenden Multiplizitäten hieraus berechne Man erhält $[M(w_1.\lambda) : L(w_1'.\lambda)] = 3$ und $[M(w_2.\lambda) : L(w_2'.\lambda)] = 2$.

Es gibt in diesem Fall genau 34 (bzw. 13, bzw. 1) $w \in W_\lambda$, für die $L(w_\lambda.\lambda)$ mit der Vielfachheit 1 (bzw. 2, bzw. 3) in $M(w_\lambda.\lambda)$ vorkommt.

3) Mit denselben Methoden und mit 5.19 kann man auch alle Multiplizitäten bestimmen, wenn R_λ vom Typ A_4 ist. Man findet, daß es genau 88 / 27 / 4 / 1 Elemente $w \in W_\lambda$ gibt, für die $L(w.\lambda)$ mit der Vielfachheit 1 / 2 / 3 / 4 in $M(w_\lambda.\lambda)$ auftritt.

<u>Bemerkung</u>: Oben haben wir (zusätzlich zu 5.22) weitere Beispiele dafür erhalten, daß Multiplizitäten nur von W_λ abhängen. Genauer fragt man sich : Seien $\lambda, \mu \in \underline{h}^*$

antidominant und regulär: es gebe eine Bijektion $i : B_\lambda \to B_\mu$, die einen Isomorphismus der Coxeterdiagramme von B_λ und B_μ, also auch einen der Gruppen $W_\lambda \to W_\mu$ mit $i(s_\alpha) = s_{i(\alpha)}$ für alle $\alpha \in R_\lambda$ induziert. Gilt dann

$$[M(w.\lambda) : L(w'.\lambda)] = [M(i(w).\mu) : L(i(w').\mu)]$$

für alle $w, w' \in W_\lambda$?

5.25

Lemma 5.1 und Satz 5.2 stammen aus [Jantzen 4], Lemma 23 und Satz 1. Zu Satz 5.3 und Bemerkung 1 dazu vergleiche man [Jantzen 4], Bemerkung zu Satz 1. Die Argumente in 5.14 folgen dem Beweis von 6.3 in [Kac - Kazhdan].

Daß $[T_{\mu i}^{\lambda} L(w_i.\mu_i) : L(w_i'.\lambda)] = 0$ in 5.24 (2) ist, ergibt sich auch als Spezialfall neuerer Ergebnisse in [Vogan 2], mit deren Hilfe man auch alle Multiplizitäten für R vom Typ D_4 berechnen kann.

Anhang

Wir haben uns hier darauf beschränkt, Körper der Charakteristik 0 zu betrachten. Man kann jedoch Moduln mit höchsten Gewichten auch in positiver Charakteristik definieren. Dazu geht man von der Kostantschen $\mathbb{Z}$-Form $U_{\mathbb{Z}}$ von $U(\underline{g})$ aus; dies ist die $\mathbb{Z}$-Unteralgebra, die von den $X_{\alpha,n} = X_\alpha^n(n!)^{-1}$ mit $\alpha \in R$ und $n \in \mathbb{N}$ erzeugt wird. Für jeden Ring A setzen wir $U_A = U_{\mathbb{Z}} \otimes_{\mathbb{Z}} A$ sowie $U_A^o = U_{\mathbb{Z}}^o \otimes_{\mathbb{Z}} A$ mit $U_{\mathbb{Z}}^o = U(\underline{h}) \cap U_{\mathbb{Z}}$.

Wir bezeichnen Elemente aus $P_A(R) = \mathrm{Hom}_{A\text{-}Alg}(U_A^o, A)$ als Gewichte über A. Für eine $\mathbb{Q}$-Algebra A können wir $P_A(R)$ mit $P(R) \otimes_{\mathbb{Z}} A$ (für eine k-Algebra also mit $\underline{h}_A^*$) identifizieren, für $\mathbb{Z}$ mit $P(R)$ und für einen Körper der Charakteristik $p > 0$ mit $P(R) \otimes_{\mathbb{Z}} \mathbb{Z}_p$, wobei $\mathbb{Z}_p$ der Ring der ganzen p-adischen Zahlen ist. Für einen U_A-Modul M sind nun wieder Gewichtsräume durch

$$M^\lambda = \{m \in M \mid hm = \lambda(h)m \quad \text{für alle } h \in U_A^o\} \qquad (\lambda \in P_A(R))$$

definiert. Über einem Körper ist dann die Summe der M^λ direkt.

Ein primitives Element zu einem Gewicht $\lambda \in \underline{h}_A^*$ in einem U_A-Modul M ist nun ein Element $v \in M^\lambda \setminus 0$ mit $X_{\alpha,n} v = 0$ für alle $\alpha \in R_+$ und $n \in \mathbb{N} \setminus 0$. Ein Modul zum höchsten Gewicht λ ist dann ein Modul, das von einem primitiven Element zum Gewicht λ erzeugt wird. Es gibt wieder einen universellen Modul $M(\lambda)_K$ zum höchsten Gewicht λ:

$$M(\lambda)_A = U_K/(U_K \sum_{h \in U_K^o} (h - \lambda(h)) + \sum_{\alpha \in R_+} \sum_{n > 0} U_K X_{\alpha,n})$$

Nun wird $U(\underline{g})$ (wie jede einhüllende Algebra) durch den Homomorphismus $c : U(\underline{g}) \longrightarrow U(\underline{g}) \otimes U(\underline{g})$ mit $c(X) = X \otimes 1 + 1 \otimes X$ für $X \in \underline{g}$ zu einer Bi-Algebra; man prüft leicht nach, daß $c(U_{\mathbb{Z}}) \subset U_{\mathbb{Z}} \otimes U_{\mathbb{Z}}$ und $c(U_{\mathbb{Z}}^o) \subset U_{\mathbb{Z}}^o \otimes U_{\mathbb{Z}}^o$ gilt. Daher sind auch U_A und U_A^o Bi-Algebren, und man kann auf $P_A(R) = \mathrm{Hom}_{A\text{-}Alg}(U_A^o, A)$ eine Addition definieren, durch die $P_A(R)$ zur kommutativen Gruppe wird. (Es ist $A \mapsto P_A(R)$ das affine $\mathbb{Z}$-Gruppenschema zur Bi-Algebra $U_{\mathbb{Z}}^o$). Auf $P(R) \subset P_A(R)$ wird dabei die alte Addition induziert.

Für zwei Gewichte λ, μ können wir $\mu \leqslant \lambda$ wieder durch $\lambda - \mu \in \mathbb{N}B$ definieren

Nun ist klar, daß jedes Gewicht eines Moduls zum höchsten Gewicht λ kleiner oder gleich λ ist. Über einem Körper hat solch ein Modul daher einen größten echten Untermodul und genau einen einfachen Restklassenmodul, für $M(\lambda)_K$ heiße dieser Restklassenmodul $L(\lambda)_K$, im allgemeinen ist er wegen der universellen Eigenschaft von $M(\lambda)_K$ zu $L(\lambda)_K$ isomorph. Weil der Antiautomorphismus σ die Kostantsche $\mathbb{Z}$-Form invariant läßt, kann man den größten echten Untermodul wieder als Radikal einer kontravarianten Form beschreiben. Es läßt sich der Charakter eines Moduls M mit einem höchsten Gewicht λ auch hier definieren und man hat eine Darstellung

$$\mathrm{ch}\, M = \sum_{\mu < \lambda} [M : L(\mu)_K]\; \mathrm{ch}\, L(\mu)_K.$$

Diese Summe ist im allgemeinen nicht endlich. Schon für R vom Typ A_1 gibt es für $\lambda \in P(R)$, $\lambda + \rho \neq 0$ unendlich viele μ mit $[M(\lambda)_K : L(\mu)_K] \neq 0$ (für Char $K > 0$).

Um die Theorie von Charakteristik Null zu verallgemeinern, müßte man ein Analogon zur Aussage

(1) $\qquad [M(\lambda) : L(\mu)] \neq 0 \quad \Rightarrow \quad \mu \in W_\lambda . \lambda \quad$ und $\quad W_\lambda = \langle s_\alpha \mid \alpha \in R_\lambda \rangle$

haben. Sei K ein Körper mit Char $(K) = p > 0$. Was man als Verallgemeinerung von (1) haben möchte, wäre:

(2) $\qquad [M(\lambda)_K : L(\mu)_K] \neq 0 \quad \Rightarrow \quad \mu \in W_{\lambda,p} . \lambda \quad$ mit $\quad W_{\lambda . p} = \langle s_{\alpha,np} \mid \alpha \in R_\lambda,\ n \in \mathbb{Z} \rangle$

wobei $\quad s_{\alpha,np}(\nu) = \nu - (\nu(H_\alpha) - np)\alpha \qquad$ für alle $\nu \in P_A(R)$

ist. Leider kennt man (2) nur in Spezialfällen, etwa für $\lambda \in P(R)$, wenn p dem Zusammenhangsindex $\# P(R)/Q(R)$ nicht teilt. (siehe hierzu [Humphreys 1], [Kac-Weisfeiler], [Haboush]). Der Vorteil von (2) wäre, daß man es mit einer affinen Spiegelungsgruppe zu tun hätte und sich viele geometrische Argumente auf diese Situation übertragen ließen.

Das Interesse an den $L(\lambda)_K$ ist nun dieses: Ist K unendlich oder enthält "hinreichend viele" Elemente, so ist $L(\lambda)_K$ auch auf natürliche Weise ein einfacher Modul für die universelle Chevalley-Gruppe G_K zum Wurzelsystem R und man erhält so alle irreduziblen Darstellungen von G_K für endliches K bzw. alle irreduziblen

Darstellungen von G_K als algebraische Gruppe für algebraisch abgeschlossenes K.

Nun lassen sich Teile der Theorie der Kapitel 1 und 2 auf U_K-Moduln mit Char $K = p > 0$ übertragen. Man findet einige Ergebnisse dieser Art in [Jantzen 2]. Wir möchten hier zeigen, daß wir die Multiplizitäten von Charakteristik Null in dieser Situation wiederfinden werden.

Satz: Es gibt zum Wurzelsystem R eine natürliche Zahl $N \in \mathbb{N}$, sodaß für alle Körper K mit Char $K = p > N$, alle $\lambda \in P(R)$ und $w, w' \in W$ gilt:

$$[M(p\lambda + w.0)_K : L(p\lambda + w'.0)_K] = [M(w.0)_{\mathbb{Q}} : L(w'.0)_{\mathbb{Q}}].$$

Beweis: Wir werden für große p zeigen:

$$\dim_K L(p\lambda + \nu)_K^{p\lambda+\nu'} = \dim_{\mathbb{Q}} L(\nu)_{\mathbb{Q}}^{\nu'}$$

für alle ν, ν' mit $-2\rho = w_\lambda.0 \leqslant \nu' \leqslant \nu \leqslant 1.0 = 0$. Daraus folgt der Satz dann wie in 4.9.

Es seien v (bzw. v') erzeugende primitive Elemente von $M(p\lambda + \nu)_K$ (bzw. von $M(\nu)_{\mathbb{Q}}$); beide Moduln, $M(p\lambda + \nu)_K$ und $M(\nu)_{\mathbb{Q}}$, seien mit kontravarianten Formen (,) versehen, die durch $(v, v) = 1$ und $(v', v') = 1$ normiert sind. Nun ist $\dim_K L(p\lambda + \nu)_K^{p\lambda+\nu'}$ gleich dem Rang der Matrix $(X_{-\pi}v, X_{-\pi'}v)_{\pi,\pi' \in \underline{\underline{P}}(\nu - \nu')}$. Schreiben wir $\nu - \nu' = \sum_{\alpha \in B} r_\alpha \alpha$; wir können N so wählen daß $p > r_\alpha$ für alle $\alpha \in B$ ist, weil nur endlich viele ν, ν' auftreten können. Für alle $\pi, \pi' \in \underline{\underline{P}}(\nu - \nu')$ und $\alpha \in R_+$ folgt nun $p > \pi(\alpha), \pi'(\alpha)$. Daher gehören $X_{-\pi}$ und $X_{-\pi'}$ zur Unteralgebra von U_K, die von den X_α mit $\alpha \in R$ erzeugt wird. Daraus folgt, daß $X(\sigma(X_{-\pi})X_{-\pi'})$ (vgl. 1.5) in der Unteralgebra von U_K^o liegt, die von den H_α mit $\alpha \in R$ erzeugt wird. Auf dieser Unteralgebra nehmen $p\lambda + \nu$ und ν dieselben Werte an; es ist also $(X_{-\pi}v, X_{-\pi'}v)$ unabhängig von λ. Wir können uns folglich auf den Fall beschränken, daß $\lambda = 0$ ist.

Aus den Eigenschaften der Kostantschen $\mathbb{Z}$-Form folgt, daß $(X_{-\pi}v', X_{-\pi'}v')$ für $\pi, \pi' \in \underline{\underline{P}}(\nu - \nu')$ ganzzahlig ist und daß $(X_{-\pi}v, X_{-\pi'}v)$ wegen $\lambda = 0$ die Reduktion modulo p dieser Zahl ist. Insgesamt entsteht also die Matrix $(X_{-\pi}v, X_{-\pi'}v)_{\pi,\pi' \in \underline{\underline{P}}(\nu - \nu')}$ durch Reduktion modulo p aus

$(X_{-\pi}v', X_{-\pi'}v')_{\pi,\pi' \in \underline{\underline{P}}(\nu-\nu')}$. Die zweite Matrix hat nur endlich viele Elementarteiler. Wählen wir N größer als alle, so ist der Rang der modulo $p > N$ reduzierten Matrix gleich dem der ursprünglichen; es gilt also

$$\dim_K L(\nu)_K^{\nu'} = \dim_{\mathbb{Q}} L(\nu)_{\mathbb{Q}}^{\nu'},$$

was zu beweisen war.

Ist man nur an Darstellungen der zugehörigen algebraischen Gruppe interessiert, so wird man vielleicht ungern die unendlich dimensionalen Moduln $M(\mu)_K$ betrachten. In der Tat kann man sie umgehen; man kann für alle $\lambda \in P(R)$ mit $\langle\lambda, \alpha^\vee\rangle \geq 0$ für alle $\alpha \in R_+$ in $L(\lambda)$ ein erzeugendes primitives Element v wählen und $V(\lambda)_K = (U_{\mathbb{Z}}v) \otimes_{\mathbb{Z}} K$ bilden; dies ist ein endlich dimensionaler U_K-Modul zum höchsten Gewicht λ (und universell mit dieser Eigenschaft unter den endlich dimensionalen, siehe [Jantzen 3], Satz 1) mit

(1) $$\operatorname{ch} V(\lambda)_K = \sum_{w \in W} \det(w) \operatorname{ch} M(w.\lambda)_K.$$

<u>Corollar</u>: <u>Es gibt eine nur von</u> R <u>abhängende Zahl</u> $N \in \mathbb{N}$, <u>so daß für alle Körper</u> K <u>mit</u> $\operatorname{Char} K = p > N$, <u>alle</u> $\lambda \in P(R)$ (<u>mit</u> $\langle p\lambda + w\rho, \alpha^\vee\rangle > 0$ <u>für alle</u> $\alpha \in B$, $w \in W$) <u>und alle</u> $w, w' \in W$ <u>gilt</u>:

$$[V(p\lambda + w.0)_K : L(p\lambda + w'.0)_K] = [M(w.0)_{\mathbb{Q}} : L(w'.0)_{\mathbb{Q}}].$$

<u>Beweis</u>: Wegen der Voraussetzung über λ sind die $V(p\lambda + w.0)_K$ definiert. Aus (1) folgt

$$[V(p\lambda + w.0)_K : L(p\lambda + w'.0)_K] = \sum_{w_1 \in W} \det(w_1) [M(w_1.(p\lambda + w.0))_K : L(p\lambda + w'.0)_K].$$

Wir können das Corollar also aus dem Satz ableiten, wenn wir wissen: Für $w_1 \neq 1$ ist

$$[M(pw_1\lambda + w_1w.0)_K : L(p\lambda + w'.0)_K] = 0.$$

Das gilt aber sicher, wenn $p\lambda + w'.0 \nleq pw_1\lambda + w_1w.0$, **also erst recht, wenn**

$$p\lambda - 2\rho = p\lambda + w_\lambda .0 \nleq pw_1\lambda = pw_1\lambda + w_1w_1^{-1}.0$$

ist. Nun gibt es für $w_1 \neq 1$ ein $\alpha \in B$ mit $w_1\lambda \leq s_\alpha\lambda = \lambda - \langle\lambda, \alpha^\vee\rangle\alpha$. Wäre also $p\lambda - 2\rho \leq pw_1\lambda$, so gäbe es auch ein $\alpha \in B$ mit $p\lambda - 2\rho \leq p\lambda - p\langle\lambda,\alpha^\vee\rangle\alpha$ also $p\langle\lambda, \alpha^\vee\rangle\alpha \leq 2\rho$. Nach Voraussetzung ist $\langle p\lambda, \alpha^\vee\rangle > \langle -w_\lambda\rho, \alpha^\vee\rangle = \langle\rho, \alpha^\vee\rangle = 1$, also $\langle\lambda, \alpha^\vee\rangle \geq 1$ und $p\alpha \leq p\langle\lambda, \alpha^\vee\rangle\alpha \leq 2\rho$. Indem wir N

notfalls vergrößern, können wir aber erreichen, daß $p\alpha \nleq 2\rho$ für alle $\alpha \in B$ gilt.

Bemerkung: Es ist natürlich unbefriedigend hier keine vernünftige Abschätzung für N zu erhalten. Erfahrungsgemäß sollte es zumindest ausreichen, zu fordern, daß p größer als die Coxeter-Zahl von R ist (für einfaches $\underline{g}$). Auch sollte man die Bedingung an λ durch $\langle \lambda, \alpha^\vee \rangle > 0$ für alle $\alpha \in B$ ersetzen können.

Man kann wegen der Resultate in [Jantzen 2] das Corollar so interpretieren: Sei $p > N$. Man betrachte die affine Weylgruppe W_p, erzeugt von den $s_{\alpha,np}$ mit $\alpha \in B$ und $n \in \mathbb{Z}$, und zwei Alkoven C, C' für W_p mit $\langle x, \alpha^\vee \rangle \geq 0$ für alle $x \in \overline{C} \cup \overline{C'}$ und $\alpha \in R_+$. Ein Gewicht $\lambda \in P(R)$ liege im Innern von C und es sei $\lambda' \in W_p . \lambda \cap C'$. Haben $\overline{C}$ und $\overline{C'}$ einen speziellen Punkt (also etwas von der Form $p\mu - \rho$ mit $\mu \in P(R)$) gemeinsam, so kann man $[V(\lambda)_K : L(\lambda')_K]$ aus Multiplizitäten in Charakteristik Null erhalten. Mit ähnlichen Überlegungen kann man allgemein für große p (mit möglicherweise verschiedenem N) von Ergebnissen über $\mathbb{Q}$ auf solche über K schließen, wenn $\overline{C} \cap \overline{C'}$ nicht leer ist.

L I T E R A T U R

I. N. Bernštein: Modules over a ring of differential operators. Study of the fundamental solutions of equations with constant coefficients.
Funct. Anal. Appl. 5 (1971), 89 - 101.

I. N. Bernštein, I. M. Gel'fand, S. I. Gel'fand:
1) Structure of representations generated by vectors of highest weight
Funct. Anal. App. 5 (1971), 1 - 8.
2) Differential operators on the base affine space and a study of g-modules, in: I. M. Gel'fand (ed.) Lie groups and their representations, London 1975, p. 21 - 64.
3) Category of g-modules
Funct. Anal. Appl. 10 (1976), 87 - 92.

W. Borho: Berechnung der Gel'fand-Kirillov-Dimension bei induzierten Darstellungen.
Math. Ann. 225 (1977), 177 - 194.

W. Borho, J. C. Jantzen: Über primitive Ideale in der Einhüllenden einer halbeinfachen Lie-Algebra.
Inventiones math. 39 (1977), 1 - 53.

W. Borho, H. Kraft: Über die Gel'fand-Kirillov-Dimension.
Math. Ann. 220 (1976), 1 - 24.

N. Bourbaki: Groupes et algèbres de Lie, Paris
(Ch. I: 1971, Ch. II/III: 1972, Ch. IV - VI: 1968, Ch. VII/VIII: 1975)

R. Carter, G. Lusztig: On the modular representations of the general linear and symmetric groups
Math. Z. 136 (1974), 193 - 242.

N. Conze: Algèbres d'opérateurs différentiels et quotients des algèbres enveloppantes
Bull. Soc. Math. France, 102 (1974), 379 - 415.

N. Conze, J. Dixmier: Idéaux primitifs dans l'algèbre enveloppante d'une algèbre de Lie semi-simple.
Bull. Sci. Math. 96 (1972), 339 - 351.

N. Conze-Berline, M. Duflo: Sur les représentations induites des groupes semi-simples complexes.
Compos. Math. 34 (1977), 307 - 336.

V. V. Deodhar:
1) Some characterizations of Bruhat ordering on a Coxeter group and determination of the relative Möbius Function.
Inventiones math. 39 (1977), 187 - 198.
2) On Bruhat ordering and weight-lattice ordering for a Weyl group.

V. V. Deodhar, J. Lepowsky: On multiplicity in the Jordan-Hölder series of Verma modules.
J. Algebra 49 (1977), 512 - 524.

J. Dixmier:
1) Certaines représentations infinies des algèbres de Lie semi-simples.
Sém. Bourbaki, exp. 425, in: Lecture Notes in Mathematics 383, p. 141 - 156, Berlin-Heidelberg-Now York 1974.
2) Algèbres enveloppantes, Paris 1974.

M. Duflo: Sur la classification des idéaux primitifs dans l'algèbre enveloppante d'une algèbre de Lie semi-simple.
Ann. of Math. 105 (1977), 107 - 120.

T. J. Enright:
1) Blattner type multiplicity formulas for the fundamental series of a real semi-simple Lie algebra.
2) On the irreducibility of the fundamental series of a real semi-simple Lie-algebra.

T. J. Enright, V. S. Varadarajan:
On the infinitesimal characterization of the discrete series.
Ann. of Math. 102 (1975), 1 - 15.

T. J. Enright, N. R. Wallach:
The fundamental series of representations of a real semi-simple Lie algebra
Acta math. 140 (1978), 1 - 32.

H. Garland, J. Lepowsky: Lie algebra homology and the Macdonald-Kac formulas.
Inventiones math. 34 (1976), 37 - 76.

W. Haboush: Central differential operators and modular representations of semi-simple groups.

Harish-Chandra:
1) On some applications of the universal enveloping algebra of a semi-simple Lie algebra.
Trans. Amer. Math. Soc. 70 (1951), 28 - 96.
2) Representations of semi-simple Lie groups IV.
Amer. J. Math. 77 (1955), 743 - 777.

A. van den Hombergh: Note on a paper by Bernštein, Gel'fand and Gel'fand on Verma modules, Indag. math. 36 (1974), 352 - 356.

J. E. Humphreys:
1) Modular representations of classical Lie algebras and semi-simple groups
J. Alg. 19 (1971), 51 - 79.
2) A construction of projective modules in the category $\underline{\underline{O}}$ of Bernštein-Gel'fand-Gel'fand.
Indag. math. 39 (1977), 301 - 303.

N. Jacobson: Lie Algebras, Now York-London-Sydney, 1962.

J. C. Jantzen:
1) Darstellungen halbeinfacher algebraischer Gruppen und zugeordnete kontravariante Formen.
Bonner math. Schr. 67 (1973).
2) Zur Charakterformel gewisser Darstellungen halbeinfacher Gruppen und Lie-Algebren. Math. Z. 140 (1974), 127 - 149.
3) Darstellungen halbeinfacher algebraischer Gruppen und kontravariante Formen. J. reine und angew. Math. 290 (1977), 117 - 141.
4) Kontravariante Formen auf induzierten Darstellungen halbeinfacher Lie-Algebren, Math. Ann. 226 (1977), 53 - 65.
5) Über das Dekompositionsverhalten gewisser modularer Darstellungen halbeinfacher Gruppen und ihrer Lie-Algebren.
J. Alg. 49 (1977), 441 - 469.

A. Joseph:
1) A characteristic variety for the primitive spectrum of a semi-simple Lie algebra, in: Non-Commutative Harmonic Analysis, Lecture Notes in Mathematics 587, p. 102 - 118, Berlin-Heidelberg-New York, 1977.
2) Gel'fand-Kirillov dimension for the annihilators of simple quotients of Verma modules. J. London Math. Soc. (2), 18 (1978), 50 - 60.
3) Dixmier's problem for Verma and principal series submodules.

V. G. Kac:
1) Infinite dimensional Lie algebras and Dedekind's η-function. Functional Anal. Appl. 8 (1974), 68 - 70.
2) Highest weight representations of infinite dimensional Lie algebras. Proceedings Int. Congr. Math. Helsinki 1978 (demnächst).

V. G. Kac, D. A. Kazhdan: Structure of representations with highest weight of infinite dimensional Lie algebras.

V. G. Kac, B. Weisfeiler: Coadjoint action of a semi-simple algebraic group and the center of the enveloping algebra in characteristic p. Indag. math. 38 (1976), 136 - 151.

M. Kashiwara, M. Vergne:
1) Remarque sur la covariance de certain operateurs differentiels. p. 119 - 137 in: Non-Commutative Harmonic Analysis, Lecture Notes in Mathematics Nr. 587, Berlin-Heidelberg-New York, 1977.
2) On the Segal-Shale-Weil representations and harmonic polynomials. Inventiones math. 44 (1978), 1 - 47.

D. E. Knuth: Permutation matrices and generalized Young tableaux. Pacific J. Math. 34 (1970), 709 - 727.

B. Kostant:
1) Lie group representations on polynomial rings. Amer. J. Math. 85 (1963), 327 - 404.
2) Groups over $\mathbb{Z}$, Proceedings of Symposia in Pure Mathematics IX, p. 90 - 98.
3) Verma modules and the existence of quasi-invariant differential operators, in: Non-Commutative Harmonic Analysis. Lecture Notes in Mathematics 466, p. 101 - 128, Berlin-Heidelberg-New York, 1975.

J. Lepowsky:
1) Conical vectors in induced modules. Trans. Amer. Math. Soc. 208 (1975), 219 - 272.
2) Uniqueness of embeddings of certain induced modules. Proc. Amer. Math. Soc. 56 (1976), 55 - 58.
3) On the uniqueness of conical vectors. Proc. Amer. Math. Soc. 57 (1976), 217 - 220.
4) Existence of conical vectors in induced modules. Ann. of Math. 102 (1975), 17 - 40.
5) A generalization of the Bernštein-Gel'fand-Gel'fand resolution. J. Alg. 49 (1977), 496 - 511.
6) Generalized Verma modules, the Cartan-Helgason theorem and the Harish-Chandra homomorphism. J. Alg. 49 (1977), 470 - 495.

N. N. Šapovalov: On a bilinear form on the universal enveloping algebra of a complex semi-simple Lie algebra. Funct. Anal. Appl. 6 (1972), 307 - 312.

C. Schensted: Longest increasing and decreasing subsequences.
Canadian J. Math. 13 (1961), 179 - 191.

M. P. Schützenberger: Quelques remarques sur une construction de Schensted.
Math. Scand. 12 (1963), 117 - 128.

Séminaire Sophus Lie, 1 ère année 1954/55, Paris.

J. P. Serre: Algèbres de Lie semi-simples complexes, New York-Amsterdam, 1966.

R. Steinberg: Lectures on Chevalley groups, New Haven, 1967.

D. N. Verma:
1) Structure of certain induced representations of complex semi-simple Lie algebras, Bull. Amer. Math. Soc. 74 (1968), 160 - 166.
2) Möbius inversion for the Bruhat ordering on a Weyl group. Ann. Scient. Ec. Norm. Sup. 4e sér., 4 (1971), 393 - 398.

D. Vogan:
1) Gel'fand-Kirillov dimension for Harish-Chandra modules. Invent. math. 48 (1978), 75 - 98.
2) Irreducible characters of semi-simple Lie groups I.

N. R. Wallach:
1) On the unitarizability of representations with highest weight, in: Non-Commutative Harmonic Analysis. Lecture Notes in Mathematics 466, p. 226 - 230, Berlin-Heidelberg-New York, 1975.
2) On the Enright-Varadarajan modules. A construction of the discrete series. Ann. scient. Éc. Norm. Sup., 4e sér., 9 (1976), 81 - 102.

W. J. Wong: Irreducible modular representations of finite Chevalley groups.
J. Alg. 20 (1972), 355 - 367.

G. Zuckerman: Tensor products of finite and infinite dimensional representations of semi-simple Lie groups.
Ann. of Math. 106 (1977), 295 - 308.

Notationen

$\mathbb{A}(\lambda)$	$= (\mathbb{Q}R_\lambda) \otimes_{\mathbb{Q}} \mathbb{R}$	für $\lambda \in \underline{h}^*$	(2.6)
$\underline{a}_S$	$= \{H \in \underline{h} \mid \alpha(H) = 0$ für alle $\alpha \in S\}$	für $S \subset B$	(1.14)
B	Basis von R		(1.2)
$\underline{b}$ (bzw. $\underline{b}^-$)	$= \underline{h} \oplus \underline{n}$ (bzw. $= \underline{h} \oplus \underline{n}^-$)		(1.2)
B_λ	die in R_+ enthaltene Basis von R_λ	für $\lambda \in \underline{h}^*$	(1.3)
B_λ^0	$\{\alpha \in B_\lambda \mid \langle \lambda + \rho, \alpha^\vee \rangle = 0\}$	für antidominantes $\lambda \in \underline{h}^*$	(2.14)
ch M	$= \sum_{\lambda \in \underline{h}^*} \dim M^\lambda \, e(\lambda) \in \mathbb{Z}[[\underline{h}^*]]$	für zulässige $\underline{g}$-Moduln M	(1.11)
$\underline{\underline{C}}(\underline{\underline{O}})$	$= \sum_{\lambda \in \underline{h}^*} \mathbb{Z}$ ch $M(\lambda) = \sum_{\lambda \in \underline{H}^*} \mathbb{Z}$ ch $L(\lambda) \subset \mathbb{Z}[[\underline{h}^*]]$		(1.11)
dim V (bzw. dim$_K V$)	Dimension eines k- (bzw. K)-Vektorraums V		(1.1)
$d(C,C')$	"Abstand" zweier Kammern in einem $\mathbb{A}(\lambda)$		(2.7)
Dim	Bernštein-Dimension eines $\underline{g}$-Moduls in $\underline{\underline{O}}$ (oder Gel'fand-Kirillov-Dimension einer k-Algebra)		(3.10)
$F_M(n)$	$= \sum_{\lvert\nu\rvert \leq n} \dim M^{\lambda-\nu}$	für einen Modul M zum höchsten Gewicht λ	(3.12)
$F_R(n)$	$= \sum_{\lvert\nu\rvert \leq n} P(\nu)$	für $n \in \mathbb{N}$	(3.12)
$\underline{g}$	eine halbeinfache, über k zerfallende k-Lie-Algebra		(1.2)
$\underline{g}_S$	$= \underline{n}_S^- \oplus \underline{h}_S \oplus \underline{n}_S$	für $S \subset B$	(1.14)
$\underline{h}$	eine zerfällende Cartan-Unteralgebra von $\underline{g}$		(1.2)
$\underline{h}_S$	$= \coprod_{\alpha \in S} kH_\alpha$	für $S \subset B$	(1.14)
H_α	$= [X_\alpha, X_{-\alpha}]$	für $\alpha \in R$	(1.2)
$I_S^\nu M$	$= U(\underline{g}) \otimes_{U(\underline{p}_S)} {}^\nu M$	für $\nu \in \underline{a}_S$, $S \subset B$ und einen $\underline{g}_S$-Modul M	(1.14)
J_λ	$= \mathrm{Ann}_{U(\underline{g})} L(\lambda)$	für $\lambda \in \underline{h}^*$	(4.16)
k	ein Körper der Charakteristik Null		(1.1)
Kh M	$= \sum_{\nu \in P(R)^+} [M:L(\nu)] \, e(\nu)$	für einen lokal endlichen $\underline{g}$-Modul M mit endlichen Multiplizitäten	(4.18)

$kh(\mu)$	$= \sum_{\nu \in P(R)^+} \dim L(\nu)^{\mu}\, e(\nu)$	für $\mu \in P(R)$	(4.18)
$L(\lambda)$	einfacher $\underline{g}$-Modul zum höchsten Gewicht $\lambda \in \underline{h}^*$		(1.4)
$L^S(\mu)$	einfacher $\underline{g}_S$-Modul zum höchsten Gewicht $\mu \in \underline{h}_S^*$		(1.15)
l_λ	Längenfunktion auf W_λ relativ $\{s_\alpha \mid \alpha \in B_\lambda\}$	für $\lambda \in \underline{h}^*$	(5.4)
$M(\lambda)$	universeller (Verma-)Modul über $\underline{g}$ zum höchsten Gewicht $\lambda \in \underline{h}^*$		(1.4)
$M^S(\mu)$	universeller (Verma-)Modul über $\underline{g}_S$ zum höchsten Gewicht $\mu \in \underline{h}_S^*$		(1.15)
$M_S(\lambda)$	$= I_S^{\lambda-\lambda_S}\, M^S(\lambda_S)$		(1.17)
$M(\lambda)_A$	universeller Modul über $\underline{g}_A$ zum höchsten Gewicht $\lambda \in \underline{h}_A^*$		(4.1)
$\underline{n}$ (bzw. $\underline{n}^-$)	$= \coprod_{\alpha \in R_+} \underline{g}^{\alpha}$ (bzw. $= \coprod_{\alpha \in R_+} \underline{g}^{-\alpha}$)	für $S \subset B$	(1.2)
$\underline{n}_S$ (bzw. $\underline{n}_S^-$)	$= \coprod_{\alpha \in R_+ \cap R_S} \underline{g}^{\alpha}$ (bzw. $= \coprod_{\alpha \in R_+ \cap R_S} \underline{g}^{-\alpha}$)	für $S \subset B$	(1.14)
$\underline{n}^S$ (bzw. $\underline{n}^{-S}$)	$= \coprod_{\alpha \in R_+ \setminus R_S} \underline{g}^{\alpha}$ (bzw. $= \coprod_{\alpha \in R_+ \setminus R_S} \underline{g}^{-\alpha}$)	für $S \subset B$	(1.14)
$\mathbb{N}$	Menge der natürlichen Zahlen $0,1,2,\ldots$		
$\underline{\underline{O}}$	Kategorie von gewissen $\underline{g}$-Moduln		(siehe 1.10
$\underline{\underline{O}}_\lambda$	gewisse volle Unterkategorie von $\underline{\underline{O}}$		(siehe 2.1)
$\underline{\underline{O}}^S$	Analogen zu $\underline{\underline{O}}$ für $\underline{g}_S$		(1.15)
$P(R)$	$= \{\lambda \in \underline{h}^* \mid R_\lambda = R\}$		(1.3)
$P(R)^+$	$= \{\lambda \in P(R) \mid \langle \lambda, \alpha^\vee \rangle \geqslant 0$ für alle $\alpha \in B\}$		(4.17)
$\underline{\underline{P}}_T(\nu)$	$= \{T.\text{tupel } (\pi(\alpha))_{\alpha \in T} \in \mathbb{N}^T \mid \sum_{\alpha \in T} \pi(\alpha)\alpha = \nu\}$	für $T \subset R_+$, $\nu \in \mathbb{N}B$	(1.2)
$P_T(\nu)$	$= \# \underline{\underline{P}}_T(\nu)$		(1.2)
$\underline{P}_T$	$= \sum_{\nu \in \mathbb{N}B} P_T(\nu)\, e(-\nu)$		(1.15)
$\underline{\underline{P}}(\nu)$ (bzw. $P(\nu)$, $\underline{P}$)	$= \underline{\underline{P}}_{R_+}(\nu)$ (bzw. $P_{R_+}(\nu)$, $\underline{P}_{R_+}$)		
$\underline{p}_S$	$= \underline{g}_S \oplus \underline{a}_S \oplus \underline{n}^S$	für $S \subset B$	(1.14)

$\mathbb{Q}$	Körper der rationalen Zahlen		
$Q(R)$	$= \sum_{\alpha \in R} \mathbb{Z}\alpha$		(1.3)
$Q(A)$	Quotientenkörper eines Integritätsbereiches A		(4.3)
$\mathbb{R}$	Körper der reellen Zahlen		
R	Wurzelsystem von $\underline{g}$ relativ $\underline{h}$		(1.2)
R_+	Menge der relativ B positiven Wurzeln in R		(1.2)
R_λ	$= \{\alpha \in R \mid \langle \lambda + \rho, \alpha^\vee \rangle \in \mathbb{Z}\}$	für $\lambda \in \underline{h}^*$	(1.3)
R_S	$= R \cap \mathbb{Z}S$	für $S \subset B$	(1.14)
$\underline{\underline{R}}\lambda$	Element in $\mathbb{A}(\lambda)$ mit $\langle \underline{\underline{R}}\lambda - \lambda, \alpha^\vee \rangle = 0$	für alle $\alpha \in R_\lambda$	(2.8)
$R_+(\lambda)$	$= \{\alpha \in R_+ \mid \langle \lambda + \rho, \alpha^\vee \rangle \in \mathbb{N} \setminus 0\}$	für $\lambda \in \underline{h}^*$	(5.3)
s_α	Spiegelung zu α	für $\alpha \in R$	(1.2)
$S^n(V)$	n-te symmetrische Potenz eines k-Vektorraums V		(vgl. 3.1)
T_λ^μ	Verschiebung von λ nach μ: $M \mapsto (M \otimes V(\mu - \lambda))_\mu$	für $\lambda, \mu \in \underline{h}^*$, $\mu - \lambda \in P(R)$	(2.10)
$U(\underline{m})$	Einhüllende Algebra einer k-Lie-Algebra $\underline{m}$		(1.1)
$U_n(\underline{m})$	$= (k + \underline{m})^n \subset U(\underline{m})$		(3.1)
$V(\lambda)$	$= L(\mu)$ für $\{\mu\} = W\lambda \cap P(R)^+$	für $\lambda \in P(R)$	(2.9)
v_λ	primitives, erzeugendes Element in $M(\lambda)$	für $\lambda \in \underline{h}^*$	(1.4)
$\bar{v}_\lambda$	Bild von v_λ unter $M(\lambda) \to L(\lambda)$	für $\lambda \in \underline{h}^*$	(1.4)
$\underline{\underline{V}}M$	assoziierte Varietät eines $U(\underline{n}^-)$-Moduls M		(3.1)
W	Weylgruppe von $\underline{g}$ relativ $\underline{h}$		(1.3)
W_T	von den s_α mit $\alpha \in T$ erzeugte Untergruppe von W	für $T \subset R$	(1.3)
W_λ	$= \{w \in W \mid w.\lambda - \lambda \in Q(R)\}$	für $\lambda \in \underline{h}^*$	(1.3)
W_λ^o	$= \{w \in W \mid w.\lambda = \lambda\}$	für $\lambda \in \underline{h}^*$	(2.8)
w_S	Element größter Länge in W_S	für $S \subset R_+$	(2.23)

w_λ	$= w_{B_\lambda}$	für $\lambda \in \underline{h}^*$	(2.23)
X_α	Element aus $\underline{g}^\alpha \setminus 0$ (für $\alpha \in R$); so daß alle X_α und $H_\beta (\beta \in B)$ eine Chevalley-Basis von $\underline{g}$ bilden		(1.2)
$\mathbb{Z}$	Ring der ganzen Zahlen		
$Z(\underline{m})$	Zentrum von $U(\underline{m})$	für eine k-Lie-Algebra $\underline{m}$	(1.1)
$\mathbb{Z}[[\underline{h}^*]]$	Menge der $\underline{h}^*$-tupel $(a_\lambda)_{\lambda \in \underline{h}^*}$ mit $a_\lambda \in \mathbb{Z}$ für alle λ		(1.11)
ρ	$= \frac{1}{2} \sum_{\alpha \in R_+} \alpha$		(1.3)
σ	Antiautomorphismus von $\underline{g}$ mit $\sigma X_\alpha = X_{-\alpha}$ und $\sigma H_\alpha = H_\alpha$	für alle $\alpha \in R$	(1.2)
χ_λ	zentraler Charakter von $M(\lambda)$		(1.5)
$(\omega_\alpha)_{\alpha \in B}$	Fundamentalgewichte relativ B		(1.3)

Ferner benutzen wir die folgenden Notationen

V^*	Dualraum von V	(1.1)
V_A	$V \otimes A = V \otimes_k A$	(4.1)
M^λ	$\{m \in M \mid Hm = \lambda(H)m$ für alle $H \in \underline{h}\}$	(1.1)
$\alpha^\vee$	duale Wurzel zu $\alpha \in R$	
$\lvert\nu\rvert$	$= \sum_{\beta \in B} r_\beta$ für $\nu = \sum_{\beta \in B} r_\beta \beta \in \mathbb{N}B$	(3.12)
λ_S	Projektion von $\lambda \in \underline{h}^*$ in h_S^* längs $\underline{h}_S^* = \underline{h}_S^* \oplus \underline{a}_S^*$	(1.14)
$\hat{F}$	oberer Abschluß einer Facette F in $\mathbb{A}(\lambda)$	(2.6)

Für die folgenden Notationen verweisen wir auf den Text:

$\leq$	(1.3)
$[\ :\ ]$	(1.11)
$(\ :\ )$	(1.12)
$\uparrow$	(2.19)
M_λ	(1.13)

Für alle $w \in W$ und $\lambda \in \underline{h}^*$ schreiben wir

$$w.\lambda = w(\lambda + \rho) - \rho. \qquad (1.5)$$

SACHREGISTER

. 580: C. Castaing and M. Valadier, Convex Analysis and Meas-
ıble Multifunctions. VIII, 278 pages. 1977.

. 581: Séminaire de Probabilités XI, Université de Strasbourg. oceedings 1975/1976. Edité par C. Dellacherie, P. A. Meyer et Weil. VI, 574 pages. 1977.

. 582: J. M. G. Fell, Induced Representations and Banach lgebraic Bundles. IV, 349 pages. 1977.

. 583: W. Hirsch, C. C. Pugh and M. Shub, Invariant Manifolds. 149 pages. 1977.

. 584: C. Brezinski, Accélération de la Convergence en Analyse mérique. IV, 313 pages. 1977.

. 585: T. A. Springer, Invariant Theory. VI, 112 pages. 1977.

. 586: Séminaire d'Algèbre Paul Dubreil, Paris 1975–1976 ème Année). Edited by M. P. Malliavin. VI, 188 pages. 1977.

. 587: Non-Commutative Harmonic Analysis. Proceedings 1976. ted by J. Carmona and M. Vergne. IV, 240 pages. 1977.

. 588: P. Molino, Théorie des G-Structures: Le Problème d'Equi-nce. VI, 163 pages. 1977.

. 589: Cohomologie l-adique et Fonctions L. Séminaire de ométrie Algébrique du Bois-Marie 1965–66, SGA 5. Edité par lusie. XII, 484 pages. 1977.

590: H. Matsumoto, Analyse Harmonique dans les Systèmes de Bornologiques de Type Affine. IV, 219 pages. 1977.

591: G. A. Anderson, Surgery with Coefficients. VIII, 157 pages. 7.

592: D. Voigt, Induzierte Darstellungen in der Theorie der end-en, algebraischen Gruppen. V, 413 Seiten. 1977.

593: K. Barbey and H. König, Abstract Analytic Function Theory Hardy Algebras. VIII, 260 pages. 1977.

594: Singular Perturbations and Boundary Layer Theory, Lyon 6. Edited by C. M. Brauner, B. Gay, and J. Mathieu. VIII, 539 es. 1977.

595: W. Hazod, Stetige Faltungshalbgruppen von Wahrschein-keitsmaßen und erzeugende Distributionen. XIII, 157 Seiten. 1977.

596: K. Deimling, Ordinary Differential Equations in Banach ces. VI, 137 pages. 1977.

597: Geometry and Topology, Rio de Janeiro, July 1976. Pro-dings. Edited by J. Palis and M. do Carmo. VI, 866 pages. 1977.

. 598: J. Hoffmann-Jørgensen, T. M. Liggett et J. Neveu, Ecole té de Probabilités de Saint-Flour VI – 1976. Edité par P.-L. Henne-n. XII, 447 pages. 1977.

599: Complex Analysis, Kentucky 1976. Proceedings. Edited . D. Buckholtz and T. J. Suffridge. X, 159 pages. 1977.

600: W. Stoll, Value Distribution on Parabolic Spaces. VIII, pages. 1977.

.601: Modular Functions of one Variable V, Bonn 1976. Proceedings. ted by J.-P. Serre and D. B. Zagier. VI, 294 pages. 1977.

602: J. P. Brezin, Harmonic Analysis on Compact Solvmanifolds. 179 pages. 1977.

603: B. Moishezon, Complex Surfaces and Connected Sums of nplex Projective Planes. IV, 234 pages. 1977.

604: Banach Spaces of Analytic Functions, Kent, Ohio 1976. ceedings. Edited by J. Baker, C. Cleaver and Joseph Diestel. VI, pages. 1977.

605: Sario et al., Classification Theory of Riemannian Manifolds. 498 pages. 1977.

606: Mathematical Aspects of Finite Element Methods. Pro-dings 1975. Edited by I. Galligani and E. Magenes. VI, 362 pages. 7.

607: M. Métivier, Reelle und Vektorwertige Quasimartingale die Theorie der Stochastischen Integration. X, 310 Seiten. 1977.

608: Bigard et al., Groupes et Anneaux Réticulés. XIV, 334 es. 1977.

Vol. 609: General Topology and Its Relations to Modern Analysis and Algebra IV. Proceedings 1976. Edited by J. Novák. XVIII, 225 pages. 1977.

Vol. 610: G. Jensen, Higher Order Contact of Submanifolds of Homogeneous Spaces. XII, 154 pages. 1977.

Vol. 611: M. Makkai and G. E. Reyes, First Order Categorical Logic. VIII, 301 pages. 1977.

Vol. 612: E. M. Kleinberg, Infinitary Combinatorics and the Axiom of Determinateness. VIII, 150 pages. 1977.

Vol. 613: E. Behrends et al., L^p-Structure in Real Banach Spaces. X, 108 pages. 1977.

Vol. 614: H. Yanagihara, Theory of Hopf Algebras Attached to Group Schemes. VIII, 308 pages. 1977.

Vol. 615: Turbulence Seminar, Proceedings 1976/77. Edited by P. Bernard and T. Ratiu. VI, 155 pages. 1977.

Vol. 616: Abelian Group Theory, 2nd New Mexico State University Conference, 1976. Proceedings. Edited by D. Arnold, R. Hunter and E. Walker. X, 423 pages. 1977.

Vol. 617: K. J. Devlin, The Axiom of Constructibility: A Guide for the Mathematician. VIII, 96 pages. 1977.

Vol. 618: I. I. Hirschman, Jr. and D. E. Hughes, Extreme Eigen Values of Toeplitz Operators. VI, 145 pages. 1977.

Vol. 619: Set Theory and Hierarchy Theory V, Bierutowice 1976. Edited by A. Lachlan, M. Srebrny, and A. Zarach. VIII, 358 pages. 1977.

Vol. 620: H. Popp, Moduli Theory and Classification Theory of Algebraic Varieties. VIII, 189 pages. 1977.

Vol. 621: Kauffman et al., The Deficiency Index Problem. VI, 112 pages. 1977.

Vol. 622: Combinatorial Mathematics V, Melbourne 1976. Proceed-ings. Edited by C. Little. VIII, 213 pages. 1977.

Vol. 623: I. Erdelyi and R. Lange, Spectral Decompositions on Banach Spaces. VIII, 122 pages. 1977.

Vol. 624: Y. Guivarc'h et al., Marches Aléatoires sur les Groupes de Lie. VIII, 292 pages. 1977.

Vol. 625: J. P. Alexander et al., Odd Order Group Actions and Witt Classification of Innerproducts. IV, 202 pages. 1977.

Vol. 626: Number Theory Day, New York 1976. Proceedings. Edited by M. B. Nathanson. VI, 241 pages. 1977.

Vol. 627: Modular Functions of One Variable VI, Bonn 1976. Pro-ceedings. Edited by J.-P. Serre and D. B. Zagier. VI, 339 pages. 1977.

Vol. 628: H. J. Baues, Obstruction Theory on the Homotopy Classi-fication of Maps. XII, 387 pages. 1977.

Vol. 629: W. A. Coppel, Dichotomies in Stability Theory. VI, 98 pages. 1978.

Vol. 630: Numerical Analysis, Proceedings, Biennial Conference, Dundee 1977. Edited by G. A. Watson. XII, 199 pages. 1978.

Vol. 631: Numerical Treatment of Differential Equations. Proceedings 1976. Edited by R. Bulirsch, R. D. Grigorieff, and J. Schröder. X, 219 pages. 1978.

Vol. 632: J.-F. Boutot, Schéma de Picard Local. X, 165 pages. 1978.

Vol. 633: N. R. Coleff and M. E. Herrera, Les Courants Résiduels Associés à une Forme Méromorphe. X, 211 pages. 1978.

Vol. 634: H. Kurke et al., Die Approximationseigenschaft lokaler Ringe. IV, 204 Seiten. 1978.

Vol. 635: T. Y. Lam, Serre's Conjecture. XVI, 227 pages. 1978.

Vol. 636: Journées de Statistique des Processus Stochastiques, Gre-noble 1977, Proceedings. Edité par Didier Dacunha-Castelle et Ber-nard Van Cutsem. VII, 202 pages. 1978.

Vol. 637: W. B. Jurkat, Meromorphe Differentialgleichungen. VII, 194 Seiten. 1978.

Vol. 638: P. Shanahan, The Atiyah-Singer Index Theorem, An Intro-duction. V, 224 pages. 1978.

Vol. 639: N. Adasch et al., Topological Vector Spaces. V, 125 pages. 1978.

Vol. 640: J. L. Dupont, Curvature and Characteristic Classes. X, 175 pages. 1978.

Vol. 641: Séminaire d'Algèbre Paul Dubreil, Proceedings Paris 1976–1977. Edité par M. P. Malliavin. IV, 367 pages. 1978.

Vol. 642: Theory and Applications of Graphs, Proceedings, Michigan 1976. Edited by Y. Alavi and D. R. Lick. XIV, 635 pages. 1978.

Vol. 643: M. Davis, Multiaxial Actions on Manifolds. VI, 141 pages. 1978.

Vol. 644: Vector Space Measures and Applications I, Proceedings 1977. Edited by R. M. Aron and S. Dineen. VIII, 451 pages. 1978.

Vol. 645: Vector Space Measures and Applications II, Proceedings 1977. Edited by R. M. Aron and S. Dineen. VIII, 218 pages. 1978.

Vol. 646: O. Tammi, Extremum Problems for Bounded Univalent Functions. VIII, 313 pages. 1978.

Vol. 647: L. J. Ratliff, Jr., Chain Conjectures in Ring Theory. VIII, 133 pages. 1978.

Vol. 648: Nonlinear Partial Differential Equations and Applications, Proceedings, Indiana 1976–1977. Edited by J. M. Chadam. VI, 206 pages. 1978.

Vol. 649: Séminaire de Probabilités XII, Proceedings, Strasbourg, 1976–1977. Edité par C. Dellacherie, P. A. Meyer et M. Weil. VIII, 805 pages. 1978.

Vol. 650: C*-Algebras and Applications to Physics. Proceedings 1977. Edited by H. Araki and R. V. Kadison. V, 192 pages. 1978.

Vol. 651: P. W. Michor, Functors and Categories of Banach Spaces. VI, 99 pages. 1978.

Vol. 652: Differential Topology, Foliations and Gelfand-Fuks-Cohomology, Proceedings 1976. Edited by P. A. Schweitzer. XIV, 252 pages. 1978.

Vol. 653: Locally Interacting Systems and Their Application in Biology. Proceedings, 1976. Edited by R. L. Dobrushin, V. I. Kryukov and A. L. Toom. XI, 202 pages. 1978.

Vol. 654: J. P. Buhler, Icosahedral Golois Representations. III, 143 pages. 1978.

Vol. 655: R. Baeza, Quadratic Forms Over Semilocal Rings. VI, 199 pages. 1978.

Vol. 656: Probability Theory on Vector Spaces. Proceedings, 1977. Edited by A. Weron. VIII, 274 pages. 1978.

Vol. 657: Geometric Applications of Homotopy Theory I, Proceedings 1977. Edited by M. G. Barratt and M. E. Mahowald. VIII, 459 pages. 1978.

Vol. 658: Geometric Applications of Homotopy Theory II, Proceedings 1977. Edited by M. G. Barratt and M. E. Mahowald. VIII, 487 pages. 1978.

Vol. 659: Bruckner, Differentiation of Real Functions. X, 247 pages. 1978.

Vol. 660: Equations aux Dérivée Partielles. Proceedings, 1977. Edité par Pham The Lai. VI, 216 pages. 1978.

Vol. 661: P. T. Johnstone, R. Paré, R. D. Rosebrugh, D. Schumacher, R. J. Wood, and G. C. Wraith, Indexed Categories and Their Applications. VII, 260 pages. 1978.

Vol. 662: Akin, The Metric Theory of Banach Manifolds. XIX, 306 pages. 1978.

Vol. 663: J. F. Berglund, H. D. Junghenn, P. Milnes, Compact Right Topological Semigroups and Generalizations of Almost Periodicity. X, 243 pages. 1978.

Vol. 664: Algebraic and Geometric Topology, Proceedings, 1977. Edited by K. C. Millett. XI, 240 pages. 1978.

Vol. 665: Journées d'Analyse Non Linéaire. Proceedings, 1977. Edité par P. Bénilan et J. Robert. VIII, 256 pages. 1978.

Vol. 666: B. Beauzamy, Espaces d'Interpolation Réels: Topologie et Géometrie. X, 104 pages. 1978.

Vol. 667: J. Gilewicz, Approximants de Padé. XIV, 511 pages. 1978.

Vol. 668: The Structure of Attractors in Dynamical Systems. Proceedings, 1977. Edited by J. C. Martin, N. G. Markley and W. Perrizo. VI, 264 pages. 1978.

Vol. 669: Higher Set Theory. Proceedings, 1977. Edited by G. H. Müller and D. S. Scott. XII, 476 pages. 1978.

Vol. 670: Fonctions de Plusieurs Variables Complexes III, Proceedings, 1977. Edité par F. Norguet. XII, 394 pages. 1978.

Vol. 671: R. T. Smythe and J. C. Wierman, First-Passage Perculation on the Square Lattice. VIII, 196 pages. 1978.

Vol. 672: R. L. Taylor, Stochastic Convergence of Weighted Sums of Random Elements in Linear Spaces. VII, 216 pages. 1978.

Vol. 673: Algebraic Topology, Proceedings 1977. Edited by P. Hoffman, R. Piccinini and D. Sjerve. VI, 278 pages. 1978.

Vol. 674: Z. Fiedorowicz and S. Priddy, Homology of Classical Groups Over Finite Fields and Their Associated Infinite Loop Spaces. VI, 434 pages. 1978.

Vol. 675: J. Galambos and S. Kotz, Characterizations of Probability Distributions. VIII, 169 pages. 1978.

Vol. 676: Differential Geometrical Methods in Mathematical Physics II, Proceedings, 1977. Edited by K. Bleuler, H. R. Petry and A. Reetz. VI, 626 pages. 1978.

Vol. 677: Séminaire Bourbaki, vol. 1976/77, Exposés 489–506. IV, 264 pages. 1978.

Vol. 678: D. Dacunha-Castelle, H. Heyer et B. Roynette. Ecole d'Eté de Probabilités de Saint-Flour. VII-1977. Edité par P. L. Hennequin. IX, 379 pages. 1978.

Vol. 679: Numerical Treatment of Differential Equations in Applications, Proceedings, 1977. Edited by R. Ansorge and W. Törnig. IX, 163 pages. 1978.

Vol. 680: Mathematical Control Theory, Proceedings, 1977. Edited by W. A. Coppel. IX, 257 pages. 1978.

Vol. 681: Séminaire de Théorie du Potentiel Paris, No. 3, Directeurs: M. Brelot, G. Choquet et J. Deny. Rédacteurs: F. Hirsch et G. Mokobodzki. VII, 294 pages. 1978.

Vol. 682: G. D. James, The Representation Theory of the Symmetric Groups. V, 156 pages. 1978.

Vol. 683: Variétés Analytiques Compactes, Proceedings, 1977. Edité par Y. Hervier et A. Hirschowitz. V, 248 pages. 1978.

Vol. 684: E. E. Rosinger, Distributions and Nonlinear Partial Differential Equations. XI, 146 pages. 1978.

Vol. 685: Knot Theory, Proceedings, 1977. Edited by J. C. Hausmann. VII, 311 pages. 1978.

Vol. 686: Combinatorial Mathematics, Proceedings, 1977. Edited by D. A. Holton and J. Seberry. IX, 353 pages. 1978.

Vol. 687: Algebraic Geometry, Proceedings, 1977. Edited by L. D. Olson. V, 244 pages. 1978.

Vol. 688: J. Dydak and J. Segal, Shape Theory. VI, 150 pages. 1978.

Vol. 689: Cabal Seminar 76–77, Proceedings, 1976–77. Edited by A.S. Kechris and Y. N. Moschovakis. V, 282 pages. 1978.

Vol. 690: W. J. J. Rey, Robust Statistical Methods. VI, 128 pages. 1978.

Vol. 691: G. Viennot, Algèbres de Lie Libres et Monoïdes Libres. III, 124 pages. 1978.

Vol. 692: T. Husain and S. M. Khaleelulla, Barrelledness in Topological and Ordered Vector Spaces. IX, 258 pages. 1978.

Vol. 693: Hilbert Space Operators, Proceedings, 1977. Edited by J. M. Bachar Jr. and D. W. Hadwin. VIII, 184 pages. 1978.

Vol. 694: Séminaire Pierre Lelong – Henri Skoda (Analyse) Année 1976/77. VII, 334 pages. 1978.

Vol. 695: Measure Theory Applications to Stochastic Analysis, Proceedings, 1977. Edited by G. Kallianpur and D. Kölzow. XII, 261 pages. 1978.

Vol. 696: P. J. Feinsilver, Special Functions, Probability Semigroups, and Hamiltonian Flows. VI, 112 pages. 1978.

Vol. 697: Topics in Algebra, Proceedings, 1978. Edited by M. F. Newman. XI, 229 pages. 1978.

Vol. 698: E. Grosswald, Bessel Polynomials. XIV, 182 pages. 1978.

Vol. 699: R. E. Greene and H.-H. Wu, Function Theory on Manifolds Which Possess a Pole. III, 215 pages. 1979.